Signology for Public Spaces

サインシステム計画学

公共空間と記号の体系

赤瀬達三 AKASE Tatsuzo

鹿島出版会

サインシステム計画学

公共空間と記号の体系

案内サインの本質とは何か？

家田 仁　東京大学大学院教授（交通・都市・国土学）

案内サインは、もし無くても済むものならばむしろ無い方が良い。しかし、そうは問屋が卸さない。都市などでは空間の構造が複雑だったり、空間に張りつく用途《コンテンツ》が多様だったり、あるいは他地域からの旅行者が多いなど空間を利用する人間が多様だったりするからだ。ここに、古来、案内サインのニーズが生じる。今でもちょっと古い町並みや昔の街道を行くと石造りの道標《みちしるべ》が散見される。しかし、高度化された現代社会の案内サインへのニーズはそんなものではすまない。もっとはるかに多様な情報が要求されるし、外国人だってたくさんいる。

まずなんといっても、案内サインは「見やすく」なくてはならない。これは最低条件だ（それすら満たさない独りよがりのデザインが少なくない）。もちろん、それだけでは十分ではない。ユーザーの共通認識となりうるようなシステマティックで明確な「文法」が確立されていなくてはならない。そして、ユーザーとインフラサイドとをつなぐコミュニケーションツールでもあるから、強いインパクトを与えると同時にユーザーに受け入れられ、そして親しまれる高いレベルでのデザイン性を持たなくてはならない。これらは、デザインの専門家ではない私が、本書の筆者である赤瀬さんとの二〇年来のつきあいを通じて学んだ案内サインの三原則だ。

赤瀬さんは、昭和四〇年代に東京の営団地下鉄（現在の東京メトロ）の案内サイン体系をつくり上げて以来、わが国の案内サインのレベルを常に世界のトップレベルに維持してきた人だ。「ユーザー・フレンドリネス」を原点においた、視認性の高い大きな文字と明瞭なコントラスト。今ではだれでも「文法」として理解している「出口は黄色、入口は緑色」という色使いや体系的な←のつけ方。そして、「丸ノ内線の○」（赤ドーナツ？）などに代表されるシンプルかつインパクトに富んだデザイン。私たちが当たり前のこととして受け入れている案内サインの基本コンセプトは、みなこの人のつくり出したものだ。さあ読者諸氏、案内サインの真髄をお楽しみあれ。

デザインへの意志

中井　祐
東京大学大学院教授（景観学）

本書は、東京オリンピックと大阪万博のデザインの話で始まる。著者である赤瀬さんのデザインにたいする思いが、そこに凝縮されているように思う。戦後を終えて高度経済成長期、デザインの力が日本の未来を拓くと信じるさまざまな分野の個性派デザイナーたちが若々しい力を結集した、日本のデザインの青春期。赤瀬さんも、この青春期に若き日を過ごしたデザイナーの一人である。

赤瀬さんにはじめてお会いしたのは、東京大学本郷キャンパスに屋外サインをあらたに計画するプロジェクトの現場であった。歴史的な建物群と緑に恵まれたキャンパスで、赤瀬さんは常に、サインそのものではなく環境全体、空間全体がどうあるべきかを語り、次にキャンパスの魅力がより生きるためのサインのありかたを語った。その意識はいつも、サインのデザインという行為の先にたちあらわれるべき環境の質に向けられていた。

赤瀬さんにとって、サインのデザインはそれ自体が目的ではない。ある環境が全体としてよくデザインされていれば、そこは人と環境との豊かなコミュニケーションの可能性を胚胎する場となる。人は、そこでさまざまな他者と、より豊かに心を通わせることができる。サインは、それを助ける媒体なのである。そこに赤瀬さんの目的意識がある。そういう環境の実現を目指して、赤瀬さんはサインのデザインという自らの方法論を磨き、洗練させ、いくつもの実りを示してきた。本書にはそのエッセンスが集約されている。

それにもまして、類書に得難い本書の魅力は、いたるところに、赤瀬さんの若々しいデザインへの意志が詰まっていることである。よいデザインは人の心と暮らしを、そして社会を、より豊かにする。そのポジティヴな信念が、行間に満ちている。それこそ、行き先の不明瞭な現代デザイン界への、貴いメッセージではないか。デザインに関わるすべての方に、一読をおすすめしたい。

サインシステム計画学の刊行にあたって

赤瀬達三

建築設計や環境デザインなどの分野で、情報伝達を意図して空間上に置かれた記号表現のことをサインと呼ぶ。特定の施設やエリア内のサイン類に相関関係を与えて、利用者に対し案内や規制などの情報提供を行う表示設備が、サインシステムである。

サインシステムは物理的に制約される要素は少なく、また普通には、不具合が事故につながるようなものでもない一方で、鉄道駅や空港を思い浮かべてみるとわかるとおり、もしすべてのサインが消えてしまったら、途端に人びとは行き先を見失い、わずかな不備でも、いら立ちと不快の原因になるものである。それは人びとが集まる空間になくてはならない文化的、感覚的な環境装置なのである。

こうしたものは誰でもわかりやすくて当然と考えるが、実際に「誰にとってもわかりやすいサインシステム」を得ることは、たいへん難しい。わが国では１９６０年代初頭から、デザインの一分野としてその試行錯誤が始まったが、今日なお模範的な事例は、ごくわずかしか見られない。本文で紹介するように、一時期完成度が増したかにみえた各地の公共空間の整備は、情報ニーズの多様化と事業会社の営業方針の変化を受けて、むしろ情報過多の様相を呈し、改めて根本から見直さなければならない時期が来ているように思える。

このような背景から、交通環境で、40年にわたりこの課題の実践と教育研究に携わってきた経験を踏まえて、サインシステムにかかわる諸概念の本質や属性、効果の要件などを整理し、計画設計の根拠となる理論を明らかにして、ひいては再びわかりやすく魅力的にデザインされた公共空間が、人びとにもたらされるきっかけを提供したいと思う。同時に、公共空間のコミュニケーション問題について議論の要点を示すことで、デザイン学研究を広げ、深めるヒントを提示できればと思う。

本書は、東京大学審査学位論文『公共交通空間を題材としたサインシステムデザイン論の体系化に関する実証的研究』を下敷きにして一般読者向けに書き直したもので、歴史編4章と理論編4章で構成している。

歴史編「第1章　最初の試み」では、黎明期の代表的な事例として東京オリンピック、大阪万博、東京・大阪国際空港のサイン計画を紹介する。「第2章　方法の模索」では、それぞれ独自の手法でシステム化に挑戦した営団地下鉄、横浜市営地下鉄、国鉄のサイン計画を取り上げる。「第3章　概念の展開」では、案内機能の枠を超えてサインの概念展開を試みた仙台市地下鉄、JR東日本、JR九州のプロジェクトを見る。「第4章　基準の提言」では、六つの鉄道会社が協働したコモンサイン整備、公共的な案内用図記号の標準化、高齢者や障害者の移動円滑化整備の指針、バリアフリー・ガイドライン策定の経緯を総括する。

理論編「第5章　意味論」では、記号論と言語学、心理学からアプローチして、サインとデザイン、サインシステムにかかわる諸概念を整理する。「第6章　機能論」では、公共性や公平性の議論から公共空間の位置づけを再確認し、サインシステムが受け持つさまざまな機能を考察する。「第7章　計画設計論」では、歴史的な知見や先の整理、考察で得た理論に、国内外の観察結果を加えて、計画設計手法の基準となる考え方および表現原則をまとめる。「第8章　マネジメント論」では、マニュアル型とプロジェクト型による整備方法を紹介し、点検項目を示すとともに、公共空間整備の最終目標と人間の潜在的なデザイン能力について論述する。

ここで示す内容は、鉄道駅のほか、道路や地下街、公共・商業施設、オフィスビル、会議場、展示場、駐車場など、不特定多数の人びとが利用するあらゆる施設に適用可能である。本書はそれら施設の建設、運営、管理などの関係者や、建築、土木、造園、デザインなどの設計者、そうした専門家を目指す学生、さらに公共空間、デザイン、サインシステムに関心ある一般読者を念頭に置いて書いている。

サインシステムを論じることは、空間と情報の相関性を考えることと同義である。記号の体系を論じることは、人間の理解・判断、そして感情喚起・価値づけの本質をとらえることにつながる。そのようなテーマに関心を持つ方々にも、ぜひ目を通していただきたいと思う。

①Sマーク標
②上家駅名標
③上家腰壁駅名標
④のりば誘導標
⑤きっぷうりば標＋地図式運賃表
⑥全線案内図
⑦停車駅案内図
⑧改札入口標
⑨のりば誘導標
⑩停車駅案内標
⑪番線方面標
⑫停車駅案内図
⑬列車接近標
⑭カラーライン内駅名標
⓮柱付駅名標
⓯自立型案内標＋時刻表
⓰柱付のりかえ誘導標
⓱階段付出口誘導標
⓲壁付のりかえ誘導標
⓳のりかえ誘導標
⓴改札出口標
㉑周辺地域地上地下関連図
　＋地上出口誘導標
　＋のりば誘導標
㉒地上出口誘導標＋のりば誘導標
㉓地上出口誘導標

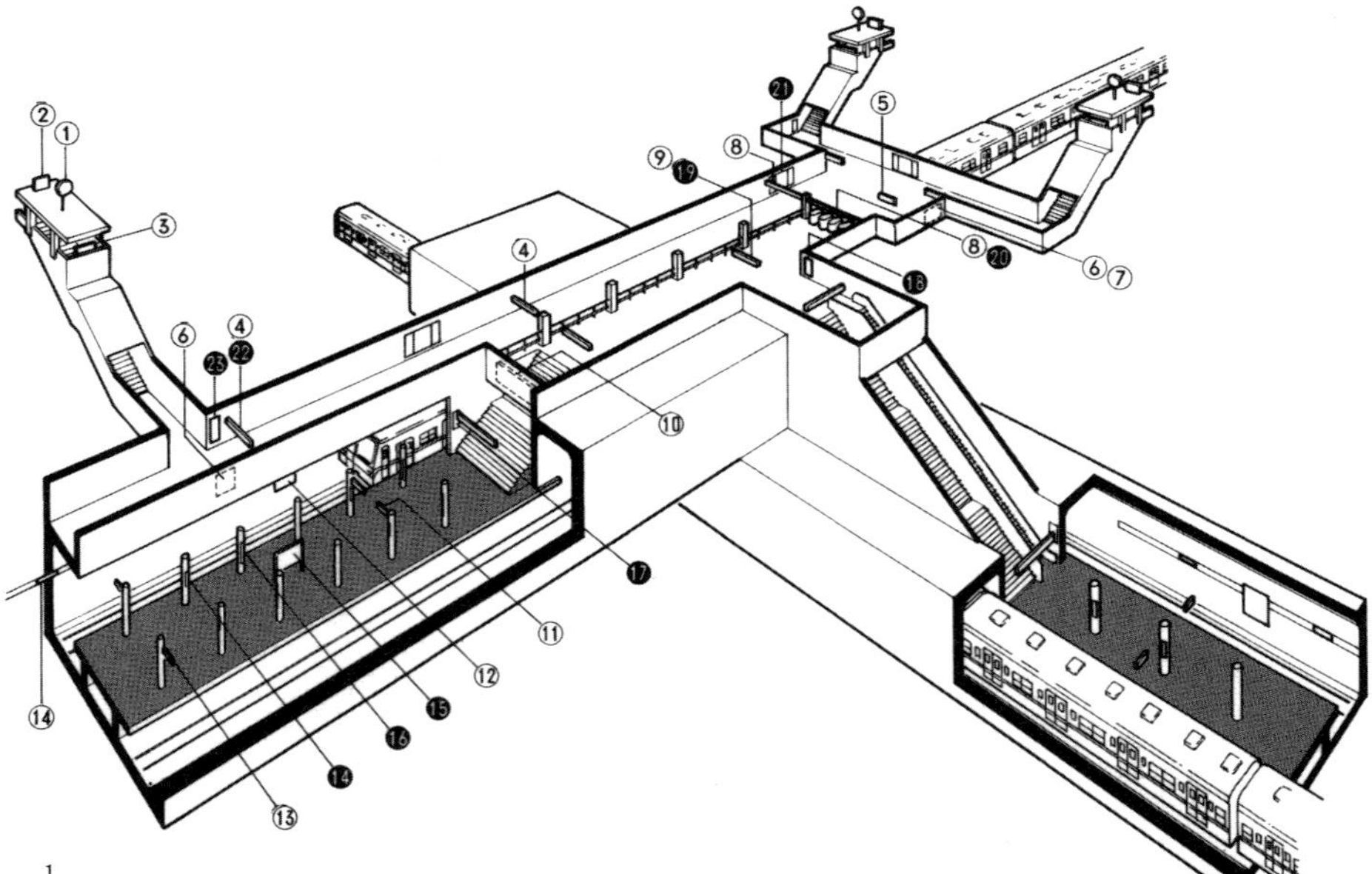

1

［**口絵1**］営団地下鉄のサインシステム（1973年導入、本文P.040～）
1:初版「旅客案内掲示基準」に示されたサイン配置基準図
2:同上サイン・フロー図（この図版は近似のデジタルフォントで再現した）

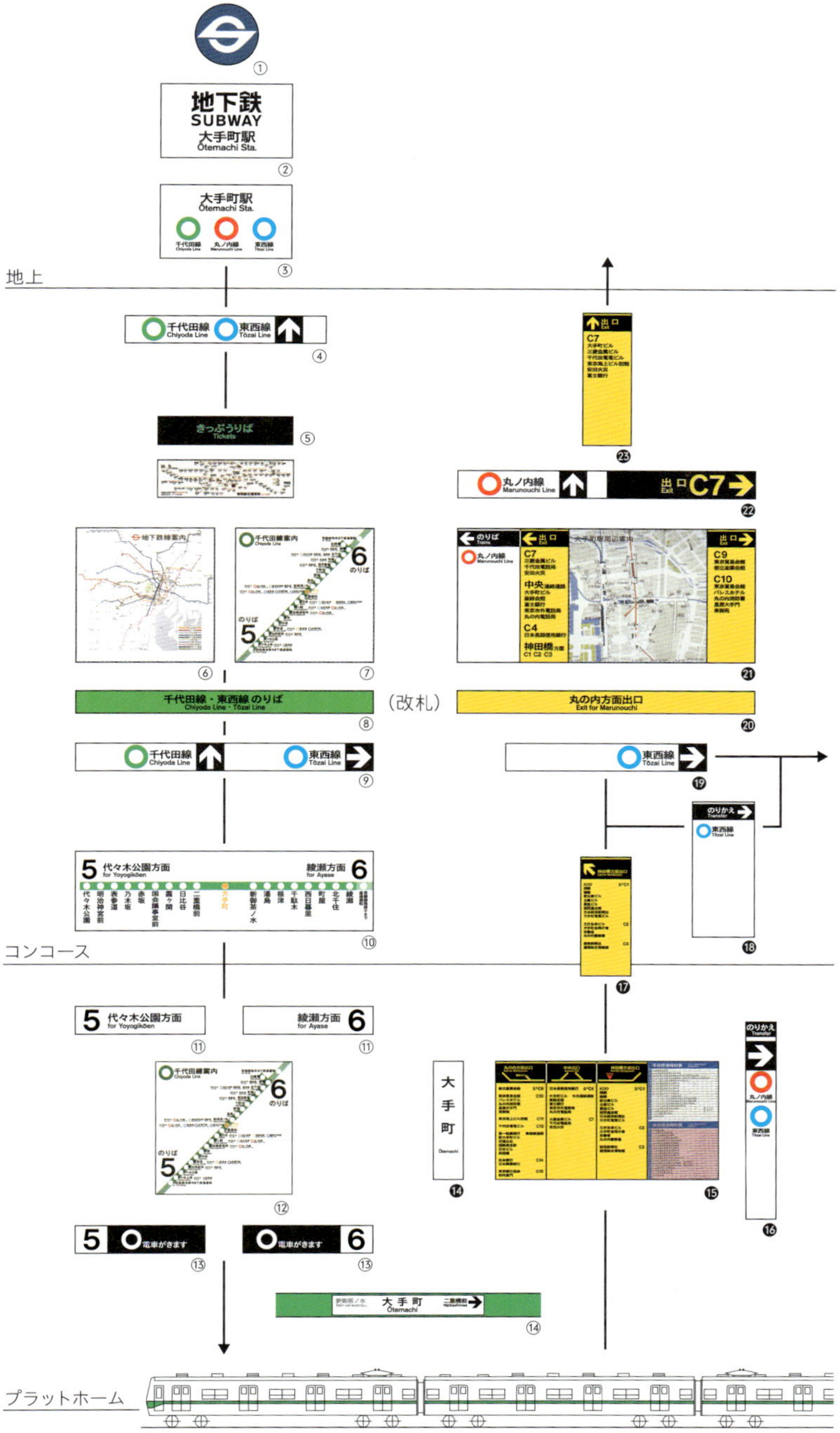

①
地下鉄
SUBWAY
大手町駅
Ōtemachi Sta.
②
大手町駅
Ōtemachi Sta.
千代田線
丸ノ内線
東西線
③
地上
千代田線
Chiyoda Line
東西線
Tōzai Line
④
きっぷうりば
Tickets
⑤
地下鉄線案内
⑥
千代田線案内
Chiyoda Line
6
のりば
のりば
5
⑦
千代田線・東西線 のりば
Chiyoda Line・Tōzai Line
⑧
(改札)
千代田線
Chiyoda Line
東西線
Tōzai Line
⑨
5 代々木公園方面
for Yoyogikōen
綾瀬方面 6
for Ayase
代々木公園
明治神宮前
表参道
乃木坂
赤坂
国会議事堂前
霞ケ関
日比谷
二重橋前
大手町
新御茶ノ水
湯島
根津
千駄木
西日暮里
町屋
北千住
綾瀬
⑩
コンコース
5 代々木公園方面
for Yoyogikōen
⑪
綾瀬方面 6
for Ayase
⑪
千代田線案内
Chiyoda Line
6
のりば
のりば
5
⑫
5
電車がきます
⑬
電車がきます
6
⑬
新御茶ノ水
大手町
Ōtemachi
二重橋前
⑭
大
手
町
Ōtemachi
⓮
⓯
のりかえ
Transfer
丸ノ内線
東西線
⓰
⓱
のりかえ
Transfer
東西線
Tōzai Line
⓲
東西線
Tōzai Line
⓳
丸の内方面出口
Exit for Marunouchi
⓴
のりば
Trains
丸ノ内線
Marunouchi Line
出口
Exit
C7
中央
C4
神田橋方面
C1 C2 C3
大手町駅周辺案内
出口
Exit
C9
C10
㉑
丸ノ内線
Marunouchi Line
出口
Exit
C7
㉒
出口
Exit
C7
㉓
プラットホーム

3

6

4

7

5

［口絵1］
3:コンコースに設置した指示サイン、同定サイン、図解サイン
4:路線シンボルを用いた乗り場方向の指示サイン
5:黄色のシンボカラーを用いた改札出口方向の指示サイン
6:ホームの乗り場同定サインと柱付きの乗り換え方向指示サイン
7:改札口前の駅構内施設・駅周辺施設の図解サインと出口方向の指示サイン

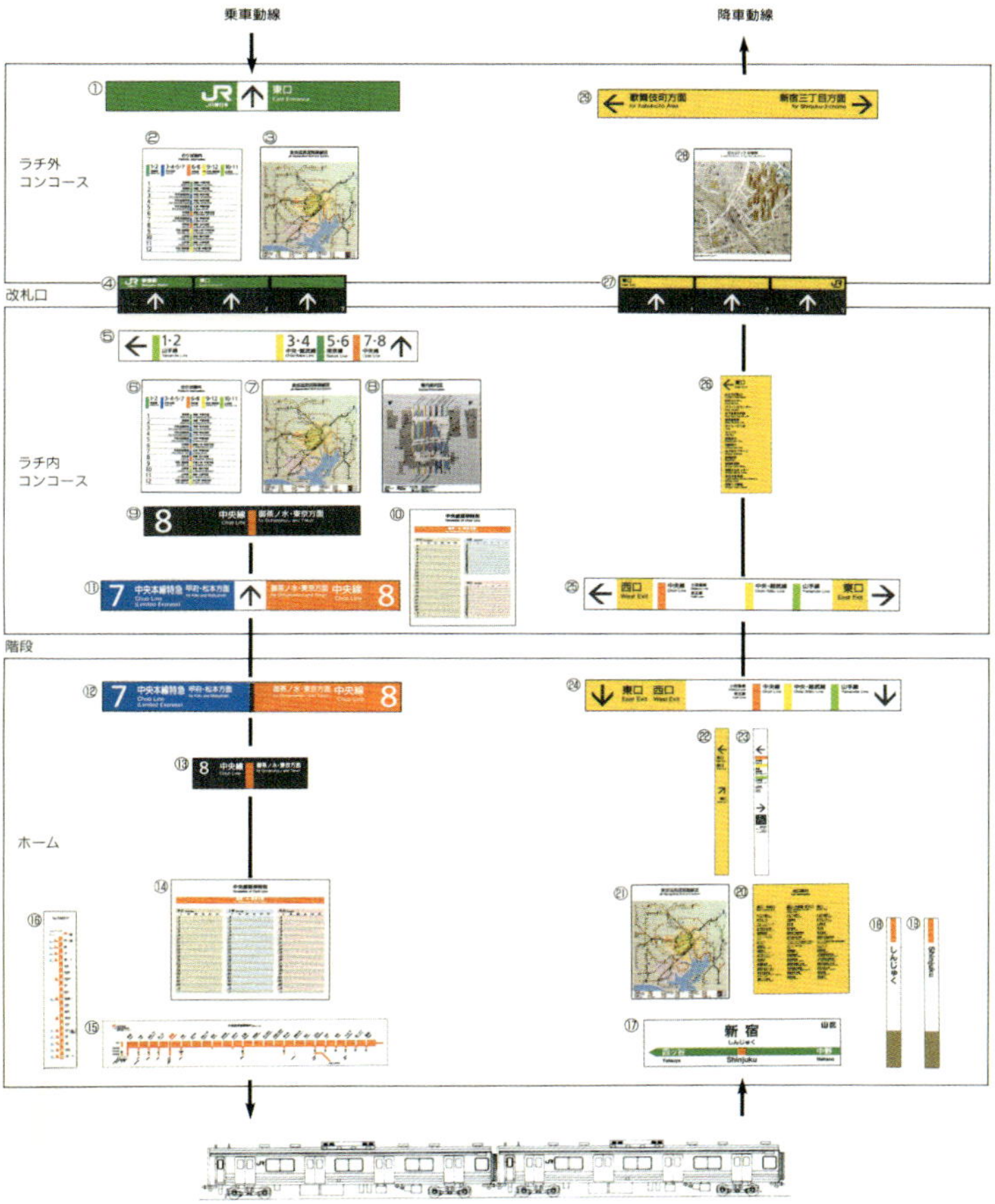

1

3

2

[**口絵2**]JR東日本のサインシステム(1988年導入、本文P.086〜)
1:システム図
2:ホーム階段口ごとに番線、線名、方面を表す同定サイン
3:ホームの駅名同定サイン
(デザイン・写真提供:GK Graphics)

4

1

2

［**口絵3**］公共空間全般で見られるサインの配置方式（本文P.242～）

1:横断型（首都高速道路、指示サイン配置の基本形）

2:平行型（図の左側のサイン、みなとみらい線、図解サイン配置の基本形）

3:並列型（スウェーデン、ストックホルム地下鉄、駅名・出口案内・乗り換え案内を並列して表示）

4:リニア型（ボストンの公園内に引かれた赤い線、これをたどると史跡めぐりができる）

3

8

5

6

5:矢羽根型(東京、六本木ヒルズ、
動線分岐点で見えない先を指し示す)
6:四面型(ロンドン、ウォータールー駅、
駅構内のどこからでも望むことができる)
7:幕板型(パリ、サンラザール駅、
次の単位空間に移る箇所に表示する)
8:道標型(東京、六本木ヒルズ、
路傍でさりげなく方向を指し示す)

7

1

2

4

3

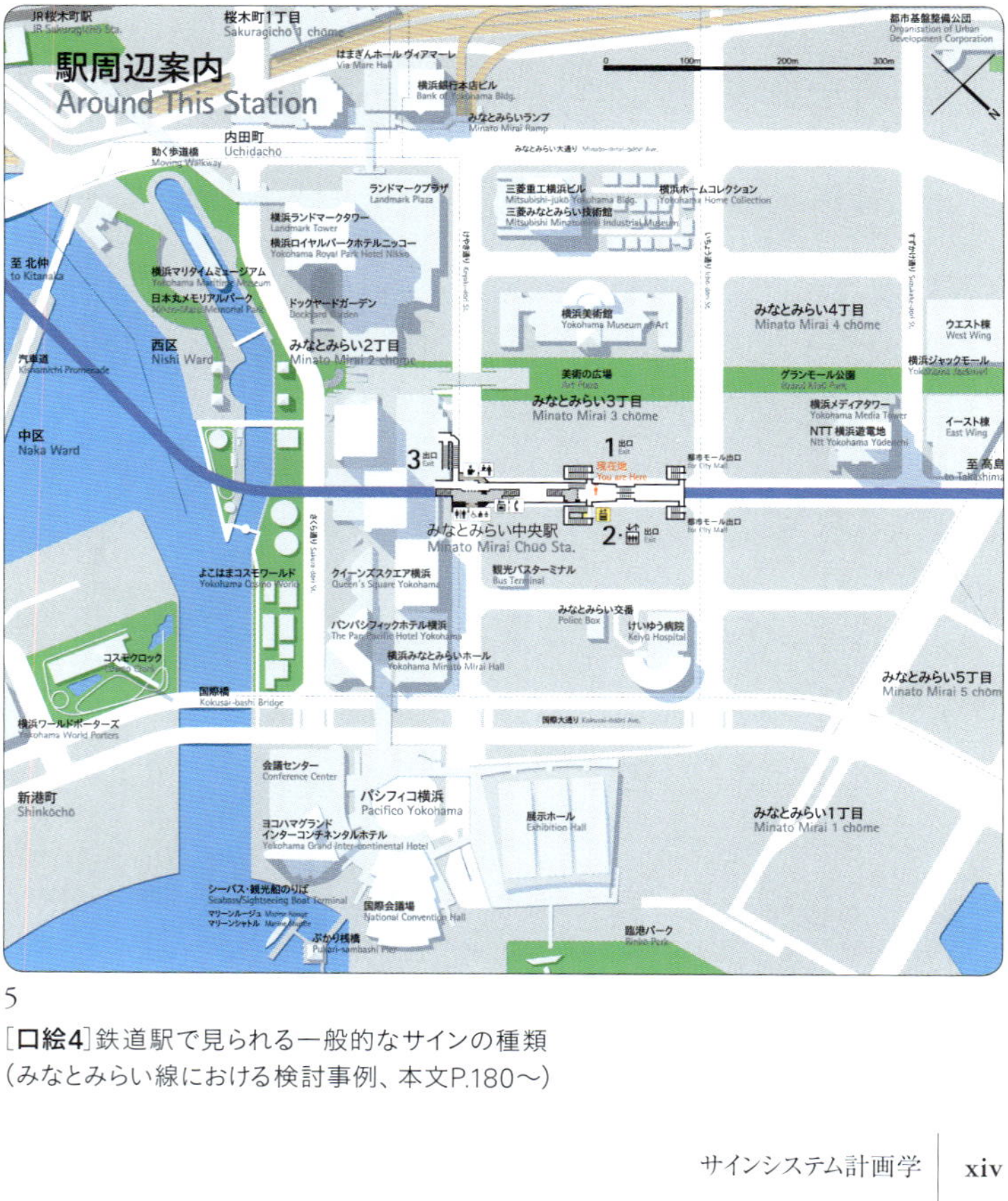

5

［**口絵4**］鉄道駅で見られる一般的なサインの種類
（みなとみらい線における検討事例、本文P.180～）

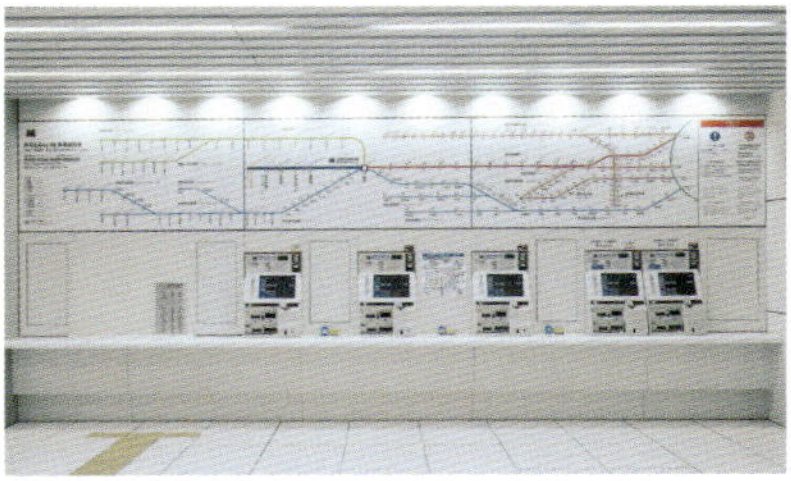

7

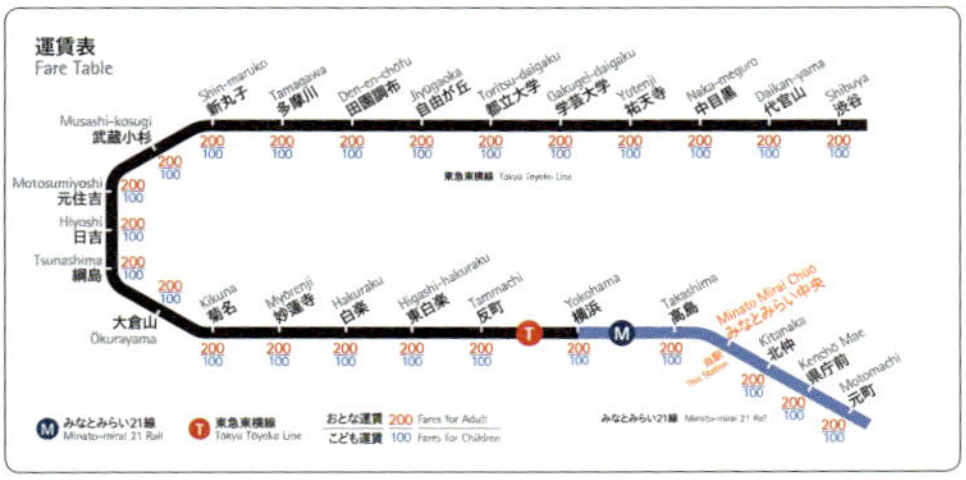

6

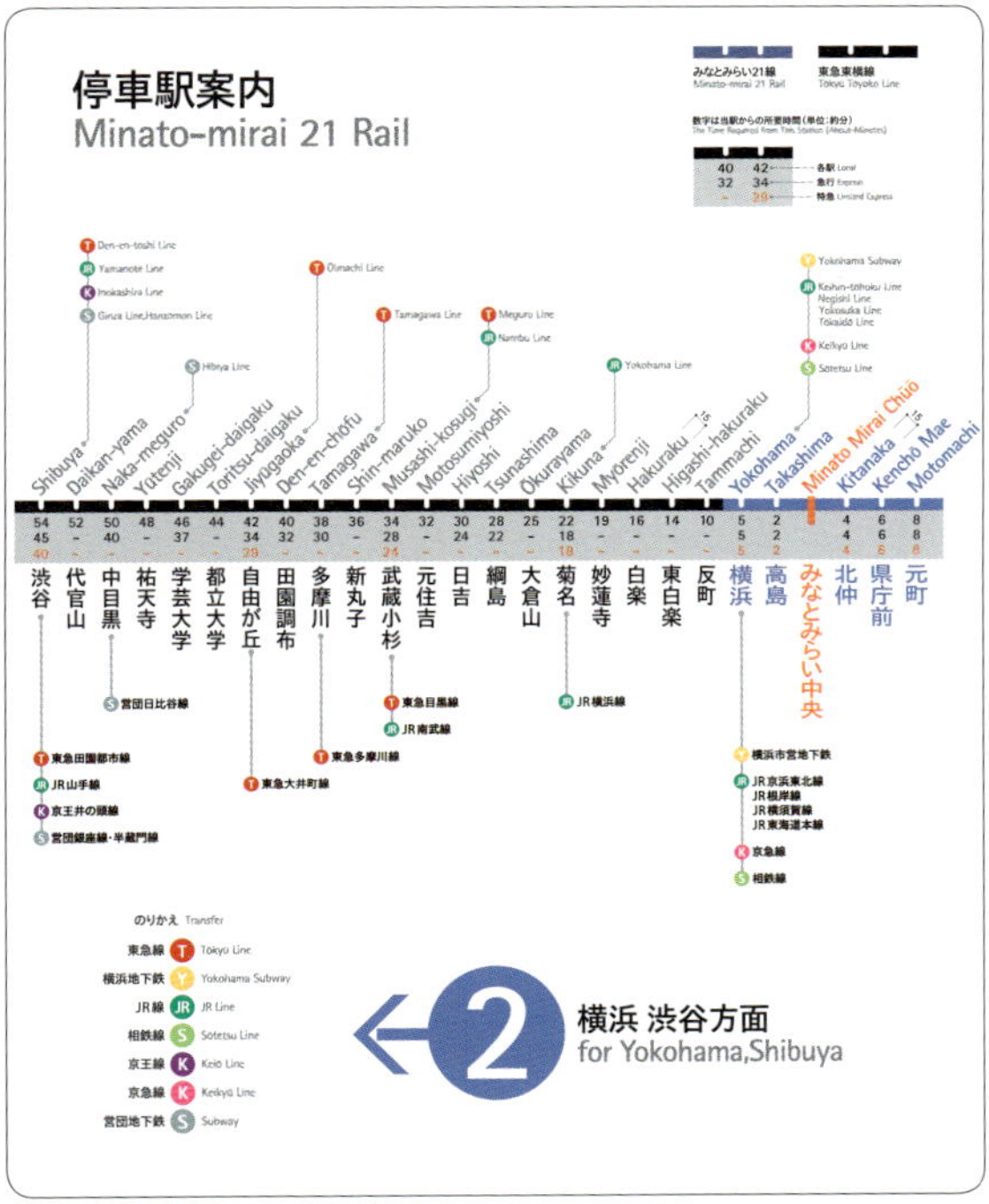

9

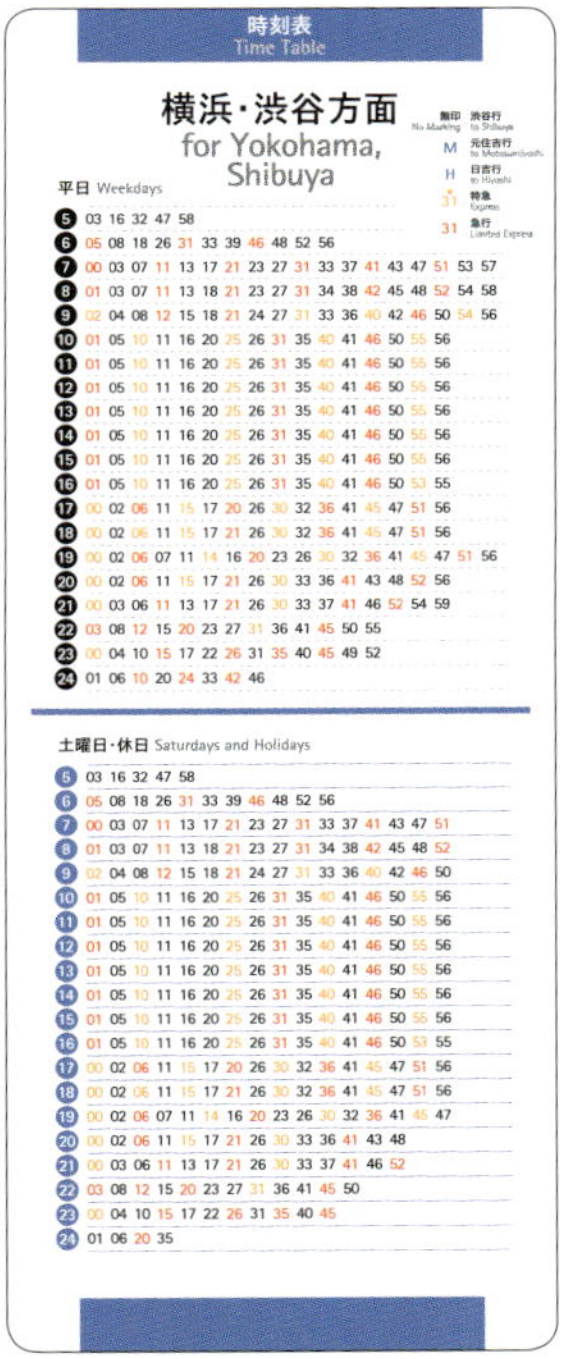

8

10

1:乗り場への指示サイン(完成前の検討図のため線名・駅名は開業後と異なる。以下同)
2:電車乗り場を示す同定サイン
3:乗り場指示サイン施工例(竣工時。以下同)
4:乗り場同定サイン施工例
5:位置情報を伝える図解サイン(駅周辺案内図)
6:運賃情報と位置情報を複合的に伝える図解サイン(運賃表)
7:運賃表施工例
8:時間情報を伝える図解サイン(時刻表)
9:位置情報と時間情報を複合的に伝える図解サイン(停車駅案内図)
10:時刻表・停車駅案内図施工例

3

4

5

6

1

2

［**口絵5**］鉄道駅で見られる空間自体の記号化の工夫
（本文P.208〜）
1:仙台市地下鉄、愛宕橋駅
2:営団地下鉄、国会議事堂前駅
3:リール・ヨーロッパ駅
4:パリ、シャルル・ド・ゴール空港駅
5:ワシントン、地下鉄デュポン・サークル駅
6:ストックホルム、地下鉄王立公園駅

サインシステム計画学
公共空間と記号の体系

目次

案内サインの本質とは何か？……家田仁……iv
デザインへの意志……中井祐……v
サインシステム計画学の刊行にあたって……vi
口絵……viii

歴史編

第1章 最初の試み……009
1 東京オリンピック……010
デザイン懇話会の設置／デザインプログラム／グラフィカルシンボルの試み
2 日本万国博覧会……016
未来都市モデル構想／反体制的気運／仮説の実験
3 東京・大阪国際空港……025
ジェット機時代の到来／IATAの参考マニュアル／新しいレイアウトの工夫
第2章 方法の模索……039
1 営団地下鉄……040

乗り換え駅の混乱／サインシステムの試行／シンボルの採用とゾーンの形成
年次計画による整備／マニュアルの制定

2 **横浜市営地下鉄**……055
デザイン委員会の設置／ファーニチャー類のデザインと色彩計画
リニアサイン方式の実施／営団型への切り替え

3 **国鉄**……062
鉄道掲示規程／電気掲示器の採用／カラー掲示器の導入

第3章 概念の展開……073

1 **仙台市地下鉄**……074
トータルデザイン・ポリシー／駅空間の視覚化／旅客動線の明確化／完成度への挑戦

2 **JR東日本**……086
国鉄民営化／CIプログラムとしてのデザイン／より刺激の強いサインへ

3 **JR九州**……092
車両デザインによる個性表現／駅空間の演出／営業情報への置き換え

第4章 基準の提言……103

1 **コモンサイン・システム**……104
コモンサイン整備の提案／共用空間における表現の統一／利用者の声の反映
統一案内方式の推奨

2 標準案内用図記号……112
図記号の利点／カテゴリー分類と標準化項目／理解度と視認性の検証／普及活動と規格化

3 バリアフリー・ガイドライン……117
交通バリアフリー法の成立／表示設備整備の留意点／案内区域と利用者のとらえ方
ガイドブックによる啓発活動

理論編

第5章 意味論……131

1 サインの意味……132
サインの本質／思考の成り立ちと記号の表現形式／記号作用とコミュニケーション因子

2 デザインの意味……143
デザインの語源／表現の昇華作業／スタイリングデザイン／デザインの意識範囲

3 サインのデザイン……152
サインのメッセージ分類／システムを構成するサイン種類／サインメディアの計画要素
計画要素とコミュニケーション因子の関係

第6章 機能論……171

1 鉄道駅の位置づけ……172

交通事業の理念／ユニバーサルデザインの規範／スポンサーシップの原則

2 サイン・システムの機能……178
意味情報の伝達／案内の機能／自己表明の機能

3 人間視覚の特性……188
視力と視野／見やすさの条件

4 交通弱者の情報受容……194
移動制約者の属性と情報ニーズ／高齢者の属性と情報ニーズ

第7章 計画設計論……201

1 先行課題……202
快適さを確保する条件／空間計画の方法／空間自体の記号化

2 計画のスタート……214
計画の位置づけ／計画の手順／調査と分析

3 コードプランニング……221
言語／シンボル／色彩／表示項目

4 配置計画……242
配置方式／指示・同定サインの配置／図解サインの配置

5 グラフィックデザイン……258
見やすさの確保／わかりやすさの確保／魅力の創出

第8章 マネジメント論……281
1 整備の方法……282
マニュアル型整備／プロジェクト型整備／点検項目
2 整備の哲学……294
サインを整備する理由／ブランディングの目標／公共空間の美的表現
3 デザインの適応力……302
デザイン的思考法／デザイン力の内訳／構想力の社会性
おわりに……310
付論 日本におけるデザインの発祥……313

歴史編

昭和の人びとが、戦後の復興期を脱してようやく明るい時代の到来を実感したのは、１９６４年の東京オリンピックであった。人びとの集まる施設を建設すれば必ず必要になるサインシステムも、そのときからデザインの検討が始まっている。公共空間で案内の方法が模索されたのち、さらに空間自体の記号化が発案され、またＣＩの一環としてサインが企業イメージを強くアピールしたのは、１９８０年代であっ

第1章

最初の試み

1……東京オリンピック

デザイン懇話会の設置

1960年、オリンピック東京大会組織委員会（OOC）はその年開かれるローマオリンピック大会で、次期開催都市・東京が用いる大会マークを発表する必要に迫られていた。その選定のまとめ役を請われたのが、のちにデザイン評論で広く知られるようになる勝見勝（1909-1983）である。第二次世界大戦前から戦後にかけて国立工芸指導所で『工芸ニュース』の編集を担当していた勝見は、たまたま日本オリンピック委員会会長（兼OOC副委員長）の竹田恒徳と親しく、またこの年に初めての世界デザイン会議を東京で成功させて、デザインコーディネーターとして認められ始めていた（1）。

勝見は、広告界で活躍するアートディレクターの新井静一郎、今泉武治、向秀男や、デザイナーの伊藤憲治、原弘《はらひろむ》、亀倉雄策、河野鷹思、建築評論家の浜口隆一、共同通信社の松江智壽、それに朝日新聞社の小川正隆を招いて、「デザイン懇話会」を発足させた。デザイン懇話会の最初の仕事は、まず大会マークの制作である。懇話会では時間に迫られていたこともあって、グラフィックデザイナーの第一人者としてすでに認められていた亀倉と河野、そして日本宣伝美術賞受賞で若きスターとして注目されていた永井一正、杉浦康平、田中一光、稲垣行一郎の6名による指名コンペを行って、案を作成することにした。

こうして集められた20点余りの作品の中から、懇話会の協議により、日の丸を連想させて力強い亀倉の案を選定している。亀倉は「できたものは簡素といっていいほどの単純さです。このシンボルはそのままポスターにもなるし、バッジにも、胸につける絹製のリボンにも使えます」（2）と説明して、アプリケーションへの展開が念頭にあったことをうかがわせる。大会マークの決定後、そのマークを用いた大会ポスターを制作することとなり、亀倉が引き続きこれを担当した。結局1961年から開会年まで毎年、計4作が亀倉の手で制作され、うち有名な陸上のスタートシーンの写真ポスターを含むキャンペーンポスター三部作は、国際的にも高い評価を得て、内外で数多くの賞を獲得することとなった［図1-1］。

発足当初のデザイン懇話会では、大会マークの選考やポスターの制作を進めると同時に、今後さまざまに発生するはずのデザインプログラムを一貫性のあるイメージでまとめるため、

1　東京大会マークを一貫して用いる
2　五輪マークの５色を重点的に用いる
3　書体を統一する
の３点をデザインポリシーとしてＯＯＣの諮問に応じようとの申し合わせを行い、役割分担まで定めた。しかしポスター依頼ののち、諮問は一向にこなかった。

　ＯＯＣには、競技委員会、輸送委員会、施設委員会などの委員会が設けられ、例えば建築家たちによる施設委員会では、東京大学教授の高山英華による全体計画のもとに、丹下健三設計の国立代々木屋内総合競技場や芦原義信・村田政眞設計の駒沢オリンピック公園の諸施設などの工事を着々と進めていたが、ＯＯＣの正式な委員会と位置づけられていないデザイン懇話会が、これらの委員会と同じように機能することには無理があった。入場券のデザインが、勝見の知らないうちに原に単発的に頼まれるなど、懇話会を中心とした組織的なデザイン活動は、実現しないかのようであった（3）。

［**図1-1**］亀倉雄策によるオリンピック東京大会キャンペーンポスター3部作（『デザインの現場』100号）中央のポスターがこの大会のシンボルマーク

デザインプログラム

　オリンピック開幕まであと1年と迫った１９６３年の秋に、施設委員会とデザイン懇話会によるデザイン連絡協議会が開催され、その席で建築家たちに推挙される形で、勝見が以降のデザインプログラム進行を統制することになった。これによって勝見は、ＯＯＣからデザインコーディネーターを公式に委嘱されることになり、ようやくその地位が保証された。組織的には、開催年の１９６４年の春になってＯＯＣの総務部内に勝見を長とする「デザイン室」が設けられ、すべてのデザインプログラムを一括的に取り扱うことが明確化された。OOCの事務局のあった旧赤坂離宮（現在の四谷・迎賓館）の中に、作業室も設けられた(4)。

勝見は、東京オリンピックのデザイン成果を、自らが編集長を務めるデザイン誌『グラフィックデザイン』(5)(6)に、かなり詳細に記録している。それによれば勝見は、デザイン室の役割を次の三つに整理した。

その第一は、デザイン上の課題のうち個々のデザインとしてまとまりがありモニュメンタルな要素が強いもの、いわば単発的なもののデザインは、それぞれの専門分野におけるトップクラスの人たちに依頼する。この場合はデザインポリシーのほかにはあまり細かな条件はつけず、自由に個性を発揮してもらう。

第二は、日を追うごとに次々と必要とされるであろう、各種のパンフレット・プログラム・荷札・ステッカーのようなものから、いろいろな場所や施設に用いられる標識類までのデザインを行うために、一定のフォーマットをつくり上げる。このため若手のデザイナーたちの参加と協力を得る。

第三は、東京都や横浜市など地方行政機関が担当して街中に掲出する歓迎装飾等に、デザイン懇話会が定めたデザインポリシーの浸透を図って、視覚的に一貫性のある演出を行う。このため、まず東京都の基本デザインを決め、全国に東京都から通達してもらう。横浜市は一部競技場もあり、横浜港が外国人客の玄関口でもあるので、デザイン室が細部まで設計を担当する。これにも若手デザイナーの協力を期待する。

第一の課題では、各国オリンピック委員会向けの公式招待状と賞状をグラフィックデザイナーの原弘に、役員の地位等を示す識章バッジと公式記念出版物のブックデザインを同・山河野鷹思に、オリンピック併設芸術展示のポスターを同・山城隆一に、トーチホルダーと聖火灯を工業デザイナーの柳宗理に、宣誓台を同・渡辺力に、参加者への記念メダルを画家の岡本太郎に、コンパニオンのユニフォームを服飾審議会メンバーの伊東茂平に、それぞれ依頼することにした。

第二・第三の課題に対応するため、勝見は日本デザインセンター、ライトパブリシティ、東京大学丹下健三研究室、GKインダストリアルデザイン研究所（現・GKデザイン機構）、その他フリーランスなどから、50名以上の若手デザイナーを集めた。日本デザインセンターは、トヨタ自動車販売（現・トヨタ自動車）や朝日麦酒（現・アサヒビール）など大手8社と、原・亀倉ら個人7名が共同出資する形で1959年に設立された広告制作会社で、ここから社長の原、専務の亀倉、山城のほか、永井一正、田中一光、山下芳郎、宇野亜喜良、横尾忠則、安斎敦子らが参加した。ライトパブリシティも広告制作会社（1951年設立）で、ここから取締役の向秀男のほか村越襄、細谷巖、神田昭夫らが参加した。東京大学丹下健三研究室からは、磯崎新らが参加。GKインダストリアルデザイン研究所は、1952年に東京藝術大学助教授の小池岩太郎を囲んで当時学生だった栄久庵憲司・岩崎信治・柴田献一らが結成した工業デザイングループで、ここから栄久庵、曾根靖史、金子修也が出ている。そのほかフリーランスから日宣美受賞者の粟津潔、勝井三雄、杉浦康平や、草刈順、福田繁雄、仲條正義らが集められた。多くは20代後半から30代前半であった。

第二の課題は具体的には、デザインガイドシート担当、エリア計画部会、標識シンボル部会、標識量産部会の四つに分かれて行われることになった。デザインガイドシートというのは、今日いうデザインマニュアルのことで、パンフレットやプログラムなどに用いる表示要素の基本形の描き方や、レイアウト原則、着彩基準等を一枚ずつのシートに示して、個別のデザイン作業ごとに、必要なシートをガイドとして利用するものである。これは主に粟津、田中、杉浦、勝井らが担当した。

エリア計画部会では、競技施設が集まっている明治公園・代々木公園・駒沢公園・その他競技場の四つの会場エリア別に、エリアカラーの設定や、それを用いた標識類の設置計画などを行った。これは杉浦、勝井、粟津、磯崎らが担当している。

標識シンボル部会では、日本語や英語などの文字がわからない人のために、グラフィカルシンボルの制作を行った。これは田中、山下、福田らが担当した。標識量産部会では、迅速簡便に設置できる量産型の標識類の工作方法や、建植仕様の検討を進めた。これはGKの栄久庵、曾根、金子が担当している。

第三の課題では、基本的には、亀倉のつくった大会マークを一貫して用いることとし、旗・のぼり・ちょうちん・まん幕・店頭装飾などの基本デザインを定めた。これらの歓迎装飾は、全国の駅前や商店街を飾り、特に横浜市では、大桟橋や市役所、横浜駅前などにスケールの大きなディスプレイを設置して、大会気分を盛り上げるのに役立った。ここでは安斎、神田、草刈、仲條らが活躍している。

なおここで名を挙げたほとんどの人が、その後長く活躍して、現代日本のデザインをリードする結果となったが、当時は皆、無給で働いた。若くして参加した勝井は、後に「商業的なことにかかわらないデザインの仕事は、みんなタダだと思っていた」と語っている。勝見は最後に、開会式や競技のチケットを一人ひとりに手渡して、その労をねぎらったという(7)。

グラフィカルシンボルの試み

東京オリンピックで用いたグラフィカルシンボルには、競技種目の別を絵表現した20種の「競技シンボル」と、電話や救護所など施設の別を絵表現した39種の「施設シンボル」があるが、こうしたシンボルの導入は、国際的な大規模イベントにおけるまったく新しい試みとして、デザインの分野で注目を集めた。

勝見がこのようなシンボルを導入しようとした背景には、社会的には、1949年に国連で単純明瞭な記号による道路標識の統一化案が提唱されて以来、わが国の道路標識でも、シンボルの導入が議論されるまでになっていたこと、またデザインの分野では、オーストリアの哲学者・教育者であるオットー・ノイラートが、1925年に統計図表の表現手法として、絵画的なアイソタイプ(8)を公表して以来、グラフィカルシンボルの理解のしやすさが注目されていたことなどがある。

勝見はシンボルを採用した意義について、「実はわが国には、紋章という世界で最も完成した視覚言語の一体系が存在していた。…筆者が東京オリンピックのデザインポリシーに生かしたいと念願したのは、わが国の紋章デザインの、この伝統にほかならなかった」と述べている(9)。

競技シンボルは、日本デザインセンターのイラスト部長であった山下芳郎（1931-）が、一人で担当した。このシンボルは、デザイン室が本格的な活動に入る以前に、同社社長の原弘が進めていた入場券のデザインにも、また海外向けに1962年につくられた競技日程表にも用いられていることから、比較的早い時期から準備されたものと思われる。おそらくデザイン懇話会のできた当初から、シンボルの導入について議論があったと想像される［図1-2］。

山下は、「ちょうどノイラートのアイソタイプに魅せられていたころ、この競技シンボルの仕事を任された。私にとっては狂喜すべき光栄だったが、運動競技について全く音痴だった私が最初にしなければならなかったのは、全種目についてできる限りの知識をつめ込むことと資料を集めることだった」として、3か月を費やして調査を進め、次のような方針で造形に臨んだ(10)。

1　視覚言語の言語にこだわること。そのためには個性的、趣味的な形態をとってはならない（情緒的になりやすい）。

2　それぞれの競技が持つ決定的な特徴を表現すること。そのためにはモデュールの方法をとってはならない（独断的難解に陥りやすい）。

［図1-2］競技シンボル（『グラフィックデザイン』17号）

3　単純明快にこだわること。そのために補助的な形態は必要以外とってはならない（冗舌的になりやすい）。

一方、施設シンボルは、1964年の6月ごろからデザイン室の作業場で、田中一光が中心となり、標識シンボル部会の十数人が共同して制作にあたった。とにかく間に合わせねばならず、みんなで出し合ったラフスケッチを、田中らがディスカッションしながらその場で整理していく方法で、昼夜兼行で仕上げられた。描き手によって異なる表現を統一するのが難しかった、と田中がのちに語っている(11)［図1-3］。

エリア計画部会は、各会場エリアのカラーを、明治公園は赤、代々木公園は青、駒沢公園は緑、その他の競技場はえんじ色と定めていたが、実際に観客を誘導案内するうえで、エリア計画部会の定めたエリアカラーや、標識シンボル部会のつくった競技シンボル・施設シンボルがどのように用いられたのか、残されている写真資料から次のように読み取ることができる。

まず入場券は、大会マーク・競技シンボル（競技名は記載されていない）・エリアカラー・競技場名と、日付・競技開始時刻・入場門記号（A・B・Cなどのアルファベット記号）・入り口番号・座席番号で構成されている。各会場エリア入り口には大形の案内板が設置され、そのエリアで行われる競技名の一覧表と、競技シンボルを記入した競技場別の平面案内図によって、何がどこで行われるのかを示している［図1-4-1］。

各会場エリア内には、誘導標識が建てられている。その表示面は、各々70cm角ほどの競技シンボルと入場門記号、誘導方向矢印で構成され、入場門記号と矢印には、エリアカラーが施されている［図1-4-2］。トイレや救護所、公衆電話などの各施設付近には、施設シンボルが大きく掲示されていて、その施設がなんであるかを示している。

標識として用いられた競技シンボル・施設シンボルの下部には、3か国語による文字表示が併記されている。オリンピックにおける言語の表示は、慣例ではフランス語・英語・開催地の自国語の順であったが、東洋で初めて開催され、観客のほとんどが日本人であるこのオリンピックでは、日本語・英語・フランス語の順とすることに改められた(12)。

これらの写真からわかるように、各競技場への案内は、徹底して競技シンボルで行われた。東京オリンピックのデザインプログラムの中で、特にこの「競技シンボルの導入」は国際的にも非常に高い評価を得て、東京以降メキシコ、ミュンヘン、モントリオールと、言語の障壁を超えたコミュニケーションシステムとして引き継がれていくことになった。

一方施設シンボルは、視覚表現の試みとしての評価は得られたが、造形的な統一感に欠け、また表示システムも未整理であったため、次なる国家イベント、1970年の大阪万博での改善が期待される結果となった。

2……日本万国博覧会

未来都市モデル構想

「人類の進歩と調和」をテーマに、大阪の千里丘陵で日本万国博覧会（EXPO'70）が開幕したのは、1970年3月15日のことであった。そのいわゆる大阪万博は、77か国の参加を得て、120余りの展示館が建設されたが、183日の期間中の入場者数は6421万人で、目標の5000万人を大きく上回る結果となった。この年の10月に日本の人口が1億人を突破しているから、この半年間に総人口の約3分の2が、ここを訪れたことになる。関連道路や鉄道が整備され、輸送機関・ホテル・外食産業などに恩恵をもたらし、その経済効果は3兆円にのぼったといわれている(13)。

高度経済成長政策を推し進める通産省（現・経済産業省）の働きかけで、自民党近畿圏整備委員会が、万国博覧会を1970年に近畿圏で開催しようと決議したのは、東京オリンピックが開かれた１９６４年10月のことだったらしい⒁。翌年10月に、万博テーマが決定、同時に日本万国博覧会協会（以下「博覧会協会」）が設立されている。

１９６５年11月から、京都大学教授西山《にしやま》夘三《うぞう》をチーフとする京都大学万国博調査グループによって「日本万国博覧会会場計画に関する基礎調査研究」が行われ、翌１９６６年１月に４７０ページにわたる報告書が提出された。この報告書では、万博計画の基本問題として、万博の認識、経済的社会的効果、過去の万博の会場計画、会場予定地とその周辺、入場者と施設空間量、会場への輸送、水を中心とした環境施設、自然景観と樹木、会場建設の組織と方法、会場計画の理念などについて分析・検討や提言が行われた⒂。なお千里丘陵の

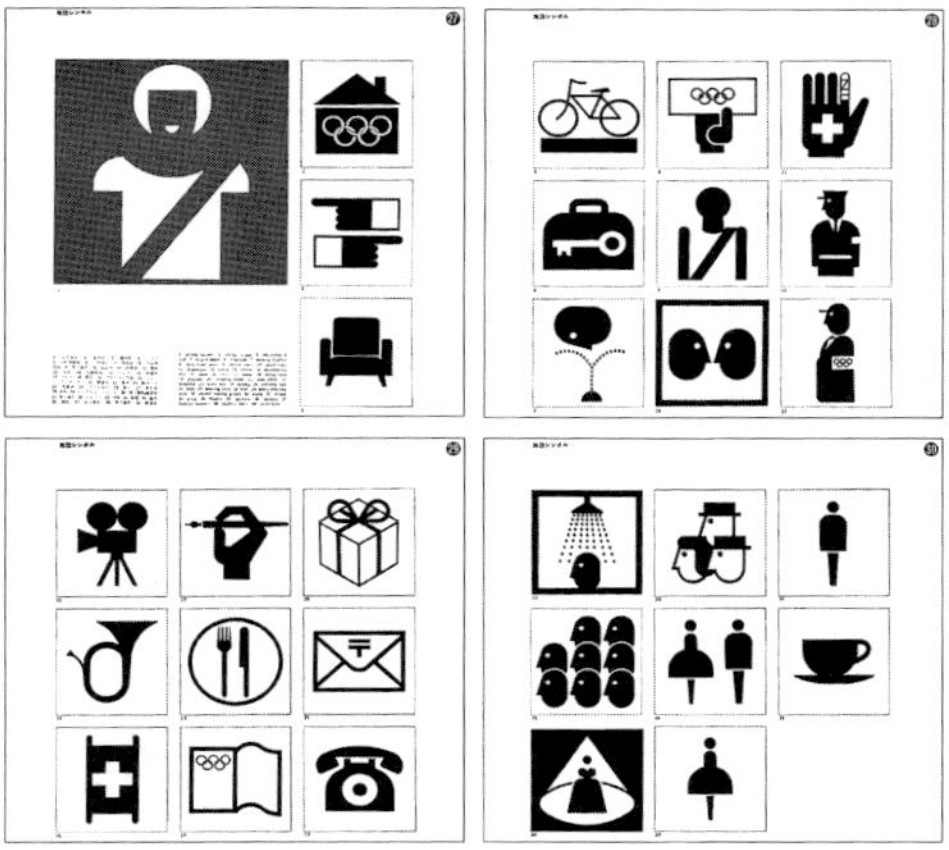

1 女子選手
2 選手村
3 案内所
4 クラブ
5 自転車置場
6 一時預り
7 水呑場
8 当日販売場
9 男子選手
10 面会所
11 医務室
12 警察
13 役員
14 記録映画
15 バンド
16 救護室
17 プレス
18 食堂
19 プログラム売場
20 ショッピングセンター
21 郵便局
22 電話
23 シャワー
24 団体
25 劇場
26 観客
27 便所
28 女子便所
29 男子便所
30 軽食

［**図1-3**］施設シンボル（『グラフィックデザイン』17号）

1

2

［**図1-4**］会場エリア内のサイン（1:入口大型案内板、2:誘導標識『デザインの現場』100号）

３３０haという立地と敷地面積は、テーマ決定前に決まっていたと丹下健三は語っている(16)(17)。

会場計画は、１９６５年12月に飯沼一省《いいぬまかずみ》を委員長、高山英華を副委員長、西山夘三と丹下健三をチーフプランナーとする会場計画委員会が発足、実際には先の調査研究を受けて、翌年２月からスタートしている。会場計画委員会が４次にわたってまとめたその案の概要は、次のようなものであった(18)。

会場基本計画第１次案では、現代の知恵を結集して、未来の実験場、つまり未来都市のコアのモデルを試み、会場は単純明快に構成するなどの計画方針が整理された。また第２次案では、会場計画を未来都市のコアのモデルとして構成するという考え方が、具体的に示された。このように会場計画そのものが最も重要と考えられた背景には、技術的な遅れの目立つ都市こそ、20世紀後半から21世紀にかけての人類の課題になるという強い認識があった。第３次案では、さらに検討が進められて、次のような計画案が示された。

１　中央のメインゲートのほかに４か所のゲートを設ける
２　スリバチ状の地形を生かして、小規模なパビリオンを中央の人工湖付近に、また大規模館を周辺の台地上に置く
３　会場の中央にお祭り広場を含有したシンボルゾーンを南北軸に配置し、ここより東・西・南・北のゲートに連結する冷房を完備した装置道路を延ばす

なおこの時点で、総入場者数３０００万人、休日平均42・１万人という、その後の設計基礎となる推計値が博覧会協会から提示されている。また第３次案と平行して、東京大学都市工学科の伊藤滋、奥平耕造、曽根幸一らによる観客流動シミュレーション調査が行われた。

それらを反映した第４次最終案は、１９６６年10月に確定し、その年の12月に会場計画委員会は解消された。京大の西山はここでこのプロジェクトから退き、以降、東大の丹下をプロデューサーとする建築家グループの手で会場基幹施設の基本設計が１９６８年１月まで行われることになった。

最終的な会場計画は以下のようなものであった。

まず、最も大きな輸送機関として、地下鉄御堂筋線と相互乗り入れする北大阪急行鉄道を会場中央口まで開通させる。装置道路案は、一般的な道路と地上５ｍの高架に設けるチューブ状の動く歩道に分離し、中速大量輸送は、跨座式《こざしき》モノレールで行う。ほかに場内観覧用に定員６人の電気自動車を採用する。

会場の〝幹〟として、幅１５０ｍ長さ１kmの南北に延びるシンボルゾーンを設け、その中心に地上30ｍの大屋根を突き抜ける「太陽の塔」と「テーマスペース」、および「お祭り広

場」を配置する。シンボルゾーンの北端に「万国博ホール」と「美術館」を、南端に「博覧会協会本部ビル」と「エキスポタワー」を置く。シンボルゾーンとクロスする形に「人工池」を配する。この周りがスリバチ状の地形の、最も低い場所である。

シンボルゾーンから東西に延びる〝枝〟の「動く歩道」は、日、月、火、水、木、金、土と七曜の名を持つ「サブ広場」を経て、東西南北の「ゲート」につながる。サブ広場には、食堂、売店、案内所、トイレ、応急手当所、電話、銀行、警備などのサービス施設を集中的に設ける。動く歩道からサブ広場に下りた人びとは、ここから〝花〟にたとえられる各パビリオンにアクセスする。

各パビリオン間を行き来する遊歩道は、中心部の展示ゾーンでは東西南北の格子状に、東西両端では45度の傾きを持った格子状に配置する。外縁を一周するモノレールは、東西に配置されている大規模パビリオンへのアクセス手段として位置づける。

開幕まであと1年と迫って工事の進む1969年3月に、総理府の実施した世論調査によって入場者予測が総数5000万人、ピーク日60万人と、上方修正された(19)。すべての施設計画が3000万人の前提で進められていたこの時期での入場者予測の変更は、関係する技術者たちを驚かせたに違いない。そして結果は、当初予測の2倍を超える6400万人余に達したのである。

反体制的気運

大阪万博の建築と展示を除くデザイン課題の計画も、東京オリンピックのそれと同じように、組織的には確たる裏づけのない集まりでスタートしている。1965年に博覧会協会からシンボルマークの選定方法の相談を受けたのは、東京オリンピックと同じ勝見であった。勝見は再び自らの判断で選考委員を集め、15人のデザイナーと2社のデザイン事務所を指名して、コンペを行うという方法をとっている。

1966年2月に、勝見らが選定した案を博覧会協会に示すと、協会会長の石坂泰三（元東芝会長、当時は経団連会長）から、「万国博のイメージに合わない」とのクレームが入った。やむなく協会幹部を交えた選考委員会を再組織して、コンペをやり直し、結局は別の案に差し替えられることになった［図1-5］。桜の花びらをモチーフとした決定案に対し、国内のデザイナーたちからは、桜が国家権力や戦争のイメージと重なるとして、強い批判が浴びせられた(20)。

そうした反応の背景には、人望のあった勝見らによる造形上の判断が、経済界の意向で曲げられたという不満もあったが、1965年4月から始まったべ平連の反戦運動や、1966年1月の早稲田大学本部占拠事件から全国に波及する学生紛争など、この時代を覆っていた反体制的な空気が強く影響したことは否めない。学生や若者、デザイナーらの間では、とりわけ大資本企業に対する不信感が強かった。東京オリンピックで一躍その名を世界に知られて日本のデザイン界の頂点にいた亀倉雄策も、大阪万博とのかかわりは1967年に制作した海外向けポスター1点にとどめた(21)。

勝見は最初の段階で、「東京オリンピックは国の事業で公共の側面があるので引き受けたが、万博は民間企業などが支える私的なものだから、自分がかかわるべきではない」との理由で、要請を受けた際に一度断っている。万博で政府館の映像制作と民間企業の展示にかかわった勝井三雄は、「万博は、初めて自分たちが表現できるという喜びがあったけれど、一方で権力に使われているという気もして、非常に屈折した気持ちがあった。辛かったね」と、当時の心情を振り返っている(22)。

博覧会協会のデザイン課長を務めた坪居恭平によれば、1967年に博覧会協会に初めてデザイン担当調査役が置かれ、同時に協会の諮問機関として、勝見のほか小池岩太郎、田中千代、浜口隆一、真野善一の、合わせて5人のデザイン顧問が任命された。しかし文献上に、彼らが顧問として活躍した形跡はみられない。協会資料には、デザイン課がとりまとめを行った色彩計画、サイン計画、ストリートファーニチャー計画、照明計画、広告計画などがデザイン計画として記録されているのみであった。

ストリートファーニチャーの基本設計は、栄久庵憲司をディレクターとしてGKインダストリアルデザイン研究所、剣持勇デザイン研究所、トータルデザインアソシエーツの三社の協同体で行われた。設計対象は休憩設備(剣持研究所が担当)、情報設備(GK)、照明設備(トータルデザイン)などである。そのデザインの考え方は次のようなものであった(23)。

ストリートファーニチャーの形態は、健康的でかつ控えめであるべきだとの考えから、単純で軽快な印象を与える円と直線による構成を基本とする。またその色彩は白またはコンクリートなどの素材色を基本とし、緊急電話の赤など、社会コード化されているものはそれに倣う。

休憩設備のアイテムは、ベンチ、シェルター、くず入れ、吸いがら入れ、水飲み、手洗い、プランターとする。雨や日照を遮るシェルターは、膜状の傘を支柱で支える構造とし、その設置位置にベンチ、くず入れ、吸いがら入れ、水飲み、手洗いを集約して配置する。

　情報設備のアイテムは、サインのほか自立型のスピーカー、監視カメラ、緊急電話、時計、電話スタンドとする。スピーカー、監視カメラ、緊急電話、時計の本体はFRP製、いずれもポールに固定バンドで器具本体を取りつける。電話スタンドは、台形の平面を持つドアなしボックスとし、組み合わせによって道路脇に壁状に連続させることも、広場の中央に環状に配置することも可能とする。

　照明設備は池周辺用、花壇用、サブ広場用、場内街路用、自動車道路用、ゲート広場用の6種とする(24)。照明器具もすべて円筒形で白色仕上げとする。池周辺用、花壇用、サブ広場用は、光源の直視を避けるため光源を下部におさめ、上部に反射板を設けて散光する。

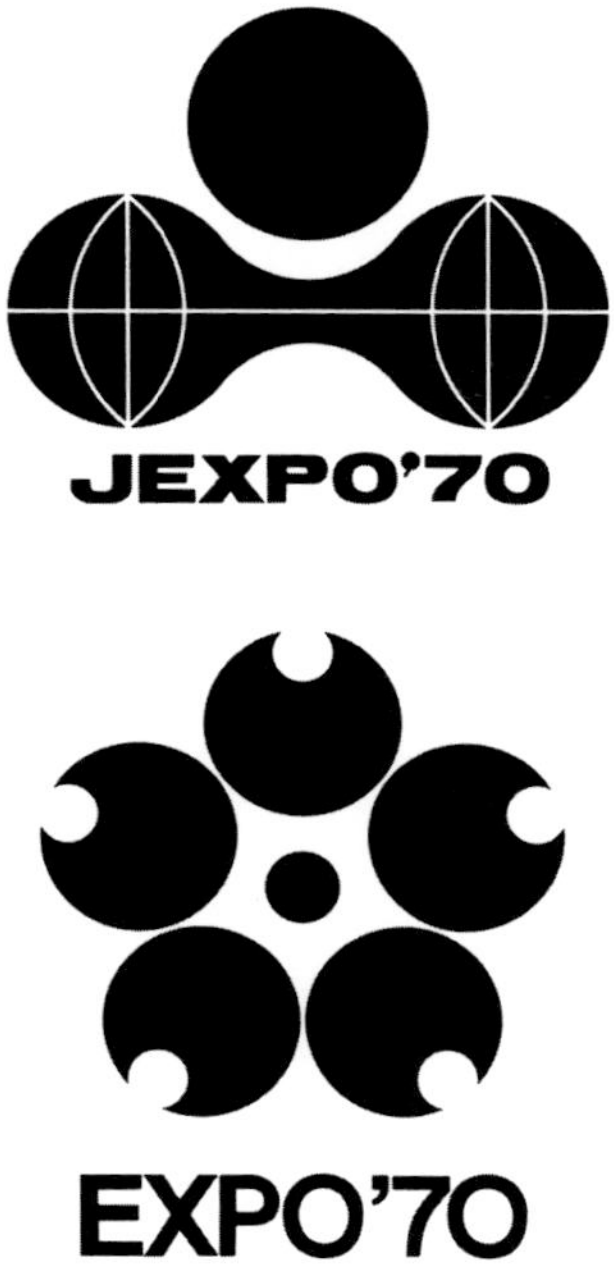

［**図1-5**］大阪万博のシンボルマーク（『デザインの現場』100号）
上が勝見らが押した西島伊三雄案、
下が再コンペの結果決定した大高猛案

仮説の実験

　大阪万博の基幹施設のサイン計画も栄久庵のディレクションによってGKが行った（担当は金子修也1937-）。ただしピクトグラムのデザインは、東京オリンピックの標識シンボル部会に参加した福田繁雄が行い、会場全体計画との調整に磯崎アトリエの森岡侑士が参画している。サイン計画の考え方は次のようなものであった(25)。

シンボルゾーンと装置道路、スリバチ形の会場構成など、会場そのものがわかりやすく計画されているため、配置するサインは必要最小限のものとする。配置するサインの種類は、A・全体を示す地図［図1-6-1］、B・定点を確認するサイン（定点サイン）［図1-6-3］、C・誘導の方向を示すサイン（誘導サイン）［図1-6-2］の3種とし、Aは観客が湧き出したり滞留したりする箇所、Bは場内の要所の広場、ゲート、通りなど、CもBと同様に、会場の結節点を成す箇所に配置する。

定点サイン、誘導サイン上に表示する用語は、「中央口」「東口」「お祭り広場」「日曜広場」「月曜広場」「モノレール」のように、ゲート、広場、サブ広場、交通システムなどの基幹施設の名称とする(26)。定点サインのうちサブ広場に設置するものには、その位置に集中してある案内所、トイレなどのサービス施設をピクトグラムによって表示する。誘導サインに表示するサブ広場の情報は、移動方向にあるサブ広場の魅力度と、そこへいたる移動の負担量を勘案して、表示の必要性を判断する。

サインの設置形式は自立型を基本とし、ほかに柱つき、つり下げ、壁つきなどのバリエーションを持つ。色彩について、各パビリオンが有彩色を積極的に用いることが予測されるため、基幹施設の方針にならって白を基調とする。ただし案内所、トイレなどのサービス施設に用いるピクトグラムは黒地白ヌキとする。

開幕後、大勢の人たちでごった返す会場を見て、金子らは以下のようなコメントを、文献に残している(27)。

——大阪万博の全体計画の中に、情報問題をトータルにとらえるコアがなかった。会場のいかなる箇所に、いかなる情報を発生させるべきか、それらを計画する体制が必要ではなかったか。サインの本質は〝情報〟であるのに、デザイン行為の対象は、標識、表示板という〝モノ〟に限られてしまった。サインの基本設計が行われた1967年には、施設の名称も施設の内容も流動的であった。特に運営・管理にかかわる情報の割り出しは、終始つかみ得なかった。載せるべき情報もわからないまま、モノとしての設計を先行させた。

サイン上には、会場計画の基本方針に沿って基幹施設の名称を表示したが、出来上がった会場では、誘導目標としていた基幹施設がパビリオン群の中にあって目立たない。サインボードだけで会場の骨格を浮き上がらせるには無理があった。サインシンボルゾーンやメインゲートは巨大だから遠方からよく見えるが、その場にいると大きすぎて、どこからそのエリアなのかよくわからない。建築家がサインに消極的なこともあって、ここでの表示は当初案よりはるかに後退させたが、表示は臆せず行うという感覚が必要であった。サインを忌避すれば、逆に建築を壊すようなサインがいや応なしに乱造される結果になる。

観客が行列したり、込み合うような箇所での対処方法を検討したが、協会からフィードバックがなく用意されるにいた

1

2

3

［**図1-6**］基幹施設のサイン
（1:全体地図『Designing Signs Vol.1 公共空間のサイン』
2:誘導サイン、3:サービス施設定点サイン
『日本サインデザイン年鑑』1971）

らなかった。開幕後、あわてて各種の張り紙を出さなければならない状態となっている。観客数が当初の予測よりはるかに多く、そのため会場のどこも人波にあふれている。また動く歩道が主体で、一般道路はサブ的に考えられていたものの、実際はむしろ道路のほうが流動の主体になっている。結果として、サインの不足な部分がある。

ピクトグラムは、実用段階の淘汰を経ないと公共的言語になりにくい。農山村にいて、日常これら記号操作にあまり接しない人びとにとってギャップは大きい。観客の反応はまちまちで、概して若者、都会人には好評だが、老人や地方の人びとにはわかりにくいようである。文字表記を追加したが、それでも男性用トイレに入ってくる女性がいる。

サイン上に表記した「日曜広場」など、文字による観念的な情報について、観客は実際にどのようなところなのかイメージを持ち合わせていない。したがって情報を受けても具体性に乏しく、不安である。そこで写真やイラストレーションを使うなど、対象を具体的にイメージさせる付加的な情報が欲しかった。特に見通しの悪い箇所の誘導サインでは、予断を含まない、明確な指示を行うことが求められる。例えば階段下などでは「階段上100m先」の文字表示を添えるなど、人びとが自信を持って行動できるような工夫が必要だった。

公共サインがトータルに話題になり始めている。これまで本格的な公共サイン計画の行われていないわが国で、そのことは収穫である――

金子らのコメントを読むと、とにかく大勢の人たちが押しかけて、多くの人が、何がどこにあるのかさっぱりわからない、混乱を繰り返していた情景が想像される。筆者自身、学生であったが、会場の中で、もっぱら東京で入手したガイドブックのページを繰って、人波を避けられる目的パビリオンへの迂回ルートを探していた記憶がある。

当時の記録によると、観客の場内滞在時間は平均6時間半、そのうちパビリオンの中にいるのは2時間半で、残りの4時間は順番待ちや移動に費やされた。農協や町内会などの団体客が圧倒的に多く、集団行動で場内をせわしなく動き、人気館には観客が殺到して〝残酷博〟の異名も生まれた。毎日250人の大人を含む迷子が出て、480人がめまいや腹痛の手当てを受け、290個の忘れ物、落し物をし、200tのゴミが出たという(28)。

今日これらの記録を総覧すると、初めての博覧会だったとはいえ、ストリートファーニチャーやサイン、電子情報までも含めて、会場計画全体が設計者たちの仮説の実験に供されていて、利用者側に視点を置くことがほとんど省みられなかったことに気づく。サイン計画において、誘導案内するために必要な情報内容の吟味もなく、言われるまま基幹施設名を表示したというのは、このことを端的に示している。議論が始まったのは収穫だとの設計者によるコメントは、それには違いないものの、ここからも彼らの意識のありかがうかがわれる。

建築史家の村松貞次郎は開幕後、「建築家の、あるいは都市計画家の〝ヒューマニズム〟的人間把握が、根底から否定されたことも、EXPO'70の貴重な成果であろう」「とにかくたいへんな人である。…この人に、この大衆、群集に、徹底的に蹂躙《じゅうりん》され試されるために、この未来都市を想定したというEXPO'70の会場とその施設や設備が、悲愴なシミュレーターとしてその身を供している」「1970年代を人類史の転換点とし、それを脱工業化社会へ、情報制御社会への移行をもって転換の本質とするならば、EXPO'70の、この壮絶な実験は、ややもすれば気楽に、コンピューターに乗って移行しようとする人々の襟元をつかんで、叩きのめすものである」と述べている(29)。

3……東京・大阪国際空港

ジェット機時代の到来

東京国際（羽田）空港は、国営東京飛行場として1931年に開港した。南北300mの滑走路のほか飛行場事務所も設けられた、初めての本格的な空港施設であった。1939年には800mの滑走路2本を完成させて、大日本航空、満州航空、中華航空の6人から8人乗りのフォッカー機が離着陸した。

戦後の羽田空港は進駐軍に接収され、その管理のもとで南北2145mの主滑走路と、これに交差する1650mの副滑走路を1946年に完成させている。進駐軍の方針で、羽田には世界主要国の国際線が続々と乗り入れて、使用機も45人乗りのDC-4以上が普通になった。羽田空港の日本への返還は1952年、航空管制権が日本に戻ったのは1958年のことである(30)(31)。

最初の羽田空港ターミナルビルの竣工は1955年であった。運輸省（現・国土交通省）は当初、国や東京都の公費負担による建設を探っていたが、財政事情が許さず、やむなく100％民間資本による会社方式で建てられることになった。

国が所有する空港でターミナルビルだけを私的会社が経営する、世界的に珍しい形態であった。

完成した新ターミナルビルの基本動線は、国内線、国際線の出発、到着とも1階に置かれていた。旅客はビルのゲートから歩廊を通ってエプロンを歩き、タラップを使って飛行機にいたる。本館2階には国際線のサブ動線として国際線待合室、案内所、両替所、観光案内所などがあった[32]。

大阪国際（伊丹）空港は、大正年間から木津川尻の埋立地にあった飛行場に代わる国営大阪第二飛行場として１９３９年に供用を開始した。南西方向に延びる８３０ｍの主滑走路と、南北向き６８０ｍの副滑走路があった。ここでも完成の翌年から拡張工事が始められ、１９４１年には、合わせて4本の滑走路を持つ大飛行場となった。

戦後は進駐軍の伊丹航空基地として接収され、１９５２年の対日平和条約発効以降、その一部の使用が民間用に認められた。１９５４年以降になると、東京、福岡などと結ぶ幹線航路のほか、東京・大阪間に夜間郵便機が運行を開始、大阪・岩国間、大阪・高知間なども就航して、これらの発着で賑わった。

１９５８年に伊丹基地は日本に返還されて「大阪空港」と名称を変え、さらに１９５９年に第一種空港に指定されて「大阪国際空港」と改称している[33]。第一種は、国際航路のために国が設置して管理する位置づけの空港である[34]。

東京オリンピックが開催された１９６４年、羽田空港は３０００ｍと３１５０ｍの滑走路を完成させて、ターミナルビルの大規模な増改築が行われた[35]。その年伊丹空港には、ソウルからジェット旅客機が初めて乗り入れた[36]。このころの航空輸送の拡大は、目を見張るもので、１９６０年と１９６５年を比較してみると、国内線旅客数は年間約１００万人から約５００万人、国際線旅客数は約35万人から約１００万人、国内線貨物は約９０００ｔから約２万５０００ｔ、国際線貨物は約５０００ｔから約3万ｔへと、急激に拡大した[37]。

輸送力を急激に伸ばした要因の一つに、世界で一斉に起こったプロペラ機からジェット機への転換がある。第二次世界大戦末期に軍事目的で開発されたジェット機は、プロペラ機に比べ巡航速度がはるかに速く、また積載能力も大きいため、１９５８年にイギリスのコメット4型とアメリカのボーイング７０７が就航して以来、民間輸送にも瞬く間に広まった。

わが国の日本航空（１９５３年設立）も１９６０年に、同社初の１３９人乗りジェット旅客機ＤＣ-８を東京・サンフランシスコ間に就航させ、国際線の倍速化を図った。国内線では1961年にコンベア880で、東京・札幌間のジェット化を果たしている。また全日空（1958年設立）も、当時はまだ国内線の営業免許しか持たなかったが、1960年にターボプロップ機（プロペラとジェットの中間性能のエンジン搭載機）のバイカウント744を東京・札幌間に、翌年に同フォッカーF-27フレンドシップを大阪・高知間、大阪・鹿児島間に、さらに1964年には125人乗りボーイング727を東京・札幌間に投入して、日本航空のジェット化に対抗した(38)。

IATAの参考マニュアル

羽田空港では、1955年のターミナルビル完成以来、航空旅客が毎年15％ずつ増大し、1960年からしばらくは年々倍増していくことが予測される中で、東京オリンピック開幕に合わせて、大規模な増改築工事が行われることになった。1960年現在、内外の13の航空会社が羽田を始発・終着空港とする定期航空路線を持っていて、その大部分が、その年のうちに使用機をジェット機に置き換えることが予想されていた。

増改築の目的は、以下のようなものであった(39)。

1　検査施設を出国2階、入国1階に分離し、かつ検査スペースを拡張して旅客のスムーズな流動を図る。

2　スポット（旅客乗降などのための航空機の停止地点）を増設し、それにいたる旅客歩廊を2階建てにして、将来のローディングブリッジ導入に備える。

3　国際線待ち合いロビーを拡張する。

4　国内線到着の専用ターミナルビルを新たに建設する。

1964年に完成したこの増改築工事によって、国際線部分は出発、到着の各動線が階別に分離して、国際的水準のいわゆる二層式のターミナルビルになった。

この増改築工事に伴うサイン計画に、村越愛策（1931-）がグラフィックデザイナーとして初めて参画して、その後長く空港サインとかかわるきっかけとなった。村越らが考え方の規範としたのは、IATA（国際航空運送協会）(40)が発行している〝AIRPORT BUILDINGS AND APRONS〟という空港施設整備のための参考マニュアルである。村越は1965年発行のデザイン雑誌(41)にそのマニュアルの存在と概要を紹介して、それに準拠する必要性を強調している。

IATAのマニュアルのうち1959年版〝Sign-posting〟(42)の和訳を以下に引用する(43)。村越の紹介内容とこの和訳は、内容がほぼ一致している。

——サイン掲示 Sign-posting

世界各国の空港を概観すると、空港のサイン掲示システムの実用的、機能的要求が十分に考慮されておらず、しばしばそれらは、単に美的観点から片付けられている。技術的な条件について十分な配慮がなされないと、サイン掲示が一般来館者に十分な案内をできないばかりか、旅客の流動までも混乱させることになる。航空旅行が飛躍的に伸びている現在、旅客や一般来館者がどちらに行ったらよいのか、いちいち人に問い合わせないですむようなサイン掲示システムは、空港にとって極めて重要である。

①一般原則

次の点が考慮されるべきであろう。

1　Standardization　標準化：国際空港ビルで使用するサインは、世界共通にするのが望ましい。また空港内の道路標識は、それぞれの国で用いられている一般の道路標識に倣うべきである。

2　Continuity　連続性：ディレクションサインは、旅客や一般来館者にとって必要と思われる、すべての箇所に取り付けられるべきである。またディレクションサインは、論理的に連続していなければならない。

3　Simplicity　簡潔性：使用するサインの種類は最小限にとどめ、デザイン、レイアウト、用語の表現も、できる限りシンプルなものにすべきである。

4　Visibility　可読性：サインの大きさは周囲の状況とのプロポーションで決めるべきだが、直接的には、想定される視距離から読め、かつどんな条件下でも鮮明に見える大きさが必要である。場合により表示面を照明することが必要で、できれば内部から照明する方式のものがよい。

②サインのタイプ

空港のサインは次の三つのカテゴリーに分けることができる。

1　Direction Signs　ディレクションサイン：旅客に移動する方向を指示するサイン

2　Location Signs　ロケーションサイン：旅客に〝(ここは) 手荷物引渡所〟などと場所を教示するサイン

3　General Signs　ジェネラルサイン：一般来館者のためのインフォメーションとディレクションサイン

③サインとシンボルの条件

1949年8月23日付のジュネーブにおける国連道路・自動車交通会議のレポートに採用されている色彩、シンボル(図記号)、レタリング（様式の一貫した字体）などを、すべての空港サインの基本として使用することが望ましい。

1　文字と数字：書体は世界共通が望ましい。特に旅客に対するディレクションサインとロケーションサインの書体は共通にすべきである。書体の形はできるだけシンプルなものがよい。一つのサインのなかで異なる言語を使う場合は、書体を替えることで区別する。

2　サインの外形：サインのカテゴリーごとに明確に区別できる外形が、例外なく用いられることが望ましい。

3　色彩：サインに使用する色彩も、サインのカテゴリーごとに明確に区別され、しかも例外なく用いられることが望ましい。

4　シンボル：広く共通に理解できるようなシンボルは、有用で注意を引きやすく、また人の流れを円滑にし、かつ言語の障壁を克服できる。ただし赤十字のように確実なものを除き、シンボルには説明文があったほうがよい。シンボルはその役割と意味が誤解されないものだけに限って、積極的に取り入れられるべきである。

④言語

空港のサインは次の言語で表示されるべきであろう。

1　空港が所在するところの母語。

2　英語：これは国際航空用の言語として一般的に用いられている。

3　その土地の事情、旅客交通の形態などにより、適宜その他の言語を使用する――

このマニュアルの図例［図1-7］と竣工写真［図1-8］を比較すると、ほぼ同じようなグラフィック構成になっていて、村越らが忠実にこのマニュアルに従ったことがわかる。

特に村越が創意を発揮したのは、書体の視認性の向上であった。英文書体については、「各国空港および航空会社でしばしば用いられている」ノイエハース・グロテスク(44)を採用した［図1-9］。また和文書体は、「最も一般的な」丸ゴシック体とした［図1-10］。当時のサイン表示面の製作方法は、地板にアクリル板（例えば乳白色、3mm厚）を使い、指定色のアクリル板（3mm厚）を文字なりに切り抜いて、地板に接着する手順によっていたから、テンプレートとなる型紙を、一文字一文字原寸大でアウトライン状に描く必要があった。その文字を描くことがデザイン事務所の主な仕事とされていた。

当時すでに写真植字機(45)はあったが、これは書籍印刷などの小さな文字組み用に開発されたもので、サインのように大きな文字表示には向いていなかった。そこで写植などから入手した文字をフィルムにして、プロジェクターで8cmとか

10cmなどに拡大し、手で書き写していく方法がとられていた。その際、村越は丸ゴシック体の字画内の空白部分を少しずつ広げながら、書き写していったのである。空白部分が広がれば視認性が高まることは、事例観察から明らかであった。

もう一つ村越が工夫したことに「出発系サインをグリーン、到着系サインをオレンジ」とする色彩設定がある。この羽田のサイン工事では、表示面の地色は乳白色で統一され、「出発口」の文字にグリーン、「到着口」の文字にオレンジの色彩が用いられた。動線別に定めた色彩を連続的に配置することで、旅客がたどるべきサインを明確化しようと意図したものである。1969年に竣工した伊丹空港サイン工事のあと、「到着系はイエローまたはオレンジ」と改められたが、このとき定めた色彩が、長く日本各地の空港サインを規定するコードになった。

村越は長年にわたって「〝出発系のグリーン、到着系のイエローまたはオレンジ〟はIATAに規定された色彩である」と説明していたが、実際のIATAの規定にこの条文は見当たらない(46)(47)(48)。1956年版には色彩に関する規定はなく、1959年版は前述のごとくで、動線別色彩を推奨する意図はみられない。1966年版、1970年版には、「空港内で共通タイプのサインに同じ色彩を用いることは、サインの識別を容易にするはずである」と書かれているのみである。これらから判断すると、村越による「IATA規定」という説明は、統一的に色彩を使用すべきことを指していたようである(49)。

このときのサインの器具はステンレス製で、筐体《きょうたい》内に照明器具が装着されている。またサインの外形は、300×1200、400×1500（縦×横、mm）の2種類に標準化され、特に重要なサインには500×2500、500×3600、500×4500など大形のものが用いられた。

なお1964年に増築された国際線待ち合いロビーに、イタリア・ソラリー社のフラップ式フライトインジケーター（発着表示盤）が初めて設置された。これは航空会社、便名、行き先、定刻、変更などの表示要素をフラップユニットごとに構成したものである。各ユニットには40枚のフラップ（羽根）が組み込まれていて、高速回転し、任意の1枚を表示することができる。フラップはつや消しの黒地で、白色の文字をスクリーンプロセス印刷したこの表示盤は、見やすく美しく、近年LEDなどの表示素子に置き換わるまで、長く空港ロビーの最も重要かつ印象的な情報装置として多くの人びとに親しまれた。1972年に国鉄山陽新幹線大阪・岡山間の開業にあたって、国産のフラップ式インジケーターが導入されたが、その原型となったのがこのソラリー社のものである。ソラリー社はギルサンス・ボールド［図1-11］というフラップユニットに適した書体まで開発し、視覚伝達の質の確保に尽くしている(50)。

新しいレイアウトの工夫

1967年秋から検討が始まった伊丹空港、福岡空港、羽田空港再増築工事のサイン計画について、村越は当初、いずれも統一的に次のように進めようと考えていた(51)。

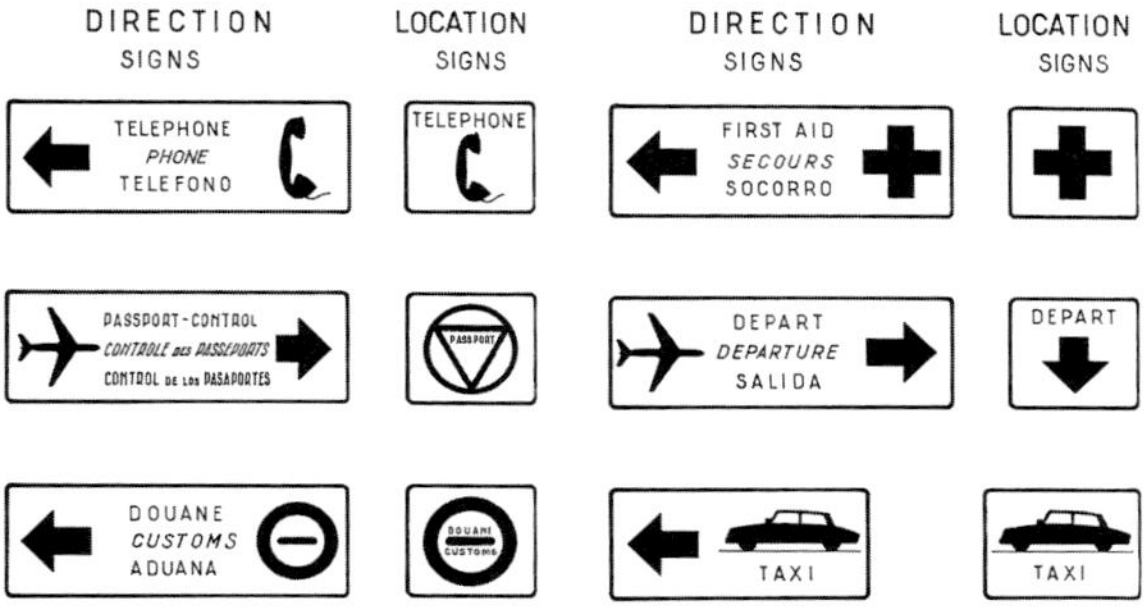

［図1-7］IATAマニュアル1959年版のサイン図例
（『AIRPORT BUILDINGS AND APRONS "sign-posting"』1959）

［図1-8］羽田空港1964年の「出発口」
ディレクションサイン（『アド・サイン』11月号、1965）

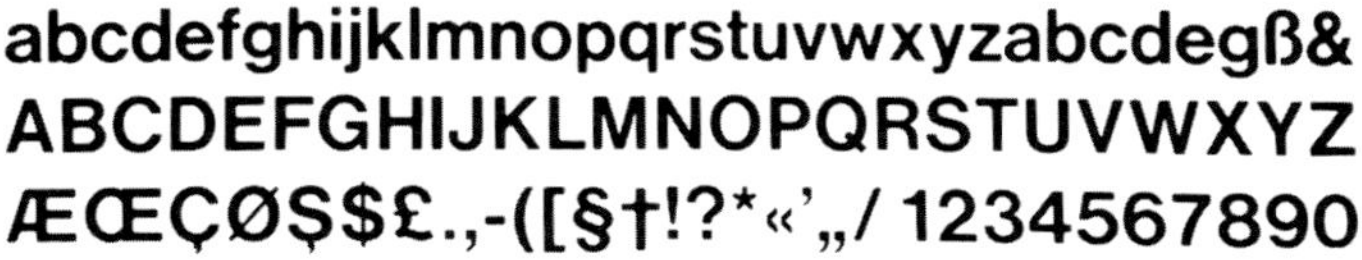

［図1-9］羽田空港1964年の英文書体（『アド・サイン』11月号、1965）

［図1-10］羽田空港1964年の和文書体（『アド・サイン』11月号、1965）

「まず、IATAの原則どおり、統一化、連続性、単純化、可読性を徹底させる。表示面レイアウトは、あくまで自国語である和文を優先し、それに英文を適合させ、シンボルを組み合わせる。和文書体については、印刷用に考えられてきた字体の骨組みに肉づけを行って、理想的な空港サイン用文字を創作したい。

シンボルの導入は、利用者の注意を引き、流れを促し、言語の障壁を克服するために必要である。特にIATAが推奨している案内所のシンボル〝?〟は、もっと広く使用されてよい（筆者注：このシンボルはIATA参考マニュアル1966年版に収録されている）。ディレクションサインのうち搭乗に関するものは、矢印の代わりに航空機のシンボルを使用したい。これから搭乗するというイメージを与え、方向も示す。もちろん、これも規定どおり出発色（グリーン）である。

矢印には大別して、三角形のものと矢羽根形のものがあるが、日本では前者の事例が多いので、これを使用したい。ただし文字と明確に分離するため、丸形に納める。

サインの本体に、軽量化、大量生産への対応、保守、点検、組み立ての簡素化を図るために、アルミ押し出し型材を用いる。外形寸法はアクリル板の定尺に合わせて、500×3600、500×2500、500×2000、400×1500、300×1200、400×4000の6種とする（縦×横、mm）」

一方伊丹空港の設計を担当した安井建築設計事務所は、このターミナルビルを、アムステルダム空港やフランクフルト空港、トロント空港、ヒューストン空港など、世界各地で次々と建設されている国際空港と比べて、遜色ない水準にしたいとの思いから、羽田をモデルとした全国統一型のサインは望んでいなかった。当時の空港設計室長は、「フライトインジケーターやサイン装置などのインフォメーション設備は空港特有のものであり、世界の各空港ターミナルは、このシステムの新しさを競っている」と述べている。このターミナルビルは、国際線ブロック、中央管理ブロック、国内線ブロックをフィンガー（歩廊）とサービス通路で連結する一般的な集中型、二層式ターミナルビルであるが、柱間隔が広く、将来の改造に備えて床架構と屋根架構を分離した設計によって、天井が高く、空間容量の大きい、近代的で個性的な建物になるはずであった(52)。

設計事務所ほかの関係者と協議を重ねた結果、最終的にサイン計画の骨子は次のように整理された(53)。

1　使用する用語は、日本語と英語の2か国語とし、用語については運輸省航空局、ＣＩＱ、航空会社と協議のうえ、できるだけ簡潔な表現とする。

2　サイン表示面のレタリングは視認性を重視し、あくまでも自国語を優先し、これに適合した英文を選択する。ゲート案内数字は、できるだけ大形表記とする。

3　表示面色彩については、出発動線サインの地色をグリーン、到着動線サインの地色をイエローに統一し、連続性を持たせる。また一般サイン（乳白色）との識別性を高めるために、彩度の高い色彩を選定する。

4　シンボルは、方向指示矢印、進入禁止、案内所、公衆電話、男女トイレのみに使用する。シンボルの機能は十分に認められるが、現時点では世界的に通用する優れたシンボルがないため、過渡的に使用する混乱を避け、文字による表示の確実性を選択する。

5　サイン外形について製作寸法の規格化を図るとともに、表示面のレイアウト、スペーシング（字と字の間隔）についても標準化を行い、サイン全体に統一性と連続性を持たせる。

6　サイン本体は、軽量、大量生産、保守、組み立ての簡素化の利点から、アルミ押し出し型材を主材としたものを採用する。

村越は、設計事務所との間で整理された方針に基づいて、使用書体について、和文は角ゴシック平体2番（縦：横が8：10の少し扁平な文字）、英文はスタンダード・メディウム、数字はフライトインジケーターと書体を合わせたメディカトーレ・ノバとすると定めて、和文と英文の文字高比、行間の設定など、新しいグラフィックレイアウトの開発に意を注いだ(54)。

［**図1-11**］フラップ式インジケーターの英文書体
（『空港のビジュアル・コミュニケーション』）

これらの試みの結果、１９６９年に完成した伊丹空港のサインは、大きな建築空間の中に〝横長な有彩色の面〟を区画することで誘目性を高め、十分に広い〝地〟によって〝図〟の読みやすさを確保する、公共サインの新しいモダンデザイン・モデルを日本で初めて提示することに成功した［図1-12、1-13］。日本サインデザイン協会では、ほぼ同時期に同じ村越らの手によって完成した福岡空港や羽田空港国際線到着ターミナルと比較して、「大阪が最もよくまとまっている」と評価して、伊丹空港のサイン計画を第５回ＳＤＡ賞の金賞に選んでいる(55)。

1

2

［図1-12］伊丹空港1969年のサイン（1:搭乗改札口、2:チケットロビー『建築画報』第46号）

［図1-13］同上到着系サイン（村越愛策デザイン事務所『Sign at Airports 1970』）

（1）「60's デザインストーリー1：世界デザイン会議から東京五輪シンボルマーク決定まで」、『デザインの現場』100号、6-7頁、美術出版社、1998
世界デザイン会議は、1960年5月11日から6日間にわたり東京の産経会館で開催された。世界27か国から建築家、グラフィックデザイナー、工業デザイナー、評論家、教育者ら227名が集まり、バウハウスのマイスター、ヘルベルト・バイヤーの記念講演にはじまって、「個性」「実際性」「可能性」などのテーマで、セミナーや討論会が行われた。この会議は、世界的にみても、それまでにない広範さと規模を持つものであった。日本のデザイナーたちは、自らの言説をもって自己主張する世界の造形家たちを初めて目の当たりにした。開催を準備したのは、勝見の呼びかけに応じた坂倉準三、柳宗理、亀倉雄策、丹下健三、浅田孝らで、ここから日本の建築とグラフィックデザインのリーダーたちの交流が始まる。工業デザインのリーダー、豊口克平、小杉二郎らは時期尚早を唱えて、日本インダストリアルデザイナー協会は不参加声明を出した。そのことがのちのち、工業デザイン分野の人々が他のデザイン分野とのかかわりをうすくする一因になった。
（2）前掲（1）、10頁
（3）前掲（1）、8-9頁
（4）「60's デザインストーリー2：デザイン室設置、そして東京オリンピック開幕」、前掲（1）、35-38頁
（5）勝見勝「オリンピック東京大会のデザインポリシー1」、『グラフィックデザイン』17号、13-40頁、講談社、1964
（6）勝見勝「オリンピック東京大会のデザインポリシー2」、『グラフィックデザイン』18号、11-38頁、講談社、1965
（7）前掲（4）、38頁
（8）アイソタイプ（ISOTYPE）とは、International System of Typographic Picture Educationの略で、オットー・ノイラートが1925年のウィーン社会・経済展示館の開館にあたって公表した「国際絵ことば教育システム」のことである。人口の変化を人のシルエットで示すなど、統計図表を絵画的に表現した。ノイラート自身は、この提案が国際的に統一された視覚言語となることを望んでいたが、実際には、より自由な形をとることでこの考え方が普及し、今日では、新聞や事典のグラフなどに、いろいろな図材を用いた絵画的表現が、広く行われている。ノイラートの提案は、科学的な記述を理解するうえで、日常的な経験がそのまま理解力の下地となり、年齢や受けた教育に差があっても影響されにくい、という評価から多くの支持を得た。日本では戦時中の1942年に、ノイラートの著作が初めて翻訳出版されている。
（9）前掲（4）、38頁
（10）山下芳郎「サイン・私の考え方」、『プロセス アーキテクチュア』42号、79頁、プロセスアーキテクチュア社、1983
（11）前掲（4）、39頁
（12）前掲（4）、37頁
（13）「EXPO '70で日本も大国の仲間入り」、『週刊日録20世紀1970』3月11日号、3-5頁、講談社、1997
（14）下川一哉「昭和デザイン史⑩日本万国博覧会」、『日経デザイン』

2月号、98頁、日経BP社、1995

(15) 坪居恭平「日本万国博覧会の会場計画」、『工芸ニュース』Vol.37、No.3、3-4頁、丸善、1970。坪井は博覧会協会建設部デザイン課長。

(16) 丹下健三、川添登「日本万国博覧会のもたらすもの」、『新建築』5月号、145頁、新建築社、1970

(17) 会場基本計画づくりに参加した工業デザイナーの泉眞也は、千里のほかに、大阪湾と日本海から運河をつくって建設資材を運んでくる琵琶湖西岸案が最後まで残っていたと、『DISPLAY DESIGNS IN JAPAN 1980-1990 Vol.3　エクスポ&エキジビション』、17頁、六耀社、1992に記している。

(18) 曾根幸一、森岡侑士「万国博覧会と交通システム」、『工芸ニュース』Vol.37、No.4、17-21頁、丸善、1970。曽根は会場基本計画原案作成委員会メンバー。

(19) 前掲(15)、5-6頁

(20) 前掲(14)、102頁

(21) 森山明子「シリーズ証言(亀倉雄策)」、『日経デザイン』6月号、48頁、日経BP社、1990

(22)「60's デザインストーリー3:オリンピックの遺したもの、そして大阪万博へ」、前掲(1)、63頁

(23) GKインダストリアルデザイン研究所「EXPO '70のストリート・ファニチュア」、前掲(15)、26-41頁

(24) 宮沢功「日本万国博覧会」、赤瀬達三、横田保生編著『Designing Signs Vol.1 公共空間のサイン』、154-155頁、六耀社、1994

(25) 金子修也、森岡侑士「EXPO '70のサイン計画」、『工芸ニュース』Vol.38、No.1、35-43頁、丸善、1970

(26)「日本万国博覧会サイン計画」、日本サインデザイン協会編『日本サインデザイン年鑑』、9、169、170頁、グラフィック社、1971

(27) 前掲(25)、50-51頁

(28) 前掲(13)、4頁

(29) 村松貞次郎「EXPO '70の歴史的意義」、前掲(16)、288-289頁

(30) 日本空港ビルデング「ターミナル・ビル五年の歩み」、15-17頁、1960

(31) 東京国際空港60周年記念行事実行委員会「羽田開港60年」、64-67頁、航空ジャーナリスト協会、1991

(32) 前掲(30)、26-45頁

(33) 大阪国際空港50周年記念事業実行委員会「大阪国際空港50周年史」、1-34頁、1990

(34) 1956年に空港整備法が制定されて、空港が第一種から第三種まで区分された。国際航空路線に必要な飛行場が第一種空港、主要な国内航空路線に必要な飛行場が第二種空港、地方的な航空運送を確保するために必要な飛行場が第三種空港である。第一種は国が、第二種も基本的には国が、第三種は地方公共団体が、それぞれ設置と管理を行うと整理され、第二種については、申請により地方公共団体が管理できるとの条項が設けられた。この空港整備法が制定された当時、第三種空港は皆無であったが、1970年ごろになると、第一種空港は羽田・伊丹のほか

建設中の成田も含めて3空港、第二種は18空港、第三種は28空港となり、次第に1県1空港という考え方が醸成されていった。

（35）前掲（31）、67-68頁

（36）前掲（33）、38頁

（37）鮫島泰祐「第2次空港整備5カ年計画について」、『AIRPORT REVIEW』No.11、12-13頁、国際空港ニュース社、１９７１

（38）前掲（31）、67-68頁

（39）前掲（30）、１７３-１７６頁

（40）ＩＡＴＡとはInternational Air Transportation Associationの略で、国際航空運送協会と訳す。１９４５年に世界の主要な航空会社によって設立されたメンバー制の民間団体である。２０１２年現在、加盟は２３８社。主な業務は技術、法務等の協会活動と、運賃調整活動である。ＩＡＴＡと比較される組織にＩＣＡＯがある。ＩＣＡＯとはInternational Civil Aviation Organizationの略で、国際民間航空機関と訳す。これは国際民間航空条約に基づき、１９４７年に設立された国連の専門機関である。２００８年現在、加盟は１９０か国。民間航空の安全と発展を目標とする政府ベースの国際協力機関で、航空機、乗員、空港施設、航法など技術面の標準化と統一を図っている。サインについては、ＩＡＴＡが１９５６年から参考マニュアルを示し、ＩＣＡＯは１９７０年から一般原則と図記号を標準化した。

（41）村越愛策「東京国際空港の公共サイン」、『アド・サイン』11月号、11-13頁、屋外広告通信社、１９６５

（42）ＩＡＴＡ「Sign-posting」、『Air Terminal Buildings and Aprons』、69-73頁、１９５９

（43）この資料は、１９６７年に国鉄の「旅客駅における旅客誘導案内方式の近代化に関する研究委員会」に日本空港ビルデングの星野栄一委員が提出したもので、筆者は当時の国鉄委員関係者から入手した。翻訳は同委員会幹事による。一部を筆者が平明な文に改めている。

（44）ノイエハース・グロテスクとは今日いうヘルベチカのことである。１９５７年に〝Neue Haas Grotesk〈ハース社の新ゴシック〉〟という名で発表されたこの書体は、１９６０年に手組み用活字から機械植字用に切り替える際に「Helvetica〈ヘルベチカ〉」と名前を変えている。Manfred Kleinほか著（組版工学研究会監訳）『欧文書体入門』、１２４-１２６頁、朗文堂、１９９２には、ハース社がドイツで機械植字用活字を売り出すにあたり販売部門から〝Helvetia〟のほうがいいとの提案があり、責任者がcを入れて〝Helvetica〟と定めたとある。〝Helvetia〟とは、ラテン語で、この字の制作者Max Miedingerの生国である〈Helvetii族の国、いまでいうスイス連邦〉の意である。

（45）写真植字機とは、４㎜角のネガフィルム状に用意された一揃いの書体の文字を、２㎜から25㎜程度の任意の大きさで印画紙に焼きつける装置、略して写植と呼ぶ。

（46）ＩＡＴＡ「Sign Posting」、『Air Terminal Buildings and Aprons』、１０１-１０６頁、１９５６

（47）ＩＡＴＡ「Appendix B Airport Signs」、『Airport Terminals』Fourth Edition、63-72頁、１９６６

（48）ＩＡＴＡ「Sign-posting」、『Airport Terminals Reference

Manual』Fifth Edition、ATRM 1.6.1-1.6.4、１９７０

(49) 筆者は１９６８年秋から１９７２年春まで村越デザイン事務所で働いていたので、ＩＡＴＡの色彩規定の話は村越からよく聞いていた。空港サイン整備関係者の多くが、具体的に色味が決められているように理解していたものと思われる。

(50) 村越愛策、日本空港ビルデング「空港のビジュアル・コミュニケーション」2-3頁、１９６８

(51) 前掲(50)、4-9頁

(52) 神出津嶺雄「ターミナル基本設計をめぐって」、『建築画報』第46号、１１０頁、建築画報社、１９７０

(53) 安井建築設計事務所「大阪国際空港ターミナルビル」、『BUILDING REPORT』No.6、23-24頁、日本建築家協会インフォメーション・センター、１９６９

(54) 前掲(53)、24頁

(55) 大平恵一「第5回ＳＤＡ賞の成果」、日本サインデザイン協会編『日本サインデザイン年鑑』、68頁、グラフィック社、１９７１

第2章
方法の模索

1……営団地下鉄

乗り換え駅の混乱

1964年からの10年間は、東京の地下鉄路線網が最も急速に拡充された時期である。1964年の帝都高速度交通営団（営団）地下鉄（現・東京メトロ）日比谷線全通のあと、東西線が同年に高田馬場・九段下間開通を皮切りに、1966年に中央線荻窪と竹橋間で直通運転、1969年に西船橋まで全通した。また千代田線が、まず1969年に北千住・大手町間で開通し、1971年に霞ケ関まで延伸、綾瀬・北千住間開通、常磐線我孫子まで相互直通運転と続き、1972年に霞ケ関・代々木公園間が開通して全通を終えた。続いて1974年に、有楽町線の池袋・銀座一丁目間が開通している（1）。

この間都営地下鉄では、1964年までに都営浅草線の浅草橋・大門間が順次開通し、1968年に西馬込まで全通した。また都営三田線の志村・巣鴨間が同年に、1972年に巣鴨・日比谷間が、1973年に日比谷・三田間が開通した。

路線網が次第に拡充されるにつれ、利用者から駅をもっとわかりやすくしてほしいとの声が出始め、営団内部でも旅客サービスの質的向上について、議論を始めることになった。1969年から8年間、営団理事（営業担当）を務めた橋本道彦は、「銀座の駅が総合駅になったころ（1964）から、わかりにくいという声が出始めた」と語っている（2）。

特に営団の担当部署が駅のわかりにくさについて問題意識を鮮明にしたのは、1969年暮れの千代田線北千住・大手町間の開業である。千代田線の北千住駅では、国鉄常磐線と連絡したほか、常磐線快速ホームを挟んで、東武伊勢崎線、営団日比谷線とも連絡した。また町屋駅では、京成線、都電荒川線と連絡。西日暮里駅では、国鉄が千代田線を山手線・京浜東北線と連絡させるために、新駅を建設した。新御茶ノ水駅の始端部は、国鉄中央線と連絡し、終端部は都営10号線との将来連絡を想定していた。

さらに大手町駅では、すでにある丸ノ内線・東西線につづく3番目の駅となり、近々都営6号線（三田線）の駅開業も予定され、将来的には11号線（半蔵門線）の大手町駅も設置が構想されていた。このように千代田線の誕生は、東京の交通体系が、1955年以来運輸省（現・国土交通省）によって方向づけられてきたネットワーク型の鉄道路線配置へ、実質的に転換したことを意味していた。こうした状況の中で、多くの利用者が特に乗り換え駅で、移動すべき方向がわからないという混乱が起き始めていたのである。

営団地下鉄では1972年の春先から、旅客案内の検討についてい外部の専門家に委嘱したらどうかという話が持ち上がっていた。すなわち、阪神梅田駅のサインが最近よくなったという話を運輸関係のジャーナリストから聞いた理事の橋本は、自ら梅田駅を見に行き、非常にユニークでわかりやすい、特に旅客案内と広告との分離を徹底した手法は営団でもぜひ推進したいと考え、総裁らに、梅田駅を手掛けた専門家たちへの依頼を相談していた。

そのような経緯から1972年6月、阪神梅田駅の計画・施工者であった大阪の広告代理店・星光《ほしみつ》が、案内サインの新形式の検討と千代田線大手町駅でのテストプロジェクトを正式に受託することになった(3)。

星光は阪神梅田駅の計画を進めるにあたって、大阪国際空港のサイン計画でSDA賞金賞を獲得した村越愛策に、そのデザインを依頼した。村越は、この仕事を当時事務所にいた迫田幸雄に担当させることにした。計画・施工期間は1970年10月から1971年6月までの9か月間である。迫田はこのプロジェクトで、公共情報と商業広告を徹底して分離する提案を行った。広告主が公共情報掲出に協力することと、公共情報のすぐ脇に広告が貼りつくことは別、と考えたわけである。これにより公共情報が明瞭に利用者に提供されるようになり、これまでの日本にないような、整然とした駅環境が出現していた。

当時村越事務所で迫田の後輩であった筆者は、この業務を終えて間もなく退職した迫田に代わり、サインボードを乗客の視線と直交する方向に配置し、広告は線路と平行に配置して、不特定多数の人にとって必要な情報を、他情報から独立して視認できるように図ったこと、また乗客が迅速に判断できるように、サインの外形寸法を統一したこと、さらに乗車または入り口のサインにはグリーン、降車または出口にはイエロー、乗降の意味のないものには白を与えて、色彩の標準化を図ったこと、などを記した報告書を公表した(4)(5)。

営団地下鉄の駅における、検討開始当時のサイン掲出状況は、次のようなものであった［図2-1］。

まず多種多様な形式が用いられていて、表示類の数が非常に多かった。表示する文字の大きさもさまざまで、用語の表現方法も英文表記の有無も、まちまちであった。当時の営団地下鉄の駅は、ありとあらゆる場所が、はなはだ未整理な文字情報に埋め尽くされていた。

サインの掲出位置についても、一定の法則性は認められなかった。利用者はどこを見ればどんな種類の情報が得られるのか、見当がつかなかった。

改札出入り口標とホーム掲出の時刻表、それに一部の乗り場誘導標に、タイアップ広告がついていた。また動線と対面する位置にある大きな垂れ壁には、巨大な商業広告が掲出されていた。利用者はまったく落ち着きのない環境の中から、必要な情報を、どうにかして拾い出さなければならなかった。

橋本は、業界誌の座談会で次のように述べている(6)。

「営業政策上からみますと、広告収入はゆるがせにはできません。ところがこの広告と案内とが競合してしまい、現在の銀座線の状態は広告と案内の相剋みたいなもので、これは偽らざる現状です。これを同じような立場にある阪神電鉄さんが、広告との分離を思い切ってやられたわけです。そこで営団としても何とかしなければいけないということで、星光さんのご意見を伺いました。お客さんをわかりやすく誘導するためには、どうしても突破しなければならぬ。

(広告収入が減る心配はないかとの問いに対して)その点は心配していません。営団の広告は需要が高いということです。今後仮に分離しても、従来のように数でいくのではなくて質でいくということから、収入減というよりも、むしろ収入増ということを考えております」

サインシステムの試行

旅客案内表示方式の見直しを行い、千代田線大手町駅をモデルに検討成果を試行するための営団地下鉄サインシステム検討プロジェクトチームは、北山廣司、坪居恭平、村越愛策、赤瀬達三、鎌田経世らで構成された(7)。星光の常務取締役であった北山は、当時日本サインデザイン協会の理事でもあり、このプロジェクトのプロデューサーとして新しいサインデザインの開発に情熱を燃やしていた。坪居は先の大阪万博で博覧会協会のデザイン課長だった人で、このプロジェクトでは、ご意見番的な立場にあった。

村越は指名を受けたデザイナーであったが、折から始まった新東京国際（現・成田国際）空港のサイン計画に手を取られていたこともあって、このプロジェクトの一切を筆者にまかせ、検討内容に口をはさむことはしなかった。鎌田はフリーのデザイナーで北山の信頼が厚く、営団に対してサイン計画の重要性を説く役割を担った。また彼はレタリングデザイナーでもあったので、製作段階になると、営団向けにオリジナル書体の開発を行い、それまでより格段に視認性の優れたグラフィックづくりに貢献した。

具体的には、筆者を責任者とする村越事務所の設計チームが計画設計の一式を担当した。千代田線大手町駅におけるサイン計画試行の考え方について、筆者は1974年の5月に、次のようにまとめている(8)。

——地下鉄駅のサイン計画　千代田線大手町駅

①計画の基本姿勢

われわれは、次のような基本姿勢を持った。

第一に、一般概念「地下鉄駅」を持ち出さず、特殊環境「千代田線大手町駅」からアプローチすること。一般概念である「地下鉄駅」という環境をいきなり認識しようとすると、恐らくきめの粗いものになってしまうだろう。むしろ特殊例「千代田線大手町駅」を具体的に認識し、次なる特殊例（別の駅）を前例との比較で認識する。こうして特殊例が集積され、その共通の特性を把握することにより、おのずと「地下鉄駅」という環境を現実的にとらえることができるに違いない。

第二に、表示の概念を既存のものの形式、方法に固執しないこと。現在ある案内表示設備の役割は、実体に対する説明書だともいえるだろう。それらはすでに固定化した環境を懸命に解説し、説明する。人間が四方壁に囲まれた中で、外の

1

2

3

4

[**図2-1**]1972年当時の地下鉄駅(1・2:銀座駅、3・4:大手町駅・撮影:筆者、1972)

景色を想像するのはとても難しい。どんなに手の込んだ説明書で外の景色を知らせたところで、外に出て実際にその景色を見るには及ばない。現在の案内表示の限界も、実体を見せずに説明しているところにある。

説明ではなく、見せたいものを、直接見せることができないか。乗り換えのために多くの表示板を用いずに、直接目の前に乗り換える電車を見せられないか。現在、表示の持つ意味が説明機能に留まるとしても、将来より高度な、駅そのものを視覚環境としてとらえる計画が、構造設計と並行して行われることを期待したい。ここでわれわれの行う表示計画が、このような指向性を持つことを前提とする。

第三に、本工事は、現存する環境構造を変えることなしに、旅客に必要な情報を的確に伝達する表示設備を設置することを目的としていること。大手町駅に限らず、現存する地下鉄駅、あるいは近い将来開設されるであろう地下鉄駅では、旅客は困っているのである。たとえ説明書を壁中に貼るのがその方法だとしても、旅客が行動できる駅にすることが、当面、案内表示の担っている役割であることは認識しなければならない。

②環境構造の特性

われわれは、多人数の集散するほかの環境、例えば地上鉄道駅、空港、バスターミナルなどと比較して、地下鉄駅の構造上の特性を検討した。その結果、旅客を困惑させる原因となっている次のような特性を見いだすことができた。

第一に、駅区域の不独立性、不明確性の問題。地上から駅に入る場合、どこが入り口なのだろう、まずこれが見つからない。特にビルの中から連続している場合は、はなはだ発見しにくい。また地下街から駅区域に入る場合、それは独立しておらず、いきなり改札口が出現する。さらに大手町駅では、4線が平面的につながっており、その各々は空間的に独立していない。旅客からすれば、改札口は四方に延びた通路に点在しており、その通路では電車を認めることもできないから、改札口のみを見て、何線の駅であるか実感するのはとても難しいことである。

第二に、閉ざされた視野と均一な内装仕上げの問題。大手町駅のどこを歩いてみても、視覚的にほぼ同じ印象を受ける。別な路線の駅に行ったところで、ベースとなる色彩こそ変化するが、やはり、その単一な色彩の中で同様な環境を現出している。前を見ても後ろを見ても、同じチューブである。自分はどこにいるのだろう、一体どちらに向かって歩いているのだろう、旅客は一様に自らの位置を見失う。遠く前方に山を見ることもなければ、傍らに海を見つけることもない。均一な内装によって閉ざされた視野は、旅客に空間性を伝える視覚環境に成り得ていない。

第三に、地上出口の無作為配置と無方向性の問題。とんでもないところに出てしまったというのが、多くの人が何度も経験する実感である。地上への出口は、多くの制約から、改札口から連続する通路に無作為に配置されており、改札口とも通路とも、意図的な関連性は持っていない。さらに階段が何度も屈折するため、旅客の多くは、自らの方向性を失ってしまう。階段の多さも、人の意識を、方向を確かめることより上り下りすること自体に向けてしまう。

これらは一様に旅客の行動を妨げている。地下鉄に乗ろうとする旅客にとっては、その乗り場がわからず、降りてきた旅客にとっては、どのように動けば自分の目的とする場所に近づくのか、判断できない原因になっている。したがって、本計画では、なんらかの表示の手段を用いて上述の構造上の欠点を補い、旅客が困惑しない環境に変換させることが、その実施上の大きな課題となる。

③表示情報の整理

本計画の実施段階で環境構造を変更することはできないが、前述したように、環境構造ははなはだ旅客に不親切であった。そこでこの表示計画では、次のような観点を見いだした。まず、均一な通路に点在する改札口周辺を実質的な駅区域とみなし、他の通路部と区別できる「チューブの節」を形成する。また、誘導すべき事柄に対して、単純明快な情報を提供し、旅客の移動の便を図る。さらに、旅客自ら空間的な位置把握が可能となるように、座標の回復を目的とした情報を十分に提供する。

設計の第一段階は、表示すべき情報の整理である。旅客がそれぞれの場で、どのような情報を必要としているか、これを先の観点に立って選択する。より合理的に整理を行うため、われわれは異なる二つの分類項目を設定した。その一つは「乗車系情報」か「降車系情報」か、他方は「誘導情報」か「案内情報」かの分類である。ここで誘導情報とは、多くの旅客に共通して必要とされる限定された情報で、単純明快な表現を用いて行動を促すものをいい、また案内情報とは、旅客が行動を選択するのに必要な、多くの内容を表示した情報を指した［表2-1］。ここまでの分類を終えて、われわれは、次の二つの基本方針を設定することができた。

1　的確な誘導を行うためにシンボルを用いる（AとC）

2　十分な案内を行うために情報表示域を設定する（BとD）

表2-1のA・B・C・Dの各々に、基本方針1・2に従

い、形態と位置を与えることが、われわれの次の段階である。

④**配置計画**

設計の第2段階は、どこにどのような方法で表示を配置するかを検討する配置計画である。この段階で、一つひとつの表示設備の基本的な形態を決定した。配置計画の中で設定したシンボルには、次のようなものがあった。

1　乗り場シンボルとしてのグリーンの色面：通路幅いっぱいに緑色の帯を表す。これにより、均一な通路から駅区域を独立させ、遠方より駅の視認を可能とする。

2　路線シンボルとしてのラインカラーによるリング：路線ごとに路線色を用いたリング状のシンボルを設定する。表示すべき情報の数により表示板の外形寸法をモジュール化し、旅客の動線と直交するように配置する。長い通路上適当な配置ピッチを有することで、旅客は路線シンボルを順番にたどれるようになる。

3　出口シンボルとしてイエローの色面：降車系情報のうち誘導情報に類するもの（C）には、すべて黄色の基調色を与える。出口を探す旅客は、ほかの情報と区別して自らに必要な情報を見つけることができる。

4　さらに「きっぷうりば」を黄緑色にする、種々のピクトグラムを採用するなど、単純な表現手段にしたいものには、極力シンボルを導入する。

情報表示域には、次のようなものを設定した。

1　改札入り口付近（乗車系）：地下鉄線等交通案内図＋千代田線停車駅案内図＋運賃表＋券売機

2　改札出口付近（降車系）：大手町駅周辺地域地上地下関連図＋乗り換え誘導標＋地上出口案内標

3　地上出口付近：大手町駅周辺地域地上地下関連図＋地上出口案内標＋出口から出た場所の景観写真

4　通路中間部：地下鉄線等交通案内図＋大手町駅周辺地域地上地下関連図

⑤**実施後の評価**

工事前に大手町駅の駅職員は旅客から1日約5000回の質問を受けていたが、本工事実施後、これが約3000回に減ったという。本計画に対する評価は、各方面でさまざまに取り上げられたが、われわれにとって最もありがたかったのはこの数字であった。この計画を契機に、さらに有効な表示計画を将来にわたり実施したい――

シンボルの採用とゾーンの形成

大手町駅サイン計画の具体的なデザイン上のポイントをさ

らに補足すると、以下のようなものであった。

①路線シンボル

各路線乗り場（改札口）への誘導は、路線色によるリング状のシンボルと、路線名によることにした。路線名の表示は、「〜線のりば」とか「〜線のりかえ」などの言葉を混在させずに、改札口の内外とも、「〜線」と簡潔な言い切りの形とした。またシンボルと和文、英文の表現上の位置取りや大きさ比率は、常に一定とし、シンボルのみや、文字のみの表示は、行わないことにした。利用者は駅に入って、いったんシンボルと路線名の関係を確認すれば、視認性の優れたシンボルを遠くに見つけるだけで、経路をたどることが可能となり、またいつでも線名を文字で確認することもできる［図2-2-1］。

［表2-1］情報整理の分類項目

	誘導情報	案内情報
乗車系情報	A	B
降車系情報	C	D

なおこのリング状のシンボルは、鎌田の発案をヒントに、筆者がシステム上の位置づけを整理したものである。鎌田は、このサイン計画では、利用者に合目的的行動を動機づける〝yes〟を表す「○」と、反目的行動を動機づける〝no〟を表す「×」の、二つの基本シンボルを導入すべきと主張していた(9)。一方筆者は、空港におけるサイン計画の経験から、乗車系と降車系という二つの基本動線に沿った情報整理は重要と考えていたが、鎌田の言う〝yes〟と〝no〟の行動区分の意図はよくわからなかった。

しかし営団から「乗り場案内に東京都と取り決めた路線色を用いてほしい」(10)との要望が出ていたことを踏まえて、鎌田の言う○の形を路線のシンボルとしてなら使用できると考えた。○の形を、〝隧道のシンボル〟と思ってもらってもかまわない。シンボルとして示すためには、相応の力強さが必要で、そのため造形的には肉太なものになるから、○×の「マル」には見えないだろう。しかし色彩自体を象徴的に表現するのに、リング（環）の形態は、最もふさわしいと思われた(11)。文字と固定的に組み合わせたことは、前述のとおりである。

②入り口・出口のシンボルカラー

入り口のシンボルカラーを緑、出口のシンボルカラーを黄色とした。入り口の緑は空港における出発系色を踏まえ、直前の阪神梅田駅のプロジェクトで、鉄道駅に応用した手法である。駅区域を均質なコンコースから視覚的に独立させるために、緑の色彩を改札入り口上部の間口幅いっぱいに、帯状に表示した［図2-2-2］。

出口の黄色は、すでに国鉄でも営団でも、部分的には用いられており、空港における到着系色にも対応する色彩コードであった。それを改札出口上部の間口幅いっぱいに表示した［図2-2-3］。同時にこの黄色の出口色は、降車系動線に沿って、ホーム中央から、階段部、改札口前、コンコース中間部、駅出口付近と、連続的に設置する出口情報を表示するサインのすべてに、一貫して使用した。

〝緑は入口、黄色は出口〟は、このプロジェクトのキャッチフレーズになった。1973年6月1日の『朝日新聞』朝刊では、〝緑は入口、黄色は出口〟の見出しとともに「地下鉄の方向オンチをなくす——営団地下鉄・標識のデザインテスト」が紹介され、また同年6月19日朝のNHKテレビ報道番組『カメラリポート』も、〝緑は入口、黄色は出口〟のタイトルで、大手町駅の案内標識が刷新された様子を伝えた。営団の広報誌『メトロニュース』No.62は、これを取り入れて、〝緑は入口、黄色は出口〟の標題のもとに、「わかりやすい地下鉄駅を目指して——大手町駅に新案内標識登場」を報じた。

③案内情報

色彩コードを活用したシンボルの導入と並んで、このサインシステム計画の重要な柱は、案内情報ゾーンの設定である。改札口周辺に、天地を2mで揃えた、交通案内図、停車駅案内図、駅周辺案内図（地上地下関連図）、出口案内パネル、乗り場案内パネルを並べて、集約的な一大情報ゾーンを形成した。座標を回復するために、必要な人はここでゆっくり読み取ってもらい、確信をもって移動が始められるよう考えた。またこの位置は、コンコースの中で、〝節目〟となる空間である。サインを外部照明で照らし出し、人だまりにふさわしいしつらえにも配慮した［図2-2-4］。

それまで商業広告に占有されていた、ホームにいたる階段正面の垂れ壁には、大きな停車駅案内標を設置した。ホームに下りて迷うのは、自分の乗るべき電車は右か左かである。この停車駅案内標には、その路線のすべての駅名を表示して、どの駅を目指す人にも役に立つように図り、かつホームにいたる前に、右か左かの判断を終えられるように、表示の向きを掲出位置に合わせた。

地下鉄には風景がないから、電車からホームに降り立ったとき、右に進むべきか左に進むべきかがわからない。そうし

4

1

5

2

6

3

［**図2-2**］1973年竣工千代田線大手町駅サインシステム（1:乗り場誘導標、2:改札入り口標、3:改札出口標、4:改札口前案内情報ゾーン、5:ホーム出口案内パネル、6:出口誘導標と景観写真・撮影:大川彪、1973）

た混乱に応えるため、ホーム上にも出口案内パネルを設置した。そこでは、駅周辺にある主要な施設をできるだけ数多く列記して、少しでも方向感覚を回復する手掛かりとなるように工夫した［図2-2-5］。

このランドマーク情報の掲出も、本サインシステムのポイントの一つである。ホーム上の出口案内パネルに掲出したランドマーク情報は、改札口前、コンコース中間部、駅出口付近と、移動しながら何度も確認ができるように、連続的に配置した。

④駅出口番号

当時の大手町駅には、すでに30か所の駅出口があった。この駅出口を識別するためには、それぞれになんらかの表現コードを定める必要があるが、駅出口数が多すぎて、そのいちいちに固有名称を定めることは不可能であった。また近隣のビル名を表示しても、その名称がポピュラーなものであるとは限らず、まして利用者の最終目的地であることはまれである。この問題を解決するため、アルファベットと数字による「駅出口番号」を設定した。この駅出口番号は、ホーム上の出口案内パネル［図2-2-5］、階段前の出口案内パネル、改札口前の出口案内パネル［図2-2-4］、コンコース中間部の内照式出口誘導標、地上にいたる駅出口付近の出口案内パネル［図2-2-6］などに、連続的に表示した。

⑤景観写真

地下鉄駅は、視界が閉じられていて外の様子がわからない。このハンディキャップを少しでもカバーするため、駅出口から地上に出たところの景観を、写真で地下に再現することを思いついた［図2-2-6］（奥の壁面）。このアイデアには、先輩の迫田から見せてもらったボストン地下鉄の写真が重要なヒントになった。ボストンの地下鉄駅では、その対向壁に、駅の近くにある有名建築物や公園などの風景写真が、壁面全体にとても美しくディスプレイされていた。この手法を、われわれは単なるディスプレイではなく、方向感覚を回復するためのサインとして使おうと考えた。

当時われわれのプロジェクトチームに文献らしきものはほとんどなく、いわんや1980年代以降のプロジェクトのように、あらかじめ海外事例調査に出掛けることなど、思いもよらなかった。迫田が見せてくれた写真は、重要な示唆を与えてくれる情報源として機能したのであった。

⑥システムの構成

これまで述べたように、千代田線大手町駅におけるテストプロジェクトは、色彩そのもののシンボル化や、案内情報ゾーンの形成、地上のランドマーク情報の表示や景観情報の地下への引き込みなど、それまでのサインではみられない新しい試みが提案されていたが、とりわけ斬新な設計思想は、環境構造と移動する利用者、それに掲出情報を加えた3者の関係を、〝システム〟としてとらえる視点であった。

それまでデザイナーの関与できる範囲は、おおむねサイン単品の形状やグラフィック表現に限られていて、空間性を考慮する立場が与えられていないのが一般的であった。筆者は1975年の寄稿文で、「大手町方式では、駅構造という環境を大きな要素として考慮し、駅構内に設置される数十から数百に及ぶサイン間の相関関係、すなわち〝サインシステム〟を、その空間内の人間の行動との対応という、動的な意味でとらえた」と述べている(12)。

年次計画による整備

1973年5月に竣工した千代田線大手町駅におけるテストプロジェクトが非常に好評であったため、その年の6月から、翌年秋に開業が予定されている有楽町線（池袋・銀座一丁目間）と、大手町駅で残る丸ノ内線・東西線エリアの設計が始まった。筆者は村越と相談して、引き続き営団地下鉄サインシステムの設計を担当することになった(13)。

大手町駅の丸ノ内線・東西線エリアは、千代田線と同様な形式で、1974年4月に工事が竣工している。また有楽町線池袋・銀座一丁目間が開業したのは、同年10月のことである。

有楽町線のサイン計画はおおむね大手町駅と同様の方式によるが、以下の各点が改良された(14)。

1　ホーム対向壁の車両窓の高さに、天地幅24cmの路線色によるラインをホームの全長にわたって設置し、そのラインに駅名標を10m間隔に掲出して、駅名を車内からいつも一定の高さと間隔で拾い出せるようにした。

2　ホームの自立案内パネルに時刻表を組み込み、ホーム上で必要とされる情報を集約化した（これにより時刻表の読みやすさは飛躍的に改善された）。

3　コンコースの案内情報ゾーンをビルトイン・タイプに整え、同時に案内情報ゾーンが一層際立つようにした。

1年前の千代田線大手町駅におけるテストプロジェクトが、第8回SDA賞の金賞に選ばれたのに続いて、この有楽町線のサイン計画も、第9回の金賞を獲得した(15)(16)。このような外部からの評価も後押しして、営団地下鉄では、大手町駅のテストプロジェクトを基本とする方式を今後の統一基準とすると正式に決定し、1975年以降新線については同方式のサインを設置し、既設線についても、主要駅から年次計画で逐次新しいシステムに切り換えていく方針が固まった(17)。

なお、この年次計画が始まった初年度の1975年の秋に、1972年以来営団サイン計画をプロデュースしてきた星光が突然倒産し、営団の指定業者から外れることになった。これ以降、営団線全体のサインシステムを確立・保持するため、設計業務は黎インダストリアルデザイン事務所が営団と直接契約して進めることになった。整備計画が終了する1989年までに、筆者らが設計した駅は95駅を数えた。1989年1月開業の半蔵門線延伸駅の写真が、このシステムの構成を最も簡潔に表している［図2-3］。

マニュアルの制定

千代田線大手町駅におけるテストプロジェクトから10年を経た1983年の3月に、「旅客案内掲示基準」(18)（関係者はこれを「サインシステム・マニュアル」と呼んだ）が制定されている。1974年に有楽町線が開通した時点で、統一基準を明文化するためにマニュアルを整備すべきとの声はすでにあがっていたが、当初よりこれにかかわり、のちに橋本の後を継いで理事になる藤岡長世（当時営業部長）が、「さらに構造の違う駅で試してからのほうがよい」として、結果的には、銀座・霞ケ関・茅場町などの主要駅や、半蔵門線各駅、有楽町線延伸駅における試行錯誤を踏まえてからの制定になった。

藤岡は「基準」の序文で、「〃緑は入口、黄色は出口〃とし、また路線カラーを乗り換え誘導に取り入れたこの案内システムは、ようやく定着し、利用者のみならず、専門家諸氏からも好評を得ている」と、すでに浸透している様子を伝えている。

このマニュアルの編集および作図、解説文の作成、ページレイアウトも筆者とそのスタッフが担当したが、各駅の実施設計を並行して進めていたこともあって、完成までに3か年の歳月を費やしている。記載内容は、サインシステム概要、ベーシックエレメント規定、個別サインの掲出位置と表示情報、レイアウト方法を同じページに示した掲示設備内訳、形式基準の4章であった。

とりわけ「サインシステム概要」で、この種のマニュアルで初めて、情報区分やサイン種別、設置形式種別などサインの基本要素を整理し、また乗り場への誘導システム、地上出口への誘導システム、乗り換えへの誘導システムのそれぞれに対して、情報掲出の連続性や視認性を確保するために、掲出位置と表示情報、グラフィック表現の関係性について詳述したことが、特徴的であった［図2-4］。この営団地下鉄サイ

3

1

4

2

[**図2-3**]1989年半蔵門線三越前延伸時のサインシステム(1:大手町駅コンコース、2:大手町駅ホーム、3:三越前駅周辺案内図、4:三越前駅ホーム・撮影:掛谷和男、1989、口絵1-3〜7)

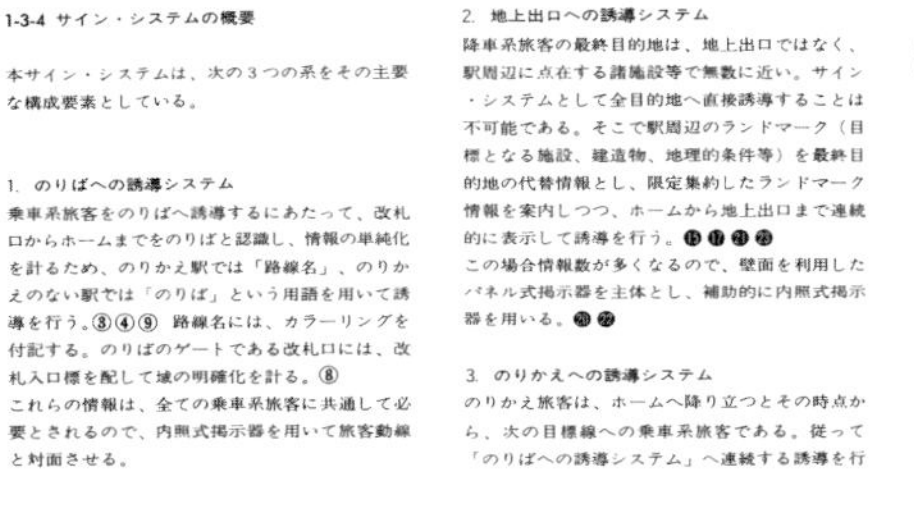

1-3-4 サイン・システムの概要

本サイン・システムは、次の3つの系をその主要な構成要素としている。

1. のりばへの誘導システム

乗車系旅客をのりばへ誘導するにあたって、改札口からホームまでをのりばと認識し、情報の単純化を計るため、のりかえ駅では「路線名」、のりかえのない駅では「のりば」という用語を用いて誘導を行う。③④⑨ 路線名には、カラーリングを付記する。のりばのゲートである改札口には、改札入口標を配して域の明確化を計る。⑧

これらの情報は、全ての乗車系旅客に共通して必要とされるので、内照式掲示器を用いて旅客動線と対面させる。

2. 地上出口への誘導システム

降車系旅客の最終目的地は、地上出口ではなく、駅周辺に点在する諸施設等で無数に近い。サイン・システムとして全目的地へ直接誘導することは不可能である。そこで駅周辺のランドマーク（目標となる施設、建造物、地理的条件等）を最終目的地の代替情報とし、限定集約したランドマーク情報を案内しつつ、ホームから地上出口まで連続的に表示して誘導を行う。⓯⓱㉑㉓

この場合情報数が多くなるので、壁面を利用したパネル式掲示器を主体とし、補助的に内照式掲示器を用いる。⑳㉒

3. のりかえへの誘導システム

のりかえ旅客は、ホームへ降り立つとその時点から、次の目標線への乗車系旅客である。従って「のりばへの誘導システム」へ連続する誘導を行うことがのりかえ誘導となる。パネル式および内照式掲示器を用いて、のりば誘導へ接続する。⓰⓲⓳㉑

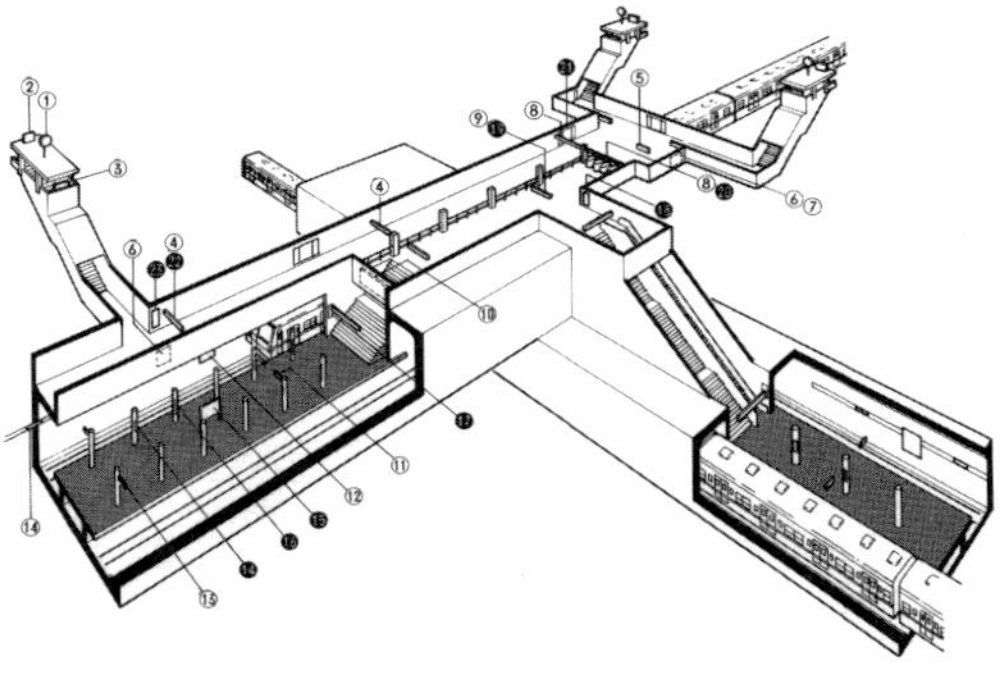

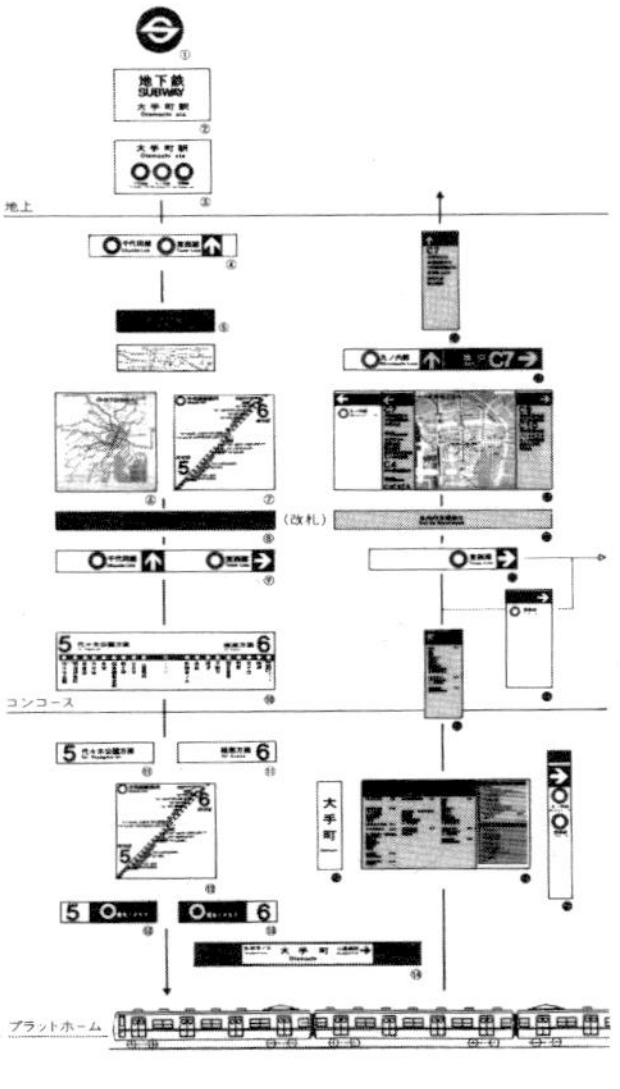

[**図2-4**]営団地下鉄サインシステム図(「旅客案内掲示基準」1983、口絵1-1,2)

ンシステム・マニュアルは、１９８３年の第17回ＳＤＡ賞で大賞を受賞している(19)(20)。

わが国の経済的な発展がピークに達しようとしていた１９８９年に、「'89デザインイヤー記念日本デザイン賞」の表彰が行われた。

「'89デザインイヤー」というのは、通商産業省（現・経済産業省）が、〝デザイン〟を通じて生活と産業、ひいては文化のあり方を国民各分野で問い直そうと企図して、提唱した運動である。具体的には、通商産業省の外郭団体である日本産業デザイン振興会内に「'89デザインイヤーフォーラム」を設置して、1年間にわたって地方自治体や関係団体、企業等から、生活の質的向上や地域の活性化を図るなどの参加事業を募り、フォーラムがそれら事業間の連携支援や全国的な広報活動を行うという企画であった(21)。

この時期、通商産業省がこうしたキャンペーンを仕掛けた背景には、消費者意識が急激に変化し、国民生活において、経済的な豊かさの上に立って、心を充足する新たな生活文化の創造が切望されている、との認識があった(22)。

'89デザインイヤー記念日本デザイン賞は、そのフォーラムのシンボル的事業で、わが国では初めて、近代日本の産業、社会全般を横断的にみて、快適で潤いのある生活の実現に寄与して、今なお継続するモノやコトのデザインを顕彰しようという試みであった。都市計画、建築、デザインなどの分野で、教育、評論、実務などにかかわる２４０名の委員から推薦された４４３件のモノやコトに対して、11名の審査員が審査にあたった(23)(24)。

この結果、〝日本デザイン大賞〟４件と〝日本デザイン賞〟12件、〝奨励賞〟23件が選定された。日本デザイン大賞に選ばれたのは、「ファクシミリ」「沖縄自然冷房住宅・ドーモチャンプル」「本州四国連絡橋児島・坂出ルート」「横浜市のアーバンデザイン行政」で、また日本デザイン賞には、「ソニー・ウォークマン」「ホンダ・スーパーカブ」「新幹線」「任天堂・ファミリーコンピュータ」「営団地下鉄のサインデザイン」「東京都清流復活事業」「柳川市の河川浄化事業」「盛岡市の街づくりデザイン」「世界デザイン博覧会を核とする名古屋市のデザイン活動」「日産自動車のデザインへの取り組み」「松下電器産業（現・パナソニック）のデザインへの取り組み」「ＪＲ東日本のデザインへの取り組み」が選ばれた(25)。

営団地下鉄のサインデザインが、ウォークマンや新幹線などと並んでこの賞を得たことは、15年に及ぶ各駅への一貫したシステム展開が、相当に幅広い層から支持を得ていたことを証明した。「'89デザインイヤー記念日本デザイン賞報告書」には「情報のデザイン、交通（人の流れ）のデザイン」「パブリック空間の質（クオリティ・スタンダード）」「鉄道サインの基本型（波及効果）」の3点が評価のポイントになったと述べられ、以下のコメントが記されている(26)。

「一日あたり平均550万人にのぼる地下鉄利用者に与えた利便性は計り知れなく、各方面に及ぼした影響も極めて大きい。今日では、全国の鉄道駅はもとより、さまざまなパブリック空間で利用者に対する情報サービスの規範として位置づけられている。すでにわが国の地下鉄では、すべての都市で、基本的には営団型のサインシステムが用いられており、最近JR東日本が導入した新しいサインも、この営団型システムをモデルとしている」

2……横浜市営地下鉄

デザイン委員会の設置

横浜市では、初めての地下鉄1・3号線を建設するにあたり、「高速鉄道建設技術協議会」(27)を設置した。その協議会では、駅舎や車両などのデザインを統一して、横浜らしいイメージを形成するため、地下鉄全体のデザインを総合的に検討する必要があるとして、1969年11月に第二小委員会を設けている(28)。これが通称「デザイン委員会」である。委員長には協議会委員の河合正一（建築学）が就任して、工業デザイナーの柳宗理、栄久庵憲司、グラフィックデザイナーの粟津潔、建築家の吉原慎一郎らが集められた。

1章でもみたように、栄久庵と粟津は東京オリンピックのデザインプログラムに参加して頭角を現し、とりわけ栄久庵は、このころ、翌年春に開催される日本万国博覧会のストリートファーニチャーやサイン計画も担当していた。栄久庵たちより年長の柳宗理は、建築・デザイン分野で耳目を集めていた。柳宗理は、美学者で日本の民芸運動(29)の創始者であった柳宗悦の長男で、独自の工業デザインを開拓して、すでに世界的に有名になっていた(30)。

横浜市交通局が1979年にまとめた第二小委員会関係資料(31)によると、1969年12月から半年ほどの間に、デザイン委員会で合意された内容は、おおむね次のようなものであった。

これまでの日本の地下鉄は、いずれもとても美しいとは言えない。新しい横浜の地下鉄は、統一されたイメージのもとにデザインポリシーを通し、ユニークな地下鉄にすべきである。イメージを共有化するために、シンボルカラーやシンボルマークを早急に決定する必要がある。また路線別に、ラインカラーを定めることが望ましい。

駅空間においては、「わかりやすさ」がすべてのデザインに貫かれるべきである。そのため、空間、ファーニチャー、サインが総合的に関係づけられる必要がある。当局原案にあった天井高さ2・5mは低すぎる。少なくとも3mは必要である。各駅のホーム壁に、ラインカラーと駅名を表示するボーダー（縁線）を取り付けて、表示類を秩序だった位置に収めて標準化する。また広告類は効果的に整理する。

車両の外形では、前頭部のデザインの新鮮さと、側面における行先表示の明示に特に留意する。また扉位置に指定色を塗装して、独自性を表現する［図2-5］。このゼブラ模様に見える塗色は、乗車位置のわかりやすさに寄与できる。

ファーニチャー類のデザインと色彩計画

1970年8月から、項目ごとに分担して具体的なデザイン検討が進められた。すなわち色彩計画と開通記念レリーフは粟津が、サイン計画と車両デザインは栄久庵の主宰するGKインダストリアルデザイン研究所（現・GKデザイン機構）の金子修也らが、建築のプロトタイプデザインは吉原の主宰するUA都市・建築研究所の高橋志保彦らが、ファーニチャーは柳が、それぞれ設計を進め、1972年の12月に1期開業（上大岡・伊勢佐木長者町間）を迎えた(32)。

高橋はその結果に対してのちに、「空間のデザインというより、いわばメーキャップのデザインに従事した」と検討深度の浅さを嘆いている(33)。また柳も、「このたび実際のデザイン期間が大変短くて、（普通にはできる試行錯誤を繰り返すことができず）すべて一発勝負に終わってしまい、あとからこうしたほうがよかったと思うことが多々あって、大変残念であった」と述べている(34)。多くの関係者が「デザインポリシー」とは何かに悩んだ記述を残したが、実際にはそれを〝通す〟状況には、程遠かったようである。

一方で柳の手掛けた自動券売機、時計、売店、ごみ箱、灰皿、水飲み、ベンチなどは、空間上によくおさまり、使い勝手もフォルムの美しさも他都市に例のない極めて優れたもので、その個人的な力量が際立った［図2-6］。

シンボルマークは公募によって決めることになり、1971年の1月に中区在住の会社員の作品が優秀賞に選ばれた。港・横浜を象徴するビビッドブルー（鮮やかな青）の正円に、曲線を描いて白抜きされたダブルYのシンボルは、洗練されたイメージをもたらした(35)。

粟津が提案した色彩計画は、環境に現れる色彩を、オフィシャルカラー、ベーシックカラー、アクセントカラーの3種に整理して、横浜市営地下鉄の独自性をつくり出そうというものであった。具体的には、次のように定められた(36)(37)。

オフィシャルカラーとは、横浜市営地下鉄全域にわたって展開して統一的なイメージを形成するための色彩のことをいう。シンボルマークのビビッドブルー(マンセル値3PB 3.5/11)をオフィシャルカラーとする。シンボルマークのほか、車両扉、サインの筐体《きょうたい》、階段手すり、エスカレーター手すりなど、人の流れに対応してサイン性を強調する部分に使用する。

ベーシックカラーとは、統一的な基調色のことをいう。白からダークグレーまで、無彩色を4段階に分けて定め、サイン性を持たない部分に使用する。

アクセントカラーとは、オフィシャルカラーとベーシックカラーで統一された中に、活気ある雰囲気を生み出すための色彩のことをいう。アクセントカラーとして路線ごとに各1色のラインカラーを定めることとし、1号線は黄色

1

2

[**図2-5**]車両外観(1:先頭部、2:側面・撮影:筆者、1982)

1

2

[**図2-6**]ファーニチャー類(1:ベンチ・灰皿、
2:ゴミ箱・水道栓・水飲み・撮影:筆者、1982)

(2.5Y8/14)、2号線は緑がかった青（5B5.5/9）、3号線はオレンジ（10R5.5/14）、4号線は緑（5G5/10）とする。1号線の黄色は、ホームとコンコースの天井、ベンチの座板、自動改札機、自動券売機などに用いられた。

リニアサイン方式の実施

GKが担当したサイン計画は、必要な情報を、リニアサイン、パネルサイン、ボーダーサイン、ゲートサインの4種に統合して、環境が煩雑になることを避けつつ、わかりやすく統一的なサインを導き出そうとする試みであった。その概要は以下のように説明されている(38)(39)。

リニアサインは、ビビッドブルーに塗色したサイン筐体を、出入り口からコンコースを経て、ホームまでの天井面に、ひとすじの線状に掲出して構成する。それをたどれば、いたって簡単に出入り口・ホーム間を移動できるという発想による。表示面は利用者動線と平行に位置している。電車にいたる流れの情報はラインカラーで、逆方向の情報は白地で表示した［図2-7-1、2-7-2］。

パネルサインは、リニアサイン上では、スペース的に不十分であったり、読み取りにくかったりする説明的情報を、別に表示したものである。町名案内、乗り換え案内、手洗い表示、路線案内などにこれを用いることにした。

ボーダーサインは、前述したように、ホーム対向壁の天井と壁面の仕上げを区分する位置に、ビビッドブルーに塗色したボーダーを設置したものである。一定間隔に、ラインカラーの光輝面上に駅名を表示した［図2-7-3］。

ゲートサインは、街中でランドマークとして機能するようにデザインした、出入り口ゲート自体の造形である。白のハウジングに、ビビッドブルーのシンボルマークとラインカラーによる駅名を表示し、ゲートの存在を印象づけた。天井部には、地下方向にシルエットを描く、リニアサインを設置した［図2-7-4］。

営団型への切り替え

横浜市営地下鉄の1期開業で導入されたリニアサイン方式は、前例のないまったく新しい提案であったが、当初よりアイデア倒れの感は否めなかった。

まず設計者は「一度情報を拾えば、あとは出入り口ゲートからホームまで連続しているリニアサインをたどりさえすればよい」(40)と想定していたが、現実には、ホームへの移動経路が二つに分かれる相対式ホームを持つ駅や、駅出入り口が駅の始終端双方に複数設けられている駅が多かった。このためシンプルに〝ひとすじの線〟を通せた駅はまれで、天井部に長尺のサイン筐体が複雑に張り巡らされることになった。また利用者は、いったん得た情報をずっと記憶して移動を続けているわけではない。このため対面視方向に情報が表示されていないリニアサインでは、ブルーの〝すじ〟のある通路を移動していながら、どこにいたる通路かわからず、必要なときに肝心の情報内容が見えない不便も生じていた。

1期開業から丸2年経った1975年になると、翌年秋に予定されている2期開業（上大岡・上永谷間、伊勢佐木長者町・横浜間）に向けて、リニアサイン方式の再検討が始まっている。同年GKは、横浜市交通局への提出レポート「横浜駅・関内駅をケースとしての新デザインに関して」の中で、「リニアサインの一層効果的な使用と、全体コストの軽減のために、必要最小限で、しかも最も効果を発揮する箇所に絞って採用することとしたい。具体的には、分岐点など、歩行の進行方向を変更する箇所に集中させ、その他の見通しのよい、わかりやすい部分では省くことにする」と述べている。

実際、横浜駅や関内駅では、リニアサインの施工箇所はかなり削減され、動線分岐点では、このときから、動線と対面する向きにサインが掲出されることになった。すなわち結果

1

2

3

4

［**図2-7**］サイン類
（1:コンコースのリニアサイン、2:ホームのリニアサイン、3:ボーダーサイン、4:ゲートサイン・撮影:筆者、1982）

的に、空港や営団の方式に近づいたことになる。

交通局では、1985年の3期開業時にも、サインシステムの見直しを行っている。このときは「もっと見やすく、わかりやすく」との市民の声に押されて、局内で検討が進められた模様で、営団・都営等の実情を調査し、以下の方針を打ち出した(41)。

1　駅出入り口名称を番号制とし、方面案内情報を併記する。
2　ホーム上に、出口方向を明示する自立型の出口案内パネルを設置する。
3　改札口付近に、駅周辺案内図を設置する。
4　改札口付近の出口案内パネルを大型化し、色彩を白地からオレンジに変更する。
5　動線に沿ってつり下げるリニアサインを、さらに削減する。
6　対面視方向に掲出する内照式サイン器具を大型化する。
7　ホーム階段とホーム対向壁に、番線番号と行先方面を明示した路線図を設置する。

この見直しでは、これまであまり意識していなかった、駅から街への降車系情報を充実させる点に、多くの改善方針が出されている。この方法も営団のサインシステムに倣うものである。つまり実質的には、それまでの独自方式から、多くを営団型に切り替える方向転換を意味していた。このころ営団では、新サインシステムの導入から10年余りが経ち、大手町、銀座駅はもとより、霞ケ関、茅場町、日本橋などの主要駅や、有楽町線・半蔵門線の新線に共通のサインシステムが次々に展開され、このシステムの有効性が各方面から高く評価される状況にいたっていた。

1989年になると、あざみ野駅で東急田園都市線と接続する延伸建設工事が進んできたことから、横浜市営地下鉄が首都圏の交通ネットワークと一層密接にかかわることが明白になり、交通局ではサインシステムの抜本改定を行う決断をした。すなわち横浜市営地下鉄の新しいサインシステム設計基準の作成を、営団のサイン設計を担当する筆者ら(42)に委託し、リニアサイン方式を一掃して、色彩使用にみられる首都圏の他鉄道との矛盾を解消することにした(43)。

新たな基準では、誘導サインを階段や曲がり角など移動の転換点ごとに、旅客動線と直交する向きに天井からつり下げて配置する原則とし、案内サインは、動線と平行する壁面を利用して、改札広間など人だまりごとにできるだけ集約して設置することにした。このとき乗り場誘導のブルーの色面は、従来のリニアサインで用いてきた塗色と同色とし、配置基準の見直しとあいまって、ブルーの色をたどれば「乗り場」にいたるという既定のルールも踏襲できるように工夫した。

また出口色について、1980年代半ばごろになると、営団地下鉄の統一的な展開の影響を受けて、全国的に「出口は黄色」のルールがほぼ確立していたから(44)、首都圏では横浜市のみ、色の使い方が異なる状況になっていた。そこで路線色としての黄色(45)を、駅名を表示するとき用いる駅アイデンティティマークの図形に限って使用することとし、「路線色は黄色」のルールを守りながら、地色として使う黄色表現を、出口誘導に転用できるように工夫した。

この新しい基準に従って施工された5期開業駅（新横浜・あざみ野間、1993年3月）のサイン設置状況を、図2-8に示す。

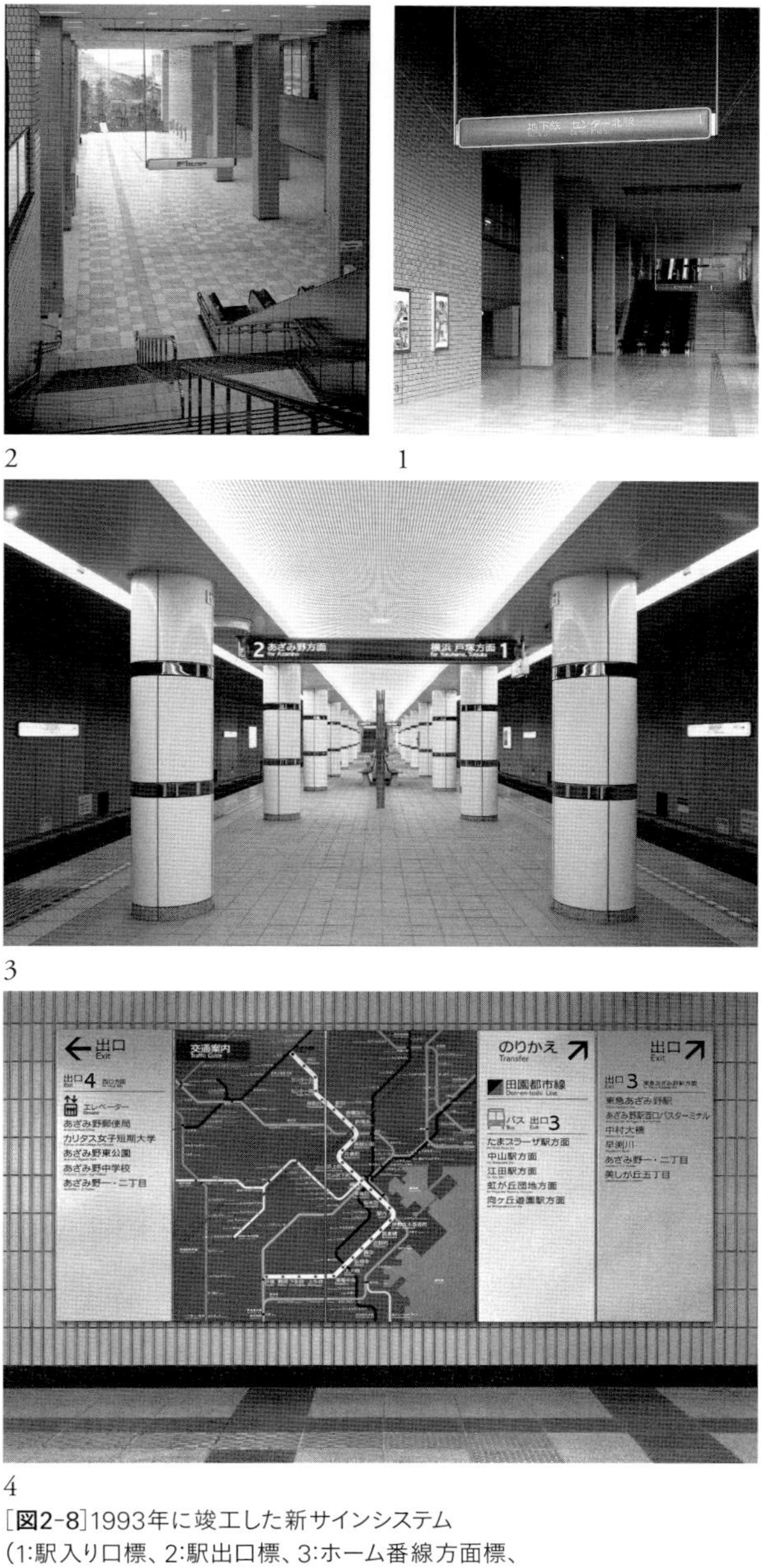

［**図2-8**］1993年に竣工した新サインシステム
（1:駅入り口標、2:駅出口標、3:ホーム番線方面標、
4:パネル式案内標・撮影:後藤光一、1993）

3……国鉄

鉄道掲示規程

『日本国有鉄道百年史』(46)に、「旅客案内および誘導のための掲示は従来から鉄道掲示例規によって定められ、これは木板または金属板を群青地とし、白色字で示した掲示類を対象としたもので、夜間は外部の照明によって見せるものであった」と書かれている。これが昭和初期の国鉄駅の掲示類の外観であったようである。これらを図版で示す『建築設計資料集成』(1942)(47)を見ると、運送条件を説明する運賃表、発車時刻表のほかは、大半が駅名標や駅長室標、待ち合い室標、出入り口標など、施設の位置を同定するサインであった。鉄道駅らしいサインとしては、列車の行き先、種別、発車時刻、それに乗り場番号を示す列車情報表示板（国鉄ではこれを「発車標」と呼んだ）や、行き先方面を示す乗り場案内標があった［図2-9］。

戦後間もない1946年に、運輸省から「鉄道掲示規程」が示された(48)。規程の適用範囲は、駅、電車、客車、気動車、自動車および船舶で、掲示類を公告表と指導標、業務用ポスターの三つに分類している。「公告表」とは、旅客・荷主および公衆に対し公示すべき事項を掲載したもので、列車時刻表、旅客運賃表など8種類がある。「指導標」とは、旅客・荷主および公衆に対する、各種施設その他の案内ならびに誘導に資する掲示物で、停車場用には駅名標、駅長標など33種類がある。「業務用ポスター」とは、公告表および指導標以外の掲示物で、随時旅客・荷主および公衆に対して周知したい事項を掲載したものである［表2-2］。

主な規程事項として、次のことなどが示されている。

1　公告表および指導標には、掲示板を用いること。その種類・様式・寸法・掲出場所等は別表に示す。新駅開業や運送条件の変更など一時限り掲出するものには、掲示用紙または印刷物を用いる。一時限りの掲示は鉄道局長が定める。

2　駅名標にはローマ字を併記する。駅名標以外の公告表および指導標には英文を併記する。ただし鉄道局長は必要に応じ和文のみの掲示、英文のみの掲示を掲出できる。

3　掲示板の寸法別種類は、最大の1号型（縦90×横120、cm）から、最小の11号型（縦15×横30、cm）までの11種類とする。

4　掲示の文体は口語体、左横書きとする。

5　和文書体は楷書体、アルファベットはゴシック体・大文字表記、ローマ字つづりは修正ヘボン式(49)による。

6　掲出箇所の面積や周囲との調和上、別表の様式寸法は、適宜これを変更することができる。

7　特別の必要がある場合、別表にない特殊のものを掲出することができる。

別表を見ると、色彩について、時刻表などの公告表は黒地に白文字、駅名標などの指導標は群青地に白文字と示されている。また駅名標の和文には天地20cm、ローマ字には16cmの文字を使う指示があるなど、用いられている文字は現代と比べて相当大きく、視認性への配慮が徹底していたことがわかる。

電気掲示器の採用

1946年の運輸省による「鉄道掲示規程」は、その後国

［**図2-9**］1914年ごろ京都駅の乗り場案内標
（交建設計『駅のはなし―明治から平成まで―』1997）

［表2-2］掲示類の種類

公告表	列車時刻表、自動車時刻表、旅客運賃表、遺失物標、急告標、危険品禁止標、電報取扱事項標、電報遅延告知標　計8種
指導標	駅名標（列車駅用）、駅名標（自動車駅用）、駅長標、待合室標、出札所標、出札種別標、出札指導標、出札口番号標、案内所標、荷物取扱所標、手荷物・小荷物扱貨物託送注意標、携帯品預所標、公衆電信取扱所標、旅客運賃精算所標、洗面所及便所標、発車標、通行指導標、乗場案内標、乗場番号標、乗換案内標、列車行先案内標、急行列車告知標、急行券発売所標、列車遅延告知標、満員標、出入口標、跨線橋及地下道標、送迎人注意標、乗車誘導標、昇降機警告標、禁煙標、受付時間外標、伝言板　計33種
業務用ポスター	公告表および指導標以外で、旅客・荷主および公衆に対して周知したい事項を掲載したもの

鉄の営業線等管理規程の一つとして内部文書化された。そこに示されている掲示類の種類は、国の規程とほとんど変わらなかったが、一方で表示面の様式や工作仕様は、たびたび変更されている(50)(51)。

1952年の改正では、和文の使用書体が楷書体からゴシック体に替わり、1954年の改正でさらに丸ゴシック体に変更された。このとき、表示面の色彩も黒地または群青地に白文字から、白地に群青文字へ改められている。次いで1960年の改正では、書体が角ゴシック体の各画の端部に丸みを持たせた隅丸角ゴシック体になり、表示面色彩は白地黒文字になった。このとき定められた白地に黒の隅丸角ゴシック体で表示する表示面様式は、長く国鉄掲示の基本的なスタイルになった。

6種類の内照式電気掲示器が、初めて規程に盛り込まれたのは1954年の改正時である。その後電気掲示器の光源として、従来の白熱電球に替わって1960年から蛍光灯が採用され、電気掲示器の器具形状は、それまでのV形断面から箱形（国鉄ではH形と呼んだ）に替わり（このときから7種類）、表示面材料もガラス板からアクリル板に変更されて、東京駅から導入され始めている［図2-10］。電気掲示器の筐体はそれまでは鋼鈑製で、これに塗装仕上げしたものを使用していたが、大型のものは重く、また経年による塗装の剥離や腐食も激しかったことから、軽量で表面保護性に優れたアルミ材による筐体が開発され、1963年から用いられはじめた。

新幹線開業をはさんで1967年に改正された「鉄道掲示基準規程」では、その改正作業過程で、表示面の色彩使用についての検討が行われた。それまでは掲示類に色を使うと、ホーム上では列車運転上まぎらわしく危険であり、またコンコースでは商業広告との対比から無彩色のほうが有効であるとの意見が強く、掲示類への色彩使用は避けられてきたが、この改正から「みどりの窓口標」の緑、「出口標」の黄色、「便所標のうち女性ピクトグラム(52)」のピンクが定められた(53)［図2-11］。

このうち出口標の黄色地については、1956年から鉄道電化協会の電気掲示器専門部会で議論が行われ、1958年に「掲示器の種別による表示面色の使い分けは、差し当たりは（出口標の）黄色に限り採用する」提案(54)がなされ、また新幹線の出口標にも用いられた(55)が、国鉄では長年正式決定を持ち越し、この年にようやく成文化をみたものである。

また「みどりの窓口」は営業上の要請により、1965年から座席指定券の発売のために、大規模駅から設置され始めた指定券発売窓口である。そのような窓口が設置された背景には、1955年から電動式自動券売機の使用が始まり、これまでの出札窓口が徐々に機械に置き換えられ始めていたこと、一方でコンピューターを用いた全国規模の自動座席予約システムが導入されて、空間的に区画された券売室が新たに必要になったなどの、施設状況の変化がある。

この1967年の規程改正では、板状の掲示板の寸法種類は1960年と変わらず12種類のままだが、電気掲示器の種類はこれまでの7種類から一挙に17種類に増えている。ここから国鉄掲示類の仕様の主流が、新幹線開業を境に、板状の掲示板から内照式の電気掲示器に転換していることがわかる。

カラー掲示器の導入

1972年4月に、新緑の旅行シーズンを前に、東京駅の八重洲側コンコース回りの案内掲示が一新された。これは従

1

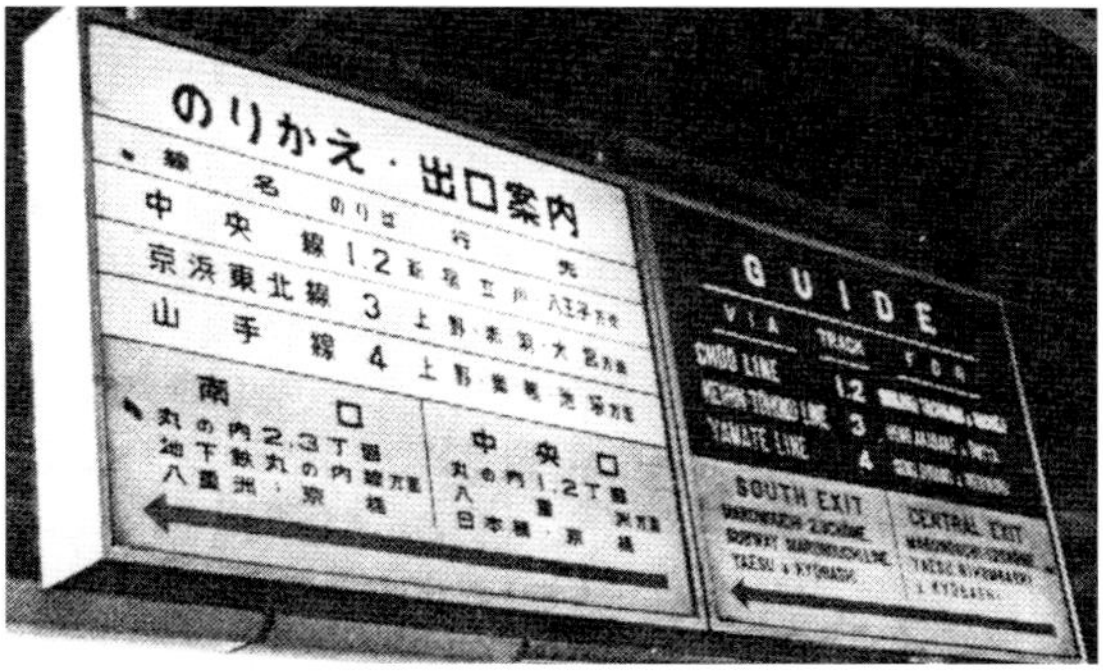

2

［**図2-10**］国鉄の掲示器（1:1960年以前のV型掲示器、2:1960年以降のH型掲示器『国鉄電灯電力技術発達史』）

［**図2-11**］新幹線駅で初めて用いられた男女トイレのピクトグラム（『電力と鉄道』1965.04）

来の鉄道掲示基準から離れて、次第に駅全体が巨大化して主要動線が複雑に交錯する大規模ターミナル駅で、各種駅施設への「方向指示機能」を充実させるために、国鉄が初めて試みたサインシステム計画といえる(56)。

1971年度の国鉄東京南局は、サービス改善の主目標として、東京駅をわかりやすくする課題を掲げた。東京駅は1964年の東海道新幹線開業時に、大型電気掲示器の増設を柱とした掲示類の大改修を行っていたが、その後、駅の工夫により北・中央・南の各連絡通路を重点に、大小さまざまな掲示類が壁面を埋めて、総量1438台というおびただしい量の掲示類を出しながら、とにかくわからない、迷いやすいとの批判を浴びていた。

この企画を担当した東京南局営業部旅客課の関沢修は、その理由について、掲示類が白を基調にして書かれているため、同じ白を基調としてつくり方が派手な商業広告に圧倒されて目立たない、また壁面に貼付したものは壁面に同化して存在がわからない、と分析した。

これらの欠点を補正するため、次のような方針が立てられた。

八重洲コンコースは太い独立柱によって空間が分断されているので、視界が確保できる一つひとつの廊下状の空間ごとに、集約的掲示器を掲出する。コンコースの交差部から四方向それぞれへ方向指示ができるように、集約的掲示器の平面形状は十字形とする。集約的掲示器は1情報ごとに1台の内照式掲示器を用いて、同一方向には掲示器を段重ねして表示する［図2-12］。

ここで利用者が立ち止まらないように、表示文はできるだけ簡素化した表現を用いる。「方向指示機能」を明確化するため、矢印記号を積極的に導入する。表示面レイアウトにピクトグラムを採用し、読む掲示から見る掲示への転換を図る。矢印、ピクトグラム、文面部分を目立たせるために、表示内容別に色彩を使用する［図2-13］。表示面は商業広告との対比関係をつくるため、黒地とする。交差部以外の壁面に小さく繰り返して掲示している案内標の類は、極力排除する。

黒地の採用は、かつて電力課が中心的な役割を果たして板状の掲示板から内照式電気掲示器に様式を変える過程で、黒地または群青地から白地に切り替えてきた経緯もあり、コンコースが光量不足になる、陰気な印象になるなどの理由から反対意見もあったが、商業広告に打ち勝つ方式を探る必要性と、折から東京地下駅の開業を控えて新しい案内方式を模索していたこともあって、試行にこぎつけることができた。

このカラー掲示器の導入は、マスコミ(57)や利用者に好意的に迎えられ、その後大阪、新宿、上野、新潟などを皮切りに、全国の主要駅でこの方式に書き換えることとなった。1982年の規程改正では、従来型の「一般用誘導標」と並び、「電気式カラー掲示誘導標」として記載され、「旅客および公衆が多い駅で掲出する」と整理された(58)(59)。具体的にどのような整備計画が持たれたのかわからないが、

結果的には、一部にカラー掲示器を導入したものの、1967年に定めた形式の電気掲示器および掲示板を取り混ぜて使用する駅が多かった。そして1987年の民営化を迎えると、新生JRの中でこの方式を基準として採用する会社は現れず、その多くが、営団型と同様な対面視視認型のサインシステムに切り替えていくことになる。

[図2-12]1972年に竣工した東京駅カラー掲示器
(営繕協会『公共建築』77号、28頁)

[図2-13]カラー掲示器に用いたピクトグラム
(営繕協会『公共建築』77号、28頁、栗進介著)

(1) 帝都高速度交通営団営業部・運転部『地下鉄運輸50年史』、239-249、531-537頁、1981

(2) 橋本道彦、藤岡長世、中田武雄、友安俊博、北山廣司、鎌田経世、赤瀬達三「座談会 新メトロサインシステム新形式導入の背景」、『鉄道界』10月号、8頁、鉄道界評論社、1973 1964年の日比谷線銀座駅開業に伴って、丸ノ内線西銀座駅を銀座駅と改称、このとき初めて、銀座線と併せた地下鉄3線の乗り換え総合駅が出現した。

(3) 前掲(2)、10頁 星光は、関西一円の私鉄各駅に、電気時計や時刻表・駅名標などを無償で設置し、その脇に広告をタイアップして取り付けてその広告主から収入を得るという、いわゆるタイアップ広告業者であった。鉄道会社やバス会社にしてみると、利用者が必要とするこれらの情報を自ら負担することなく、逆に場所貸し代金を得ながら業者まかせで掲出できる、好都合な仕組みであった。この時代、関西に限らず全国の私鉄で、こうしたタイアップ広告業者が公的情報提供の一端を担っていたのである。

(4) 赤瀬達三「鉄道駅における視覚表示計画について」、日本サインデザイン協会編『日本サインデザイン年鑑』、174-176頁、グラフィック社、1972

(5) 迫田幸雄は1970年春から1971年春までの約1年間、村越事務所に在籍した。この報告文を依頼されたとき、すでに退職していたため、筆者が代わってこの文を書いている。村越事務所内にあって、阪神梅田のプロジェクトは迫田がほぼ一人で担当し、この営団地下鉄のプロジェクトは筆者が全工程を担当した。筆者は2年先輩の迫田から、非常に多くのことを教わった。

(6) 前掲(2)、9頁

(7) 星光「帝都高速度交通営団向：案内サイン計画書」、1973

(8) 赤瀬達三「地下鉄駅のサイン計画・千代田線大手町駅」、『CPC色彩情報』No.56、16-20頁、カラープランニングセンター、1974

(9) 前掲(7)

(10) 筆者は1972年当時営団地下鉄のサイン担当者の河野典久から、都市交通審議会の勧告に基づいて東京都との間で路線色を決めた、との話を聞いた記憶があるが、これを傍証する文献は見当らない。この色彩コードの積極活用という、当時としてはとても斬新なコミュニケーション手法が、誰のアイデアによってもたらされたかについて残念ながら不明である。このとき営業部次長で、その後営業部長、営業担当理事を歴任して営団サインシステムの確立に尽力した藤岡長世は、1986年の『国際交通安全学会誌』に「公共交通のサイン計画―営団地下鉄のサイン計画を通じて―」という文を寄せて、「現在の路線カラーは1970年に日本色彩研究所の専門家に選定を依頼して決定した」と述べている。

(11) 営団側もわれわれも、乗り場案内になんらかのシンボルを用いたいとの共通認識を持っていたことは、記録しておかなければならない。われわれが参加する直前の1971年に、営団の河野らは、乗り場案内に「路線色を用いた電車のピクトグラム」を活用する試行を上野駅で行っていた。また前章でみたように、当時の先進的なサイン計画では、グラフィックシンボルという表現を用いてコミュニケーション効果を高める技法が注目を集めていた。あとに示すように、国鉄でも1972年4月に東京駅の八重洲コンコースで、ピクトグラムを用いたカラー掲示器が登場した。道路分野でも、1974年に歩行者系道路案内標識にシンボルの試験導入が始まる。筆者は営団に先立つ箱崎の東京シティエアターミナルのサイン計画（1972年6月竣工）で、誘導サインに飛行機やバスのピクトグラムを導入した。ただしこの営団の乗り場案内に電車のピクトグラムを用いることは、路線数の多さからかえって煩雑になると思われた。この点は、鎌田も同意見だったと思われる。

(12) 赤瀬達三「地下鉄有楽町線のサイン計画」、『日本サインデザイン年鑑』、20頁、グラフィック社、1975

(13) 筆者は1973年3月末に村越事務所を退職し、同年4月に自ら黎インダストリアルデザイン事務所（現・黎デザイン総合計画研究所）を設立していた。千代田線大手町駅の仕事は筆者の設計チームが担当したが、当然ながら村越事務所の実績であった。引き続き赤瀬に頼みたいとの星光からの申し出に対して、村越が快く承諾してくれたのは、ありがたいことだった。

(14) 赤瀬達三「有楽町線のサイン計画」、『鉄道界』11月号、34-36頁、鉄道界評論社、1974

(15) 日本サインデザイン協会「第8回ＳＤＡ賞」、『日本サインデザイン年鑑』、16-20頁、グラフィック社、1974

(16) 日本サインデザイン協会「第9回ＳＤＡ賞」、『日本サインデザイン年鑑』、16-21頁、グラフィック社、1975

(17) 帝都高速度交通営団『営団地下鉄五十年史』、285-288頁、1991

(18) 帝都高速度交通営団営業部「旅客案内掲示基準」、1983

(19) 日本サインデザイン協会「第17回ＳＤＡ賞」（贈賞式配布冊子）、1983

(20) 日本サインデザイン協会が毎年優れたサインデザインを顕彰してきたＳＤＡ賞は、それまで部門ごとの最高位に金賞を与えていたが、1979年から全部門の総合1位として、大賞を授与する制度に変わっている。

(21) デザインイヤーフォーラム事務局「'89デザインイヤー基本構想」、3-5頁、1988

(22) 日本産業デザイン振興会「1990年代のデザイン政策」、1頁、1988

(23) '89デザインイヤーフォーラム「'89デザインイヤー記念日本デザイン賞報告書」、4-12頁、1990

(24) 審査員は、天谷直弘（当時・国際経済交流財団会長)、白根禮吉(当時・電気通信科学財団理事長)、安藤忠雄（建築家）、大宅映子（ジャーナリスト）、黒川雅之（建築家・プロダクトデザイナー）、C・W・ニコル（作家）、田中一光（アートディレクター）、中村良夫（当時・東京工業大学教授）、浜野安宏（総合プロデューサー）、松任谷由実（シンガーソングライター）、吉川弘之（当時・東京大学教授）の11名。

(25) 前掲（23）、13-16頁

(26) 前掲（23）、52-53頁

(27) 横浜市高速鉄道建設技術協議会は、高速鉄道の建設に関する基本的な技術、工法等を検討するためのもので、帝都高速度交通営団顧問の水谷當起を委員長とし、東京大学教授八十島義之助、横浜国立大学教授河合正一ら学識経験者と、横浜市交通局高速鉄道建設部長安藤栄ほか交通局職員で構成された。

(28) 横浜市交通局『横浜市営交通八十年史』、534頁、2001

(29) 日本の民芸運動は、柳宗悦によって「民芸」ということばとともに始められ、柳を中心とする同志的活動によって広められた。東京帝国大学文学部を卒業後、大学の教職で生計を立てていた柳は、1926年陶芸家の浜田庄司、河井寛次郎と諮って「日本民藝美術館設立趣旨」を発表するとともに、『工藝の道』を刊行した。その後1931年月刊雑誌『工藝』を発刊、1936年には大原孫三郎の援助を得て、東京・駒場に日本民藝館を創設し館長に就任した。彼らの主張は、民衆の日常生活の中に厳然と生きている美の世界、すなわち民衆の雑器のうちにある美こそ、工芸の真の姿であるというもので、〈用と美との関係〉〈民と美との結縁〉〈無銘品の価値〉などが論じられた。この民芸運動は、日本を訪れた外国人たちを引きつけ、また戦後、地方の伝統的民芸品の復興と新作活動の思想的なよりどころになった。鶴見俊輔は柳の活動について、仏教信仰に根を下ろす美意識とのかかわりで解説している。

(30) 長濱雅彦「シリーズ証言（柳宗理）」、『日経デザイン』4月号、94-96頁、日経BP社、1990
柳宗理（1951-2011）は、レコードプレーヤーで第1回毎日デザインコンペ第一席（1952）。白磁土瓶でミラノ・トリエンナーレ・ゴールドメダル（1957）。カッセル・デザイン学校に工業デザイン科主任教授として招聘（1964）。

(31) 横浜市交通局「第二小委員会関係資料」、1979

(32) 河合正一「横浜市営高速鉄道のデザインポリシーとデザイン」、『新建築』5月号、256-259頁、新建築社、1973

(33) 高橋志保彦「建築、横浜市営高速鉄道1号線のデザインポリシー」、前掲(32)、260頁

(34) 柳宗理「ファーニチャー、横浜市営高速鉄道1号線のデザインポリシー」、前掲(32)、260頁

(35) 前掲(28)

(36) 佐藤英幸「横浜市営地下鉄におけるデザインポリシー」、『工芸ニュース』Vol.40、No.2、5-6頁、丸善、1972

(37) 粟津潔「色彩、横浜市営高速鉄道1号線のデザインポリシー」、前掲(32)、260頁

(38) 前掲(36)、7-8頁

(39) 金子修也「サイン、横浜市営高速鉄道1号線のデザインポリシー」、前掲(32)、260頁

(40) 横浜市交通局保管内部資料：1971年にGKインダストリアルデザイン研究所から交通局に提出された「サインの考え方」説明書

(41) 1984年11月13日付交通局内部資料

(42) 受託者は黎デザイン（1989年に黎インダストリアルデザイン事務所から社名変更）。

(43) 石原環、赤瀬達三「横浜市地下鉄のサイン・広告計画」、『鉄道建築ニュース』7月号、32-33頁、鉄道建築協会、1995

(44) 「出口は黄色」というＪＩＳ規格が定まるのは1995年のこ

とである。『JIS Z 9130-1995 安全色 一般的事項』の付表1の〝明示〟を表す安全色〝黄〟の使用箇所例に、「明示：駅舎、改札口、ホーム等の出口表示」と示されている。

(45) 1970年のデザイン委員会で定めたラインカラーは、1号線が黄色、3号線はオレンジである。しかし2期開業時から1・3号線は一体運行されて、実際には3号線部分のラインカラーも黄色に描かれた(関内駅の一部施工部分を除く)。その後3号線の関内以南は事業免許が取り下げられて建設計画はなくなっているため、現在では1・3号線はひとつの路線とみなされ、ブルーラインと呼ばれている。

(46) 日本国有鉄道「電気掲示器」、『日本国有鉄道百年史』第9巻、365頁、1972

(47) 日本建築学会『建築設計資料集成3』、275-276頁、丸善、1942

(48) 運輸省「鉄道掲示の栞」、2-31頁、1946

(49) 修正ヘボン式とは、今日いうヘボン式のことである。横浜に住む米国人医師ヘボン(James Curtis Hepburn)が著わした「和英語林集成第1版」(1867)の英語式ローマ字つづりを羅馬字会という研究グループが修正して、それをヘボンが同辞典第3版(1886)に採用した。これが修正ヘボン式ローマ字つづりと呼ばれて明治後半から広く普及した。戦後アメリカ軍が駐留していたころ、修正ヘボン式を標準式(あるいは単にヘボン式)と呼んだ経緯があり、今日では「修正」の字句は添えずに用いられている(小泉保『日本語の正書法』、212-213頁、大修館書店、1978)。

(50) 鉄道電化協会『国鉄電灯電力技術発達史』、115-126頁、1986

(51) 新陽社『50年のあゆみ』、19-30頁、1996

(52) ピクトグラムはピクトグラフともいい、日本語では絵文字あるいは絵ことば、絵表示、図記号などと呼ばれる。pictogramもpictographも、ともに「絵で描かれたもの」の意でどちらも正しい。日本の近年ではpictogramの用例が増えている。ピクトグラムとは、本来は図記号(Graphical Symbol)のうち具象物を記号化表現した領域のものを指すが、矢印(方向を示す)などの抽象記号や「P」(駐車場の意)などの文字記号も含めて呼称される場合も多い。

(53) 日本国有鉄道「電気掲示器」、『日本国有鉄道百年史』第14巻、334頁、1973

(54) 鉄道電化協会「電気掲示器に関する研究」、21頁、1958

(55) 土屋不二夫「新幹線の電気掲示器」、『電力と鉄道』1月号、6頁、鉄道電化協会、1965

(56) 関沢修「東京駅誘導掲示の改良に参画して」、『電力と鉄道』10月号、8-12頁、鉄道電化協会、1972

(57) 1972年4月20日付『交通新聞』

(58) 石井稔、谷勝弘司「カラー掲示」、『電力と鉄道』9月号、7頁、鉄道電化協会、1974

(59) 国鉄旅客局「鉄道掲示基準規程」、42-43頁、1982

第3章
概念の展開

1……仙台市地下鉄

トータルデザイン・ポリシー

仙台に初めての地下鉄南北線16駅は1981年に着工し、1987年に開業した。地下鉄建設にあたって仙台市では、わが国の鉄道では初めてといっていい、本格的なトータルデザインの検討を行った。

このトータルデザインというのは、横浜市営地下鉄の建設で1969年から議論の始まったデザインポリシーという概念を、実際に鉄道が持つすべての施設・設備に浸透させようとする諸活動のことである。1981年の暮れに計画書のコンペでコンサルタントとして選ばれた筆者ら(1)は、とりわけ駅空間とサイン計画の関係で、営団地下鉄検討の際にみえた「駅そのものを視覚環境としてとらえ直す計画」を実際に探求してみようと考えた。

これはサイン計画の目的や手段をもう一段掘り下げ、空間そのものをもっとわかりやすくするために、空間の部位や仕上げ、その構成などが持つ情報性に着目して、視覚環境を組み立てようとする、拡張的な第二フェーズの記号論へ、概念の展開を図る挑戦であった。

具体的には、さまざまな施設・設備を横断的に、その基本デザイン案のすべてをコンサルタントが提示し、交通局内の責任者らによるトータルデザイン検討委員会で審議して決定する方法がとられた。以下は地下鉄開業後の1987年から88年にかけて仙台市交通局がまとめた記録書「仙台市地下鉄のデザイン計画」(2)に依拠しつつ記述する。

トータルデザイン検討委員会の最初の仕事は、まず「デザインポリシー」という言葉の意味を明確にすることであった。この用語は交通局が作成した設計委託仕様書の中に記されていたが、議論を始めてみると、誰もよく理解していなかった。

前章で取り上げた横浜市営地下鉄の場合、特にこの意味について議論した様子はなく、参加者それぞれの解釈によっていたようである。この語によって有能な造形家たちが集まり、レリーフやファーニチャーなど、品質の高い造形物が公共空間に現れた一方、全体に及ぶデザイン方策は、オフィシャルカラーを設備類共通に塗色するということにとどまってしまった。このような結果を生んだのは、「デザインポリシーとは何か」についての議論が浅かった点にも原因があったように思われる。

仙台市では、デザインポリシーとは「トータルデザイン策定の基本方針」のことで、この「基本方針」は、シンボルマークの選定から、建築・車両・指令施設・サイン・営業機器・ファーニチャーの各デザイン決定まで全般を規定するものとして整理した。また特に建築デザインについては、各駅のデザイン上のねらいと造形上の留意点を「建築デザインの指針」としてまとめ、これもデザインポリシーの各論であると位置づけた。

われわれは「トータルデザイン策定の基本方針」を導き出すために、はじめの半年間に種々の調査を行っている。その内訳は、計画概要、駅予定地の地域特性、周辺施設の配置状況・開発計画、都市景観、仙台の歴史・文化、他都市地下鉄の現況などである。このうち他都市地下鉄現況調査は、札幌から福岡まで全国に及び、海外事例は文献によった。

これら調査の分析を行う過程で、地下鉄利用者の行動フローや、トータルデザインを進めるうえの主要な課題、地下鉄に望まれるイメージなどが次第に明らかになり、それらを総括して1982年8月に、「トータルデザイン策定の基本方針」が承認された。その概要は以下のようなものであった。

①利用者の行動フローについての認識

トータルデザインは、あくまで利用者側に立って発想すべきである。利用者の行動フローをみてみると、乗車系行動では、改札広間が、人びとが集まり判断や操作を行う、最も緊張が高まる場である。また降車系行動では、列車から降りた所と改札口を出た所が、利用者の負担が最も大きい。人びとが集まる場には、それなりの空間的大きさが求められ、利用者に負担がかかる場には、それなりの設備を用意することが不可欠である。

②トータルデザインの四つの柱

本計画では、建築、車両、指令施設の各デザイン計画およびパブリシティ計画の四つを主要な課題として、検討を進める。

まず建築デザイン計画に関連して、トータルデザインの重要な目的は、鉄道の諸施設・設備を利用者に有効なシステムとして連結させることである。そのためには、建設担当部署を横断した検討が必要になる。例えば券売ゾーンでは、運賃表と券売機と券売機室が相関関係を持っている。改札入り口では、改集札機と出入り口を示すサインと建築的なしつらえが相関関係を持っている。建設担当部署の区分にかかわらず、営業機器・サイン・ファーニチャー・内装仕上げ・照明・その他の設備を有するそれぞれの空間ごとに、個々のアイテムの相関関係を整理しながら、総合的に検討を進めなければならない。

車両は、鉄道のイメージを決定づける重要な要素である。そのイメージ要素はスタイリングとカラーリングに分析できる。また鉄道における快適性は、車両の内装と運転の良否に決定づけられる。駅に来去する動く施設として、建築デザインの方向性と関連づけた検討も必要である。

トータルデザイン計画によって仙台市地下鉄が利用者に示すアイデンティティは、鉄道運営従事者に共通して認識される必要がある。特に指令施設は、マンマシンインターフェースの諸問題を多く内包している。そこで指令施設にヒューマンファクターを中心とした検討を加えることによって、誤操作や事故のない快適な作業環境を目指す。

パブリシティの効用は、企業イメージやサービス内容が家庭や職場まで持ち込まれ、広く利用者に伝達されることである。市民の乗車習慣をマイカーから地下鉄へ移転させるために、パブリシティについて十分に研究し実施する。

③望ましい地下鉄のイメージ

仙台には自然が多く残されていて、緑地や水域が多い。西から北にかけて市中より山が眺められ、そのふもとに広瀬川がうねり流れている。南から北に向かって段丘になっていて、北方の起伏は変化に富んでいる。都市部の車道・歩道は広く直線的で、街路樹が豊富である。都心でもビルはさほど高くなく、スカイラインが低く、したがって空が広い。伝統的で固有な表情を持つ街並みが市内に点在している。

行き交う人びとは比較的ゆっくりしていて、平均的な歩行速度は東京に比べて明らかに遅い。したがって街がゆっくりとした雰囲気を持っている。市中に屋外彫刻が多く、比較的美しく保存されている。これらの総計が〝仙台らしさ〟である。〝杜の都仙台〟にふさわしい地下鉄を建設するために、今仙台にあり、他の地域にないこれらの要素こそ、取り込みたい仙台市地下鉄の原イメージである。

わが国の地下鉄は概して魅力に乏しい。長いチューブ状の通路は画一的な床・壁・天井仕上げでつくられていて、利用者が今いる位置、向かっている方向を感知できるような、風景的な手掛かりがない。したがってわかりにくい。金属やタイル、石張りによる硬質で狭い空間は、圧迫感を与える。閉じられた地下空間は、季節や天候、時間などを体感的に知ることができず、快いとは言い難い。そうした地下空間の否定的要因を払拭するため、開放的な、軽快な、爽快な、柔らかな地下鉄を目指したい。

④トータルデザイン策定の基本方針

このような議論の結果、次の5点を基本方針として整理した。

1　都市仙台が今持つもの、駅周辺の自然、街々の景観、人びとの雰囲気など〝杜の都〟の実態を素直に取り込み、適切な対比・調和を図る。

2　地下空間の否定的要因を払拭するため、外気・周辺環境と同次元化した駅施設を希求し、極力開放的な空間づくりを行う。

3　落ち着いた表情の中に、軽快感を持ったイメージを追求する。

4　安全性・信頼性・近代性を保持し、美しく魅力的な交通環境を目指す。

5　デザインとは、ある価値観に基づいてモノや場を立案し、形態あるいは空間を導き出す行為である。見方を変えれば、別の価値観もある。混乱を防ぐために、今ここで整理する基本方針は、建設関係者が主体的に選択し共有する価値であることを確認し、諸方策を決定する際の〝共通の物差し〟とする。

駅空間の視覚化

仙台市での議論では「建築デザイン」の語を用いたが、検討の主眼が意匠的な創意工夫よりも空間構成のありようにあったので、以下は「空間計画」を用いることにする。

1882年9月から翌年6月の間、土木構築の一部設計変更が可能な段階で、駅ごとの地域的な特性と適切な整合を図るため、構造的な課題も含めて検討を行った(3)。検討項目は、高架駅（八乙女駅）の駅舎外観とホーム内空のデザイン、地上駅（黒松駅）の空間計画とホーム切り通し部分のデザイン、半地下駅（旭ヶ丘駅）の駅前広場側出入り口の開放化の検討、公園直下駅（勾当台公園駅）の自然環境との同次元化の検討、そのほか彫刻の広間の検討、バスプール出入り口の検討、地下鉄・バスの合同上屋の検討などである。

その中で空間の視覚化計画の比重が大きかった旭ヶ丘駅と勾当台公園駅の提案は、次のようなものであった。

①旭ヶ丘駅における駅空間の視覚化

旭ヶ丘駅は東側住宅地と西側50haにおよぶ台原森林公園との境の崖に沿って建てられ、東側からは地下駅、西側からは地上駅という珍しいタイプの駅である。駅上には都市計画道路、東側には駅前広場の建設が、それぞれ予定されていた。駅前広場では、旭ヶ丘・南光台・鶴ヶ谷など東側団地群へ向かうバスと乗り継ぎが行われる。

この駅では、地下鉄と都市計画道路によって分断される既存住宅地と森林公園を結びつける駅づくりを検討する課題が掲げられた。これに対してわれわれは、東側駅前広場をオープンカットして昇り庭とし、また公園側にバルコニーを設けて駅と公園をつなぐことで、コンコース階に連絡広間としての機能を持たせる計画案を提示した［図3-1］。

この案によれば、駅前広場側に地下の駅舎が姿を現し、実態が視覚化されるから、利用者のスムーズな導入を図ることができる。また屋外化した地下コンコースに窓を設ければ採光も可能である。

地下駅は屋外に外観を現さない。このことが、地下鉄の駅が本質的にわかりにくい理由である。それを改善しようとするこの案が実現すれば、バス停に降り立って地下鉄に向かう利用者も、住宅地から公園に行きたい市民も、文字情報に頼らずとも、現れている壁面と地下に誘う階段・エスカレーターの空間的なしつらえから、おのずと自分の進路を発見できるはずであった。しかしあいにくこの計画は、実施設計前に、ここに地上4階建てのバスターミナル兼市民センターを建設することが決定され、実現にいたらなかった。

②勾当台公園駅における自然環境との同次元化

勾当台公園駅は、県庁・市役所等がある官公庁地区に位置して、東北有数のショッピング街、一番町商店街北口に接する。またこの駅は、ヒマラヤ杉に囲まれて市民の憩いの広場となっている勾当台公園の真下にあり、道路下ではない立地という特徴を持っていた。この公園から広瀬川沿いの西公園北端に至る定禅寺通りの四列に連なるけやき並木は、四季折々にみごとな変化を見せ、杜の都仙台のシンボルであり、多くの市民の誇りとなっている。

この駅のデザイン上の課題は、都心でありながら緑が豊富な周辺環境と、駅をどのように結びつけるかということであった。そのためいくつもの案を検討した。その一つに「改札広間のドライエリア化」の検討がある［図3-2］。

すなわち、北側（県庁・市役所側）改札広間を公園と直接的に結びつけるために、大規模なドライエリアを設けて、彫刻を置くなどして公園と連続させる。ドライエリアに沿った階段は、駅出入り口として位置づける。改札広間の天井は曲面状に高く抜いて、ドライエリアからの外光や公園の空気を積極的に改札広間へ受け入れる、という案であった。これにより、15〜16mの高低差を超えて、地下から直接公園の樹々が眺められ、地下空間に公園を取り込むことができる。公園の樹々は季節を人びとに伝え、外光や空気は、一日の時の移りを知らせる。

その後、公園を二分して地下鉄路線上を都市計画道路が貫通することとなり、この案は検討どまりになった。

③勾当台公園駅における光広間の導入

勾当台公園駅では「光広間の導入」の検討も行った［図3-3］。この案は、公園下にある市役所方面への駅出入り口通路の一部に広間を設け、空間を地表まで抜いてガラスの天井・屋根を架けるものである。広間にはエレベーター・喫煙コーナー・彫刻展示場を設けて、待ち合わせ広場として位置づける。

トップライトで得た光は、地下のコンコースレベルまで回り込む。

これもまた季節や気候、時間の変化を地下にいながら感じ取ることができるように図った方策である。ピラミッド形をした地上のガラス屋根は、地下への採光装置であると同時に、

［**図3-1**］旭ヶ丘駅昇り庭提案
（「仙台市地下鉄のデザイン計画」）

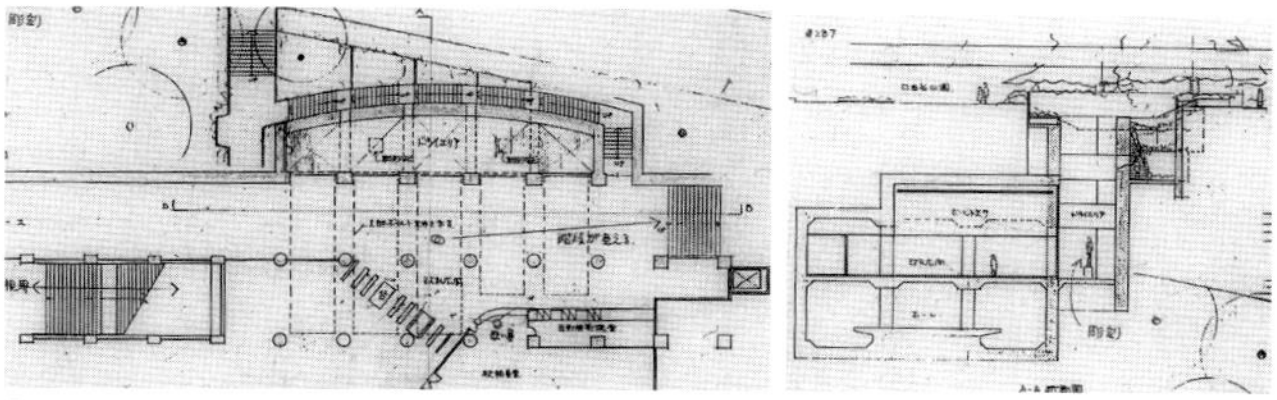

［**図3-2**］勾当台公園駅ドライエリア提案
（「仙台市地下鉄のデザイン計画」）

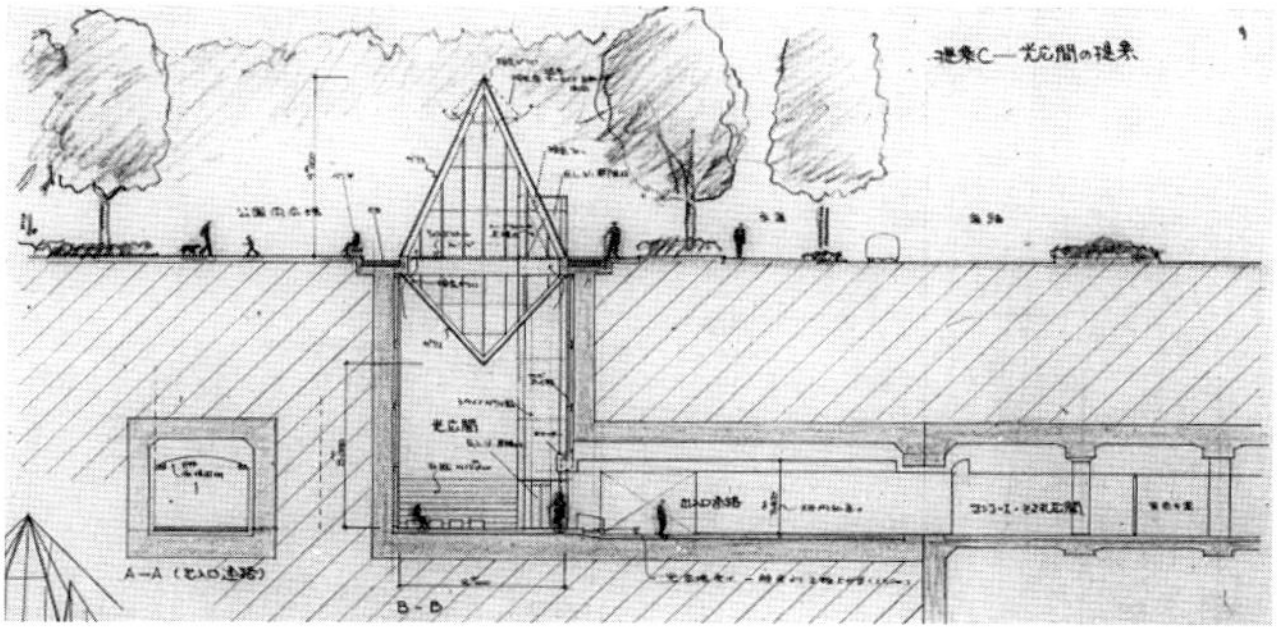

［**図3-3**］勾当台公園駅光広間提案
（「仙台市地下鉄のデザイン計画」）

公園からは地下鉄出入り口のランドマークとしても認められる。このアイデアはフランス・ルーヴル美術館の発表以前に提案された、世界に類のないものであった（4）。

この案に対して交通局は多いに関心を示して、局内で実現の方向で意見集約を取り付ける段階までたどり着いた。しかし結局、「霞ヶ関に出向いて建設省にこの案を説明したところ、こんな遊びごとをするなら補助金をカットすると言われてしまった。したがって局としてこの建設は断念する」とのコメントをもって検討を終了した。既存の事例を超えさせない常識が、わが国の鉄道分野を覆っていた。

旅客動線の明確化

①駅出入り口

他都市の駅出入り口をみると、歩道上出入り口は「屋根なし」と「屋根付き」に分かれるが、欧米に「屋根なし」が多いのに比べて、わが国はほとんど「屋根付き」である。都市景観的配慮より気候上の判断に則しているものと思われる。仙台市でも「屋根付き」を標準として考えることにした（5）。

具体的なデザイン検討案としてさまざまなスケッチが出されたが、委員会が選択したのは、出入り口部分と階段部分の屋根を分けて考え、出入り口部分には平屋根を、階段上部にはガラスの曲面屋根を架けた案であった［図3-4］。

ガラスを用いていて、また高屋根との間に隙間があるので、見上げ・見下げ時に街路樹や周辺の建物が眺められ、景観を取り込むことが可能になる。また屋根の形態で、遠方からでも入り口方向が明確にわかる。階段上部の屋根は腰壁を覆っているから、仙台特有の雪や季節的な突風を防げる。ガラス屋根は地下深くまで自然光を下ろし、外気との同次元化を図ることができる。

実施案の策定はわれわれの手を離れて、局内の建築課において行われた。そのプロセスで、建設コスト上の制約や前例のないことに対する懸念などの意見に押されて、標準型出入り口は他都市のものと類型的になった。

特記すべき実施例に、愛宕橋駅の「東1」建屋型出入り口がある［図3-5］。ここでは、階段室の内空を階段・踊り場・手すり・柱という必要最小限の部位で構成して壁面を設けず、トップライトを持った屋根に沿って傾斜天井を架けた。壁を除去して空間を開放したことで、外観からは想像もできないほど大きな内空が確保され、外光を相当地下深くまで回り込ませることができた。外光が入ることで、地上と地下の位置関係を明瞭に示すことができるようになり、小規模ではあるものの、当初掲げたデザインポリシーを顕著に示す実例となった。

②コンコース

コンコース空間は、改札外コンコース、改札広間周辺、ホーム階段周辺、改札内コンコースの四つに分けて考えることができる。改札外コンコースは駅出入り口と改札広間を結ぶ、いわば〝長いチューブ〟である。改札広間周辺は、券売機室と駅務室、改集札機、精算機など、乗降のための諸機能が集中しているので、空間的に広がる〝チューブの節目〟としてとらえられる。ホーム階段周辺は、移動方向の転換点で、〝もう一つの小さな節目〟である。改札内コンコースは、改札広間とホーム階段をつなぐ〝短いチューブ〟である。

基本設計案は以下のようなものであった。

まず動線方向を視覚化するため、コンコースの延長方向へ連続する壁面（外壁側の壁面）全体を通して明るくし、コンコースの〝背骨〟を形づくる［**図3-6**］。改札出口正面を出口案内ゾーンと位置づけ、わかりやすいサインを設置して、出

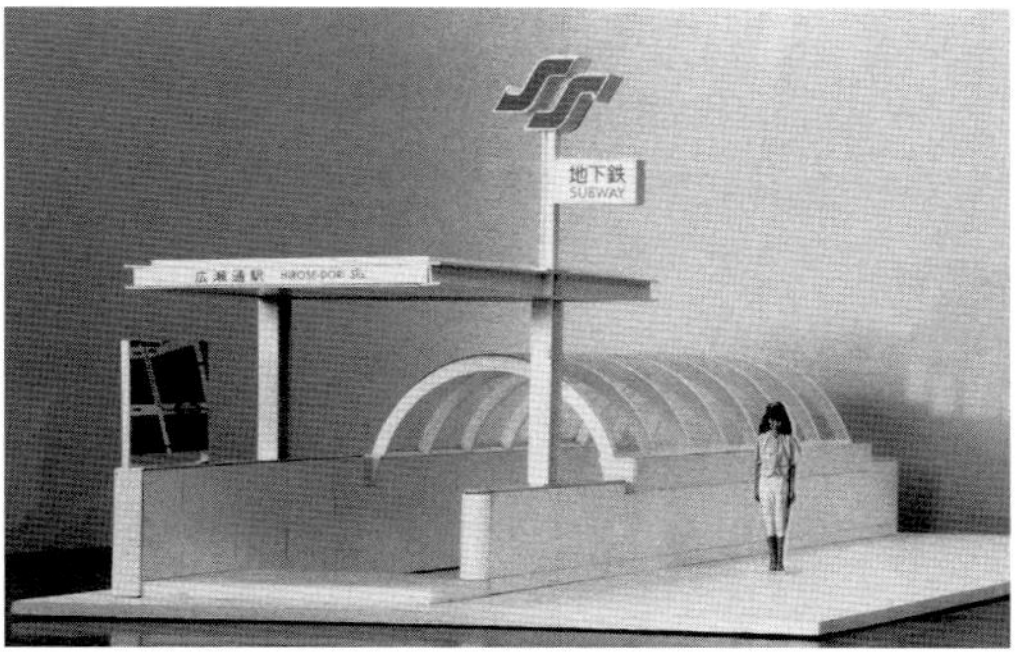

［**図3-4**］標準型出入り口提案（検討模型）

［**図3-5**］愛宕橋駅東1出入り口
（撮影:掛谷和男、1987）

［**図3-6**］標準駅改札広間提案
（「仙台市地下鉄のデザイン計画」）

口方向の明確化を図る。またこの壁づけ型サインは、コンコースの〝背骨〟を見せる照明により、明るく浮き出るようにする。改札外コンコースの明るく照明した外壁側壁面は、各駅の個別性を表現する場として設定し、各駅周辺環境との調和・対比から、駅別のグラフィックパターンや色彩を検討する。

改札広間の天井は、上昇方向にふくらみを持たせるなどして内空容量を大きくとる。また照明計画と内装仕上げ材の選択から、この域をほかより明るくする。照明ラインは改札外から内へ進行方向に従って連続させ、利用者の流れを方向づける。券売機室と駅務室は一体的なユニットととらえて、壁仕上げ材を金属パネルにするなど通路部分と変化させ、モジュールやおさまりなどから、工業製品的な雰囲気を持ったものとする。

ホーム階段上部の四周には、改札外から内側へ動線に沿って連続する小さな垂れ壁を設けて動線方向を印象づける。この垂れ壁はホーム階段入り口部では途切らせて階段入り口を明示するとともに、階段コアを強調する。ホーム階段入り口部分の独立柱は、丸みを持たせるなどして〝門型〟を印象づけ、ホームへの入り口としての表情をつくる。

ホーム階段を囲む独立柱のうち、改札外コンコースに面する柱間は売店・電話・コインロッカーの配置位置とし、動線を示す垂れ壁を利用して収納家具的におさめる。売店は改札の内外から利用できる形式とする。ホーム階段周辺の独立柱、改札内コンコースの壁面は、駅ごとに改札外コンコースの外壁側壁面との調和・対比から仕上げを想定し、その駅の一体的な雰囲気をつくる。

③ホーム

ホームはすべて島式、管区駅である勾当台公園駅と仙台駅のみが二列柱で、その他は一列柱と決定されていた。ホーム延長は130m、ホーム階段はその中央に、ハの字状に設けられる。

基本設計案は、以下のようなものであった。

まず両対向壁の上部を曲面としてホーム全体を包み込む形態をつくり、また全長にわたって明るい面とすることで、軌道部分まで含めた広いスペースが一体的なホーム空間であるように印象づける。

一列柱ホームでは、断面方向の天井形状を上へふくらみを持つゆるい曲面とし、ホーム内空に広がりと柔らかさを与える。この形態は、ホーム床面部分をおおらかに包み込んで、列車進入時でも安全なエリアである印象をつくり出す［図3-7］。

二列柱ホームでは、一列柱ホームと同様にゆるい曲面天井を二列柱間に架ける、または1スパン（柱で区切られる単位空間）ごとに横断方向の曲面天井を架け、それを延長方向に繰り返すなどの方法で、内空の広がりや柔らかさをつくり出し、また全長的なスケールを体感できるようにする。

ホーム階段では、正面の腰壁をできるだけ小さくして、コンコースからホームを望めるようにする。階段脇の壁は、遮蔽的な仕上げを避けてガラススクリーンとするなど、開放的な視界確保に留意する。ホーム階から見て、階段両脇の柱は丸みを持たせて利用者の通行をスムーズにするとともに、ソフトな印象を演出して、出口方向の〝門型〟を形成する。

対向壁や独立柱、床面の材料・表面仕上げ・色彩に変化を与えることで、適度なリズム感とスケール感をつくり、大きな構築が親しみやすくなるように、またホーム全体の一体感が出るように工夫する。またその仕上げ等をコンコースと整合して、駅ごとの個別性を表現する。

［**図3-7**］標準駅ホーム提案
（「仙台市地下鉄のデザイン計画」）

④各駅の実施案

各駅の実施設計が進む過程で、駅出入り口の場合と同様に、基本設計にみられた独自性は薄められて、多くは他都市の駅と違いのない〝普通の地下鉄駅〟になったが、そんな中でいくつかの特筆すべき成果もあった。

改札広間は、すべての駅で通路部分より明るくし、また折り上げ天井を採用して、幾分でも通路と意味の違う空間であることが表現された。特に愛宕橋駅では、折り上げ天井を横断方向の4本の曲面天井で構成したことにより、大きな内空が確保され、「域の視覚化」という、基本案の典型的な実施例となった［**図3-8**］。

勾当台公園駅・仙台駅のホームは、二列柱間を曲面天井とし、内空を大きく見せて動線方向を強調し、また安全域を明示した［図3-9］。照明方法は、ホーム縁辺上部のライン照明と、中央部の補助照明である。ライン照明を、ホーム階段脇を含め全長にわたって設置したことで、ホームの全体的な把握が可能になり、縁辺部の安全性に留意することができた。

ホームの独立柱は、透視方向では壁状に連なって見えてしまうから、その太さは利用者の視界の確保に影響する。愛宕橋駅・河原町駅ではフッ素樹脂塗装ステンレス鋼板を用いて仕上げ厚を最小限に抑え、広い視野を確保することができた。

各駅の対向壁に停車駅案内図とともに、ブルー系の北行色と赤系の南行色を表示した。乗車時にコンコースからホームに下りてくると、風景がなく建築的な仕上げが左右均質であるから、それだけでは行き先方向の識別は不可能である。この北行・南行色の表示は、乗車ホームの理解に効果的であった［図3-10］。

完成度への挑戦

サインシステム計画の基本方針については、建築デザイン計画の中で、次のように整理している。

駅構内では、旅客は移動しながらサインをたどっていくので、サイン間の相関関係、すなわちそのシステム性に注目して、情報の連続性を図ることが重要である。また標識として、常に一定の約束に基づいて表示されている必要がある。この地下鉄で標準化されているばかりでなく、表示情報の種類、約束色など、全国規模で共通の公共サインとして標準化される要素があってよい。

駅施設では建築デザインそのものが、旅客の流れを方向づけるしつらえを持っていなければならない。サインはわかりやすい環境の中で、空間の意味を確認するために、あるいはまた、空間説明とは異なる事象情報の案内のために掲出するのが理想である。このため建築とサインは、相互補完的に計画する。

誘導サインでは、文字のほかに乗車系色・降車系色の導入を図り、視認性の高い単純明快な表示とする。このサインには内照式掲示器を用いて、旅客動線と対面する向きに配置する。案内サインでは、旅客の要求に合致した内容にするとともに、わかりやすい図形化の工夫を施す。このサインにはパネル式または外照式掲示器を用いて壁面に配置する。位置サインには、内照式掲示器を用いて、旅客動線と対面する向きに配置する。電話・コインロッカー・トイレなど図形化が可能な内容には、ピクトグラム（6）を用いて遠方からの可視化を図る。

サインシステムのデザインは、具体的には、駅出入り口に設置するサイン、乗り場・出口への誘導サイン、一般系のサイン、運賃表示、改札入り口・改札出口を示すサイン、ホームに設置するサインの6項目に区分して行っている。仙台市地下鉄のサインシステムは、おおむね営団地下鉄と類型的なので、詳細な記述は省略するが、地下鉄シンボルの掲示方法や、運賃表示のモジュール化、またすべての器具工作の精度などにおいて、営団のレベルをしのぐ成果が得られた［図3-11］。開業から19年後の2006年の暮れに、仙台市出身で国際的に活躍するデザイナーから、「仙台の地下鉄には貼り紙もないしゴミもない。サインやディスプレイも開業当時のまま美しく保たれている。今でも世界で一番きれいな地下鉄ではないか」とのコメントを聞く機会があった。この街に住む人びとの矜持や秩序感もあるのだろうが、さらにもし、開業時のトータルデザインがそうした質の維持を誘い出したのだとしたら、誠にうれしい限りである。

駅空間を視覚環境として根本からとらえ直す計画の多くは実現できなかったが、鉄道職員がところかまわず貼り紙を出

［図3-8］愛宕橋駅改札広間
（撮影:掛谷和男、1987、口絵5-1）

［図3-9］勾当台公園駅ホーム（撮影:掛谷和男、1987）

［図3-10］北行識別表示と停車駅案内
（撮影:掛谷和男、1987）

［図3-11］モジュール化した運賃表（撮影:掛谷和男、1987）

して、自ら空間秩序を壊していくことの多い日本にあって、完成した駅空間を長く美しく保とうとする仙台市地下鉄は、全国に、公共空間のあるべき規範の一端を示しているように思われる。

2……ＪＲ東日本

国鉄民営化

　日本国有鉄道（国鉄）が巨額債務の解消と経営責任の明確化を主な目的として民営化され、六つの地域別旅客鉄道会社と一つの貨物鉄道会社に分かれたのは１９８７年のことである。ジャーナリストの大谷健は、民営化以前の国鉄のイメージはとても暗く、国鉄職員の客に対する対応も、木で鼻をくくるという形容がピッタリだったと表現している(7)。それが駅のトイレがきれいになり、また駅職員が一生懸命利用者を「お客さま」と呼びだすのを見て、人びとは次第に組織の変身ぶりに注目するようになった。

　民営化してまず何よりも列車の便数が大幅に増えた。また直通運転が拡大され、同時にスピードアップも図られた。これらにより乗客は乗り換えの手間を省くことができ、所要時間も短縮した。ＪＲ東日本の場合、東北・上越新幹線を中心に、主要地方都市への所要時間の短縮が目立っている。首都圏では遠距離通勤の増加に伴って、「通勤快速」や「通勤ライナー」を新設し、勤め人たちのスピードアップの要望に応えた(8)。

　このスピードアップは、ほとんどが新型車両を投入することによって実現している。新型車両には、上越新幹線の全車２階建て車両「Max」、山形新幹線の「つばさ」、在来線の「スーパーひたち」「スーパービュー踊り子」「成田エクスプレス」「ビューわかしお」「スーパーあずさ」などがあり、６扉の通勤車両も登場した。鉄道以外でも、ホテル・駅ビル、旅行・レジャー、飲食・物販、リゾート開発、広告代理業、金融業など、事業範囲の拡大は著しい。

　このように、ＪＲは国鉄時代からのイメージチェンジにうまく成功し、サービス業としての形が至るところでうかがえるようになった。最近では、大学生の就職先人気企業ランキングで常に上位を占めている。

Cープログラムとしてのデザイン

　ＪＲ東日本において、民営化当初、新型車両とともに新しい企業イメージを強くアピールしたデザイン対象に、サインシステムがある。JR東日本の新しいサインでは、情報種類・情報内容・掲出位置の設定方法、グラフィカルシンボルやダイヤグラムの活用など、そのシステムは営団地下鉄のものとよく似ていたが、そのグラフィックはとても華やかで、若々しく、新鮮な魅力にあふれていた。

都会的な印象を放つグラフィックが圧倒的な量で展開されたことで、JR東日本の新しいサインは、単にパブリックインフォメーションを提供するという以上のメッセージを利用者にもたらした。とりわけ試行の行われた新宿駅のサイン改良では、利用者の日常からかけ離れて捨て置かれていた旧国鉄の駅舎を、一夜にして現代風に衣替えしてしまった観があった。

JR東日本のサインシステムを設計したのは、GKグループの一つ、GKグラフィックス（担当は当時設計部長・横田保生1952-）(9)で、そのシステム設計にあたり営団型をむしろ積極的に採用した(10)。営団地下鉄の「旅客案内掲示基準」中のシステム図(11)［口絵1-1、図2-4］と、JR東日本の「駅案内サイン基準」中のシステム図(12)［図3-12］を比較すると、その類似性は一目瞭然である。

1988年に新宿駅と秋葉原駅で試行され、その後ほぼそのまま基準化されたJR東日本のサインシステムは、乗車系と降車系によって構成されている。

乗車系の「乗り場への誘導システム」で主要なサインは、「番線・線名・方面標」である。営団地下鉄では「路線名」のみで誘導することを基本としていたが、JRのシステムでは、原則として「路線名」に「行き先方面」表示が加わる。

「番線・線名・方面標」には、改札内コンコースで複数の番線・線名を誘導する複合誘導型のサイン［図3-13-1］と、ホームに至る階段口で遠方からの視認に対して番線位置を強調する同定型のサイン［図3-13-2］、同じ階段口で番線・線名・方面を各々の乗車ホーム位置に合わせて左右に振り分ける指示型のサイン［図3-13-3］があり、ホーム上では左右それぞれに同定型のサインが再び掲出される。いずれのサインにおいても、路線色がコードとして用いられ、わかりやすさを支援している。JR東日本のカラーマーキングは、短冊形のフォルムである。

降車系の「出口への誘導システム」は、営団地下鉄と同様に黄色の色彩コードによって構成されている［図3-14］。首都圏の主要駅では乗り換え路線も多いことから、これまた営団と同様に、出口誘導標に乗り換え誘導標が併記されている。その際のカラーマーキングも乗車系と同様に短冊形である。

ホーム上の停車駅案内標や駅名標、時刻表などの表示面は、

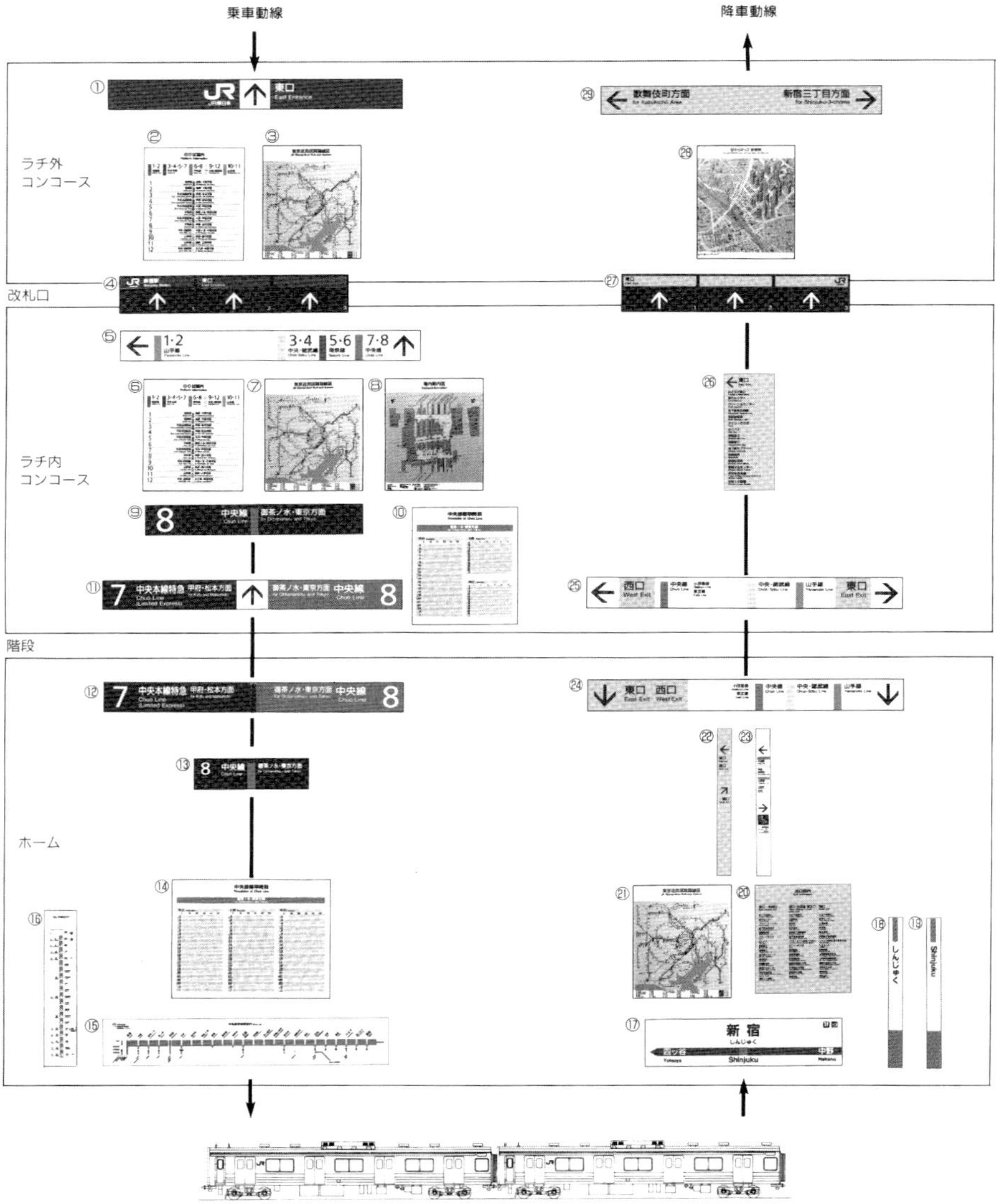

［**図3-12**］JR東日本サインシステム図（「駅案内サイン基準」、
口絵2-1、デザイン・写真提供:GK Graphics）

1

3
2

［**図3-13**］番線・線名・方面標（1・2:『年鑑日本のディスプレイ・商環境デザイン '90』、3:東日本旅客鉄道『鉄道とデザイン』1989、口絵2-2、デザイン・写真提供:GK Graphics）

［**図3-14**］出口誘導サイン（『年鑑日本のディスプレイ・商環境デザイン '90』 デザイン・写真提供:GK Graphics）

［**図3-15**］つり下げ型駅名標
（『年鑑日本のディスプレイ・商環境デザイン '90』、口絵2-3、デザイン・写真提供:GK Graphics）

大きな膨らみをもって造形されている［図3-15］。設計者の説明には「安心感の得られる表情につくりあげた」と書かれている(13)が、筆者にはむしろその膨らみから、新たに出発しようとして胸を張る新しい企業の意気込みのようなものが感じられた。

ＪＲ東日本と営団地下鉄の最も大きな違いは、器具やグラフィックの表情性にあると思われる。1972年にデザインされた営団地下鉄が、鉄道サインの規範としてふさわしい、質実で普遍的な安定感を表現していたのに対して、それから15年を経て計画されたＪＲ東日本のサインは、華やかで、明るく軽やかに、それまでの国鉄や他鉄道とまったく違う企業イメージを発散させることに重点が置かれていた（それらは色彩を多く用い、モダンな書体や余白の十分あるレイアウトなどによって実現している）。

その点、このデザインコンセプトの特徴は、単にわかりやすい駅環境をつくるというより、この企業固有の新しいイメージを、ビジュアルなメディアを通してつくり上げるという意図にあった。すなわちこのサイン計画は、仙台市とは別の意図からサイン概念の展開を図る第三のフェーズとして、「企業の個性化」を強く意識していた。すなわち、それはコーポレートアイデンティティ（ＣＩ）プログラムの一環として行われたのである(14)。そしてその目的において、このプロジェクトは十分に成功した。1989年末に、このＪＲ東日本のサインデザインは、ＳＤＡ賞大賞を受賞している。

ＧＫグラフィックスが強く意識したＣＩは、当時のわが国でデザイナーであるなら、誰もが意識せざるを得ない重要なデザインコンセプトであった。これはそれまで「デザインポリシー」と呼ばれた概念が言い方を変え、より根本的なところから企業イメージの統合を図るものとして、広告界などから改めて広められ始めていた新しいデザインコンセプトであった。

1960年代に多くの人が口にした「デザインポリシー」について、デザイン評論家の浜口隆一らは「企業がその活動の全般にわたって含まれている諸デザインのイメージを統一しようと意識し、努力すること」と定義した(15)。

1970年代に入ってわが国の産業界にＣＩを紹介した中西元男らは、「ＣＩとは企業のアイデンティティを形成すること、すなわち企業をアイデンティファイすること。つまり企業にかかわる人びとが、各種のコミュニケーションを通じて、その企業像と実体が同一のものであると認識できるようにすること」と説明し、企業理念と企業イメージの統合を説いた(16)(17)。

ここでいうＣＩは、「企業をよりよくほかと識別できるようにする手段」として位置づけられている。つまり「見られること」に力点があって、自らのアイデンティティを形成するのに、その企業が存在する社会、消費者、購買者の目を強く意識し、かつ利用する。まず今、消費者、購買者に最も受け入れられる価値基準を、ＣＩを通じて模索する。そしてその価値基準に基づく経営方針を、ＣＩを通じて設定する。さらにその企業がその価値基準を持っていることを、ＣＩを通じて表明する。つまり企業のＣＩでは、絶えず現状に見合った調整を行い、アイデンティティを企業戦略として臨機応変に変更するのである[18][19]。

ＣＩ計画では、企業理念を表現するグラフィカルなエレメントを工夫し、それを製品のほか、帳票類、パッケージ、制服、サイン、輸送機器、広報・広告媒体など、企業が持つさまざまなアイテムに展開する。ＪＲ東日本の場合、数多くの表示物を駅空間に掲出するサインシステムに着目して、それらに新しい企業イメージを形成させる役割を与えたのであった。

より刺激の強いサインへ

１９９３年７月の新聞に、総務庁関東管区行政監察局による、新宿、池袋等、都内ターミナル駅22駅の利用者サービス推進状況監察結果が発表された[20]。それでは身体障害者や高齢者のための移動設備整備の不足を指摘するとともに、案内標識について、乗り換え案内が不十分（９駅）、設置場所や表示方法が不適切（13駅）、運賃表に外国語表記がない（20駅）、案内標識に外国語表記がない（19駅）などの課題を列挙して、早急な整備・改善の必要性を指摘した。

１９９４年９月には、運輸省の外郭団体として交通アメニティ推進機構（現・交通エコロジー・モビリティ財団）が設立された。急激に進む高齢化や、障害者らのノーマライゼーションの促進に対応するため、人にやさしい交通施設の整備を目指して設立されたものである[21]。サインに関連しても、財団が設立されて間もない１９９５年10月から、交通事業者や学識経験者らを集めて、高齢者や障害者を含めた利用者全般にわかりやすい案内サインを探る〝人にやさしい案内サインの研究〟が始まった[22]。

このような時代背景から、１９９０年代の後半になると、魅力的な企業イメージの表現に力点を置いてつくられたＪＲ東日本サインのスタイルが、そのままの形で長く保たれることは難しい状況となり、ＪＲ社内でも、高齢者にわかりやすいグラフィック表現の見直しの必要性が叫ばれるようになった(23)。その結果ＪＲ東日本と系列の設計事務所間で検討が進められ、表示面に最大限大きな文字が描かれて、駅構内にさらに多くの掲示器が加えられた。

このようになると、軽やかで都会的なイメージは表示面から消え、当初意図したサイングラフィックによるスマートな企業イメージの創出というもくろみは、大きく後退してしまった。すなわちＪＲ東日本において顕著に表れたサインシステム開発の第三フェーズ、「ＣＩプログラム要素としての個性化」を表現するデザインの試みは、10年足らずで方向転換することになる。

3……ＪＲ九州

車両デザインによる個性表現

ＪＲ九州は、他の鉄道会社には見られない個性的な車両デザインによって、全国の注目を集めている。そしてその個性は、ドーンデザイン研究所を率いる水戸岡鋭治（１９４７-）(24)という個人に負うところが大である。一貫して一人のディレクターによって20年間にわたりデザインが行われた結果、その個性はＪＲ九州という企業全体が有する統一的なイメージとして了解される状況になっている(25)。関係者からことさら「ＣＩ」という言葉は聞こえてこないが、結果からみると、わが国の交通領域で、最も印象深くコーポレートアイデンティティを感じさせる事例になっているということができよう。

水戸岡によれば、彼がＪＲ九州の車両デザインにかかわったいきさつは、次のようなものであった(26)。

デザイン事務所を設立したころ、デザインの仕事がなく、絵が得意だったので、建築パースを描いて糊口《ここう》をしのいでいた。言われた絵を描くだけのパース屋の仕事は、寂しくもあり、やがてパースの書籍を出版した。あるとき、偶然その本を見た福岡地所の開発担当・藤賢一(27)が、海の中道にホテルをつくるので、君の絵が欲しい、と連絡してきた。そんな出会いから、そのホテルの立ち上げを手伝って、グラフィック、テキスタイル、サイン、グッズ類のデザインを手掛けることになった。

そのホテルの完成記念パーティーの席に、ＪＲ九州の石原進社長（現・代表取締役会長）がいて、そのホテルの横を通るリゾート列車をつくりたいとの話になった。すると福岡地所の藤が、こちらから列車のデザインを提案しようと言い出し、水戸岡が担当することになった。小倉の車両工場に出向いていろいろなことを教えてもらいながら、初めて鉄道車両のデザインをした。その香椎線《かしいせん》ジョイフルトレイン「アクアエクスプレス」が走り出すと、評判になって、JR九州の仕事が本格的に始まった。

水戸岡らが1988年から2005年の間にデザインした車両には、つぎのようなものがある(28)(29)。アクアエクスプレス、KAMOME EXPRESS・RED EXPRESS、シーサイドライナー、特急つばめ、125形一般気動車、813系近郊電車、特急にちりん(後にソニックに改称)、103系地下鉄直通電車、サンシャイン、815系近郊電車、303系地下鉄直通電車、特急かもめ(後に白いソニックに改称)、817系近郊電車、新幹線800系つばめ、特急リレーつばめ、ソニック。

このうち特急つばめ、特急にちりん、特急かもめは、いずれも国内のグッドデザイン賞、ブルーリボン賞、海外のブルネル賞を受賞している。また815系近郊電車は地味な近郊型車両でありながら、グッドデザイン賞とブルネル賞を、新幹線800系つばめは、グッドデザイン賞とローレル賞を受賞した(30)。

水戸岡らのデザインは、次の点に特徴がある。

まず一般車両のエクステリアで彩度の高い単色を用いていること。ブルーや黄色の車両もあるが、特に赤が多い。JR九州の企業色が赤であることにもよると思うが、水戸岡の頭の中に、緑の田園地帯を鮮やかに走る車両の基本色は赤がいい、という思いがあるのではないかと思われる。デザイナーの立場から想像すると、納得できる色でなければ、こんなに多くの設計対象に使えないはずである。

次に会社名や列車愛称の英文ロゴタイプを思いのままにつくり、自在にマーキングしていること。英文ロゴを視覚訴求要素として用いているので、庶民感覚からするととてもカッコよく、印象の強いものになっている。

新造する特急車両では、一般車両とはまったく雰囲気を変えて、ヨーロッパの乗用車のスタイリングがそうであるように、先頭車両にあたかも俊敏な動物のような表情をつくり、またメカニカルな工業製品らしい塗色を用いていること。

インテリアにおいては、素材とフォルム、色彩、テキスタイルの織り柄などのディテールにこだわり、色彩や織り柄のコントラストによって乗客に高揚感を感じさせつつ、同時に居心地のよさと上質感を伝える表現を追求していること。結果としてほかに例のない、オリジナリティを実現している。

787系「特急つばめ」を例にとって個別のデザインを見てみると、図3-16のとおりである。普通鋼車体でグレー濃淡ツートンカラーの塗色。駅に進入してくる列車を遠くから眺めると、生き物のような表情を一層強く感じられる。車内のグリーン車の座席配置は2+1列、普通席は2+2列である。普通席では、背もたれに航空機で用いている大型の折りたたみテーブルを設置し、簡易型フットレストがある。立席ビュッフェは、天井やカウンターの造りにオシャレな感覚を漂わせている。

815系近郊型車両のデザイン詳細は、図3-17のとおりである。アルミ合金車体で基本的には無塗装だが、可動部とエッジを赤く塗装している。垂直に切り落とした先頭部のフォルムが斬新である。全長20m車で片側3扉。客室側窓は1枚固定式でかなりの大窓である。座席は全席ロングシートだが、背もたれと座布団が一人分ずつ独立している。ロングシートはキャンティレバー（片持ち梁）式に取り付けられ、足元が開放されて軽快感がある。床と座席の色調はグレー系で、それらの織り柄と相まって、とても都会的である。運転席、乗降扉、トイレブースにはアクセントカラーの黄色が塗色されている。

水戸岡は、デザインについて、また車両デザインのクオリティについて、次のように語っている(31)。その多くは、ものづくりに携わるものにとって、とりわけパブリックデザインに携わるものにとって、納得できる。

「代々のJR九州の社長が、デザインは経営にとって大事だと考えていて、車両課の担当に優秀な人がいる。そういう何人もの人が軸になって、ソニックとか、つばめとか、800系の形が生まれた。デザイナーにとっては、お前に任せる、と言ってくれる人がいることが重要である。信頼されないと線一本浮かんでこないし、言葉も出てこない。情熱は期待によって出てくるものだ」「人と会って話をしていると、みんなに何か楽しそうなステージが見えてくることがある。そういうものが見えたとき、いいものができる。そこまでみんなでコミュニケーションすることがデザインだと思う。デザインは図面やスケッチを描くことではなく、イマジネーションを共有する作業だ」

「日本ではグラフィックとかインダストリアルといって、デザインを縦に割って考える。しかし自分はデザインを一つのものととらえる。デザインというものがあって、その中でいろいろな分野が横に並んでいる。だからそれは全部つながっている」「自分は芸術家ではなく、常にデザイナーであろうと考えている。まず何のためにどうするかということを、しっかりと言葉にする。それから顧客のことを考える。さらにコストパフォーマンスを考える。自分がしたいことは二の次、三の次にしようと思う。そうしないと道具として失敗する」

「車両の安全性とスピードは、ある程度のレベルを確保したけれど、人を運ぶとか、人をくつろがせるという分野への取り組みは始まったばかりだ。これから一流の乗用車に負けないようなもの、あるいはそれ以上のものをつくっていく必要がある。電車は量産体制の乗用車とは違うので、自然素材を使うなど、もっと手間ひまのかかることをやっていいのではないかと思う」

「最後には、自分にとって一番心地いいものを考えることになるが、できるだけ客観的に見たいという意識がある。特に公共の乗り物をデザインする場合、いかに冷静な目で、外側から自分を見つめるかという課題がある。できたものは普遍性を持ち、みんなにいつまでも使ってもらえるものでなければならないから」

駅空間の演出

水戸岡らは車両ばかりでなく、サインや備品を含めた建築デザインも手掛けたことがある。代表例は、1991年の熊本駅リニューアル、1992年の博多駅コンコース改修、

1
2
［**図3-16**］特急つばめ
（1:入線する車両2006、2:側面1993・撮影:筆者）

1
2
［**図3-17**］815系近郊電車
（1:外観、2:室内・撮影:筆者、2006）

1996年の西鹿児島駅（現・鹿児島中央駅）新築工事などである。

明治時代に建設された熊本駅は、1958年に改修が行われて国鉄時代を過ごしたが、JRになって4年目の1991年にリニューアル工事が行われた(32)。ここでも水戸岡の造形センスは遺憾なく発揮されて、来訪者を気分よくさせる演出があちこちに施されていた。外観の中央には、交通拠点を象徴的に表現するバルコニーが設けられた。1階アーケードの照明器具や手すりのリズム感はとても心地よかった。案内所や券売所の立面は、白い面と黒い面、それに腰壁のガラスブロックの切り分けにメリハリがあって、床面のコントラストのあるパターンと相まって、シックな印象の空間をつくっていた［図3-18-1］。

博多駅は1日33万人超が利用する九州最大の駅であるが(33)、JR九州が管理する在来線部分のコンコースが、民営化5年目の1992年に大改装された［図3-19-1］。従来の鉄道駅とはまったく違う水戸岡らの空間演出は目を見張る出来栄えで、来訪者を驚かせた。基本的に、床、壁、独立柱、天井の仕上げに白と黒の強いコントラストが与えられた。そうした空間の中で、改札口と有人券売所を示すサインは、巨大なひし形断面の「赤い梁形」で、利用者にとって重要な行動点を同定した。

誘目度を第2位に位置づけた方向指示のサインは、柱を囲む「赤いループ」に取り付けられて四方を指示する。自動券売機は、壁パネルに整合してビルトインされた。券売機の上下にある照明が、接客機器のありかをさりげなく示す。有人券売所の中はホテルのカウンターのようなつくりで、足を踏み入れると、ハイグレードなシーンに出会ったときのような、ときめきを感じさせた。

営業情報への置き換え

下って2006年に熊本駅と博多駅を再び訪れてみると、13年前のモダンで生き生きとした雰囲気はすっかり失われてしまっていた［図3-18-2、3-19-2］。まず以前にはあった、コントラストの強いインテリアデザインの工夫がなくなっていた。また視線レベルに掲出されるポスターやスタンド看板、のぼりなどが格段に増えていた。つり下げ型サインの文字はむやみに大きく、余白なく書かれているものに替えられていた。そのサインや掲示物がノイズとなって、空間を形づくっている床、壁、天井の構成が把握しづらい。掲示情報の多さとそのグラフィックの騒々しさが、かえって空間そのものをわかりにくくしている。ここに水戸岡の面影はないし、相談を受けることすらなかったのではないかと想像された。

　このような環境になってしまったのは、民営化で増収達成への圧力が強くなり、駅に出す自社商品広告を、種類も数量も大幅に増やしたことが原因と考えられる。そのため、魅力的な駅空間を目指す考え方は追いやられてしまったのではないか。またサービスの種類も利用方法も格段に多様化してしまった鉄道システムに多くの利用客はついていけず、「わからない、わからない」を連発するから、それにひとまず大きな字を表示するという方法で対応していることも原因になっているのではないか。

　この両駅をみる限り、JR九州においても、JR東日本と同様に、「企業の個性化」というサインシステム開発の第三フェーズの理念実現は、頓挫してしまったことになる。同じ公共デザインの対象である鉄道車両が20年にわたってその個性を保っている一方で、駅空間は10年と保たれることなく、再び無個性でとても騒々しいものに戻ってしまったことにはが

1

2

［図3-18］熊本駅コンコース（1:1993、2:2006、撮影:筆者）

1

2

［図3-19］博多駅コンコース（1:1993、2:2006、撮影:筆者）

つかりさせられる。ここにわが国における公共空間整備の難しさが現れている。

われわれは今、より根源的な問題に直面しているのではないか。例えば、公共空間であるはずの鉄道駅は、民営化後、どのような価値に基づいてデザインされるべきか、多様化したサービスシステムを利用者の手の届く範囲のものにするために、必須の検討課題は何か、公共空間の秩序を保つために、サインシステム開発はどのような点に留意して計画設計されなければならないか。このような課題が、改めて問われているように思われる。

（1）受託者は黎インダストリアルデザイン事務所。委託の責任者であった交通局技術課長（当時）の佐藤悳は、のちに、「実績のあるGK（デザイン）グループも参加した計画書コンペで、若いあなたがたに決めるには、相当の勇気がいった」と述懐している。一方そのとき34歳の筆者は、計画書の前文で、「今日まで9年の間、鉄道にかかわるデザイン業務に多く従事してきた。この間、常に心がけてきたことは、利用者にとって快適な環境をいかにつくるかということであり、同時に美しい形態を求めたいという願望があった。デザインコンサルタントとして、そう認識してこそ、委託者に対して責務が全うされ、委託者の利益につながるに違いないと考えてきた。これがわれわれのポリシーである」と、意気軒昂に語っている。

（2）仙台市交通局「仙台市地下鉄のデザイン計画」、A4判124頁、1988　この記録資料の作成は「デザイン計画総集編の編集及び作成」業務として、仙台市交通局から黎インダストリアルデザイン事務所に委託された。編集・執筆は筆者による。「デザインポリシー」は7-26頁に、「建築デザイン計画」は39-76頁に、「サイン計画」は78-83頁にまとめられている。

（3）黎インダストリアルデザイン事務所で建築デザイン計画を担当したのは、筆者のほか、海谷寛、柿崎豊治、中村豊四郎の3名である。

（4）今日、ガラスのピラミッド型出入り口としてルーヴル美術館のそれが有名である。このエントランスロビーは、ミッテラン大統領（当時）による大ルーヴル改造計画の一環として、コンペの結果、中国系アメリカ人の建築家I・M・ペイが設計したもので、１９８３年に計画が発表され１９８９年に完成した。計画発表当時、歴史的な景観にそぐわないと多くのマスコミから叩かれたが、そのまま建設は進められた。完成してみるとがぜん注目を集めて、今では世界中からの観光客の絶えないパリの代表的な建築物として高く評価されている。

ここで確認したいのは、仙台市地下鉄でガラスのピラミッド型出入り口案を検討していたのは１９８２年の秋であった点である。すなわちペイの案は発表すらされてなく、そのようなアイデアは誰も知らなかった。広く日本でルーヴルのピラミッドが知られるようになったのは１９８９年の完成後のことである。仙台市の案は、当時の常識を超えて独創的だったはずである。

(5) 仙台市交通局では、駅出入り口の形式を、歩道上出入り口、建屋型出入り口、合築型出入り口の三種に区分していた。歩道上出入り口は、東京の地下鉄でもよく見られる、歩道上の、多くは車道側に寄せて設けられる出入り口で、腰壁のみか、それに屋根を架けて構成するのが一般的である。床面はほとんどなく、地下に向かってすぐに階段が始まる構造である。建屋型出入り口は、歩道上ではない敷地内に、独立した床・壁・天井のある建物として建てる出入り口で、近年では、このタイプの出入り口にエレベーターを併設する場合が多い。仙台市が合築型と呼ぶ出入り口は、民間ビルの一部に駅出入り口の併設を依頼する方式で、ビルの出入り口とは別な位置に設けられる場合が多い。

(6) 使用するピクトグラムは「ＡＩＧＡのシンボル」によった。ＡＩＧＡのシンボルとは、アメリカ・グラフィック・アーツ協会が米国運輸省の委託を受けて作成した34種の案内用ピクトグラムを指す。この内容は、ココマス委員会『Symbol Signs―シンボル・サイン国際統一化への34の提案』宣伝会議、１９７６で日本に紹介されていた。

(7) 大谷健『国鉄民営化は成功したのか』、19-29頁、朝日新聞社、１９９７

(8) 前掲(7)

(9) ＧＫグラフィックスはＧＫグループの一社。栄久庵をリーダーとするＧＫインダストリアルデザイン研究所は、１９７０年代中ごろからデザイン事業の領域別・地域別多角化を図り、１９８５年当時7社を数えた。

(10) ＧＫグラフィックスの設計部長（当時）の横田保生は、筆者の年来の友人でもあったが、業務委託を受けて間もなく、「営団地下鉄のサインシステムは完璧なので、それをＪＲにも使わせてほしい」と連絡してきた。これは契約上のことというより、ものづくりに携わる者同士の了解の問題である。横田がスタイルをまねようとしているのでないことは明らかで、筆者は快諾した。

(11) 帝都高速度交通営団「旅客案内掲示基準」、1-3-02頁、１９８３

(12) 東日本旅客鉄道株式会社「駅案内サイン基準」、B-42-2頁、１９８８

(13) 「ＪＲ東日本・駅案内の標準サイン」、『年鑑日本のディスプレイ・商環境デザイン'90』、３５８頁、六耀社、１９８９

(14) このデザイン意図について、１９８９年末のＳＤＡ賞の贈賞式で、筆者は横田から直接聞いている。

(15) 浜口隆一、中西元男『デザインポリシー――企業イメージの形成』、13頁、美術出版社、１９６４

(16) デコマス委員会・代表中西元男『DECOMAS経営戦略としてのデザイン統合』理論編、21頁、三省堂、1971　中西元男は1938年生まれ、桑沢デザイン研究所・早稲田大学文学部卒。早大大学院在籍中に、当時デザイン評論家として活躍していた浜口隆一と『デザインポリシー—企業イメージの形成』を共著。1968年にパオスを設立して、経営者に理解されるデザイン理論の確立とデザイン手法の開発をテーマに、さまざまな企業のCI・事業戦略デザインなどを手掛ける。コンサルティング実績約100社、著書多数。

亀倉雄策ら戦後の著名なグラフィックデザイナーたちは、自らの仕事を〝街に出て実行する芸術活動〟と主張し、作家の個性表現に100%の価値を置いたが、中西らの理論と実践では、グラフィックデザインを企業の経営戦略上の表現活動と再定義し、デザイナーは企業からのメッセージを生活者に届ける媒介者であると位置づけ直した。このことはデザインの変遷を見るうえで極めて重要である。

(17) もともと〝アイデンティティ〟identityという語は、心理学で用いられた概念である。心理学者E・H・エリクソンが1946年の論文のなかで、個人が、自分の所属する特定の集団の中で社会的に承認されつつ、自分の同一性と連続性を確信する感覚を、〝エゴ・アイデンティティ〟ego identity（自我同一性）と定義した（E・H・エリクソン、小此木啓吾訳・編『自我同一性―アイデンティティとライフサイクル―』、10頁、誠信書房、1973）。

われわれ一人ひとりは、種々の事象に対してさまざまなイメージを抱いている。私的イメージの段階では、公のものにはなり得ないが、しぐさやことば、文章や絵、形態等を通して、他者と共通のイメージを持てたとき、その二者はイメージを共有して理解し合える。私的なイメージがある集団全体に及んだとき、それは集団全体の共同イメージとして認識され、そこに集団のアイデンティティが発生する。

このように集団アイデンティティというのは、人間集団の安定化に向かうバランス感覚である。したがってどんな組織であっても、もともと私的イメージの共有化という形で、淡いコーポレートアイデンティティは存在していた。ある政党の人びとは皆同じような顔をしていて同じような話し方をするとか、ある企業の人たちから同じような雰囲気を感じるといったことは、こうしたコーポレートアイデンティティが強くにじみ出ている例である。

マーケティングの一環として企業が設定するCIでは、共同で持つべきイメージを経営戦略的に経営者などの少数が設定し、それを価値基準として企業全体に及ぼすことになる。したがってそこでは、人びとは各自の私的イメージの共有化という形でその企業の集団アイデンティティに参加しているわけではない。

(18) 三木建「共感で生かされるCIの本質」、『CIが組織を変える』、66頁、朗文堂、1986

(19) 視覚デザイン研究所編集室『CI計画とマーク・ロゴ』、37/69、110頁、視覚デザイン研究所、1982

(20) 関東管区行政監察局「都内ターミナル駅22駅の利用者サービス推進状況監察結果」、『朝日新聞』1993・07・13朝刊

(21)交通アメニティ推進機構「交通アメニティ―人にやさしい交通施設の実現をめざして―」創刊号、1995

(22)交通アメニティ推進機構が1995年から始めた「アメニティターミナルにおける旅客案内サインの研究」のこと。

(23)筆者がJRサインの見直しが始まったことを聞いたのは、2000年2月のことである。この見直しでGKグラフィックスに相談はなかったらしい。

(24)水戸岡鋭治は1947年生まれで岡山県出身。岡山県立岡山工業高校デザイン科卒業後、大阪のデザイン事務所、イタリア・ミラノのデザイン事務所勤務を経て、1972年にドーンデザイン研究所を設立。

(25)筆者が営団地下鉄に携わっておよそ20年が経過した1990年代前半を振り返ると、社会的には、筆者が一貫してディレクションしてきたそのサインシステムによって、営団地下鉄の企業イメージが語られていた。JR九州のこの事例は、それと重なって理解できる。

(26)「Design対談：デザインが生まれる現場から（水戸岡鋭治氏）」、『季刊誌・tansei.net』23号、TANSEISHA 2006

(27)藤賢一はキャナルシティ博多・リバーウォーク北九州を総合プロデュース。2012年現在福岡地所取締役。

(28)Wikipedia：ジョイフルトレイン、JR九州485系、シーサイドライナー（列車）、JR九州787系電車、JR九州キハ125形気動車、JR九州813系電車、JR九州883系電車、103系通勤型電車、JR九州303系電車、JR九州815系電車、JR九州885系電車、新幹線800系電車、つばめ（列車）

(29)http://www.trainspace.net

(30)グッドデザイン賞は、日本産業デザイン振興会による年に一度の顕彰事業。1997年までは通商産業省が外部審査委員に委嘱して選定するグッドデザイン商品選定制度（通称Gマーク）と呼ばれていた(1957年創設)。生活を取り巻くあらゆる分野の製品や仕組みが対象で、グッドデザイン賞を受賞したものにGマークを付けられる方式は、通産省時代から踏襲されている。

ブルーリボン賞は、鉄道車両について、前年に営業を開始した新造車の中から、鉄道友の会会員の投票によって選ばれる（1958年創設）。選定されるのは1年に1形式のみ。ローレル賞も同じ鉄道友の会の顕彰事業だが、こちらは選考委員が1形式に限定しないで選定する(1961年創設)。ローレル賞発足当初は通勤車両のみを対象としていたが、現在ではすべての車両が対象になっている。ブルーリボン賞は全国的によく知られた優等車両が選ばれることが多いのに対して、ローレル賞は先進的技術を用いた車両や地方の中小私鉄の新車が選ばれる傾向がある。

ブルネル賞は、1985年に欧米の鉄道関連のデザイナー・建築家らによって設けられた国際コンペティションの制度で、近年完成あるいはリニューアルされた鉄道のあらゆる分野のプロジェクトを顕彰することを通じて、鉄道事業経営におけるデザインの効用の認識を高めるとともに、鉄道の社会的役割に対する一般の意識の向上を目的としている。コンペが開催されるのは、2～3年に一度である。

（31）前掲（26）
（32）Wikipedia：熊本駅
（33）Wikipedia：博多駅

第4章

基準の提言

1……コモンサイン・システム

コモンサイン整備の提案

コモンサインとは、〝みんなで使う案内標識〟ほどの意味である。そのシステムとは、複数の鉄道会社が集まるターミナル駅などで、会社ごとの方式にとらわれることなく、どの区域においても共通な様式の案内を展開して、利便性を高める方式を指す。

そのコモンサイン・システムによる整備が、六つの鉄道会社が乗り入れ、一日約200万人が利用する横浜駅で、わが国で初めて実施された。検討開始は1995年、完成したのは15年後の2010年1月であった［図4-1、4-2］。このプロジェクトは、2009年度のSDA賞で最優秀賞に選ばれた。

この案の創出は次のような経緯によった。

1993年の暮れに日本鉄道技術協会から研究事業の案件について相談を受けた筆者は、大規模なターミナル駅で鉄道自体はネットワーク化されているのに、案内上にそのネットワークが示されず、利用者がとても不便を被っている問題があることを指摘した。翌年同協会がこの案件を運輸省（現・国土交通省）に相談したところ、将来具体的な整備計画のある横浜駅を対象とし、次第に注目されるようになった高齢者・障害者の円滑な交通利用の観点から研究したらどうかとのアドバイスを得た。

その結果、1995年から横浜ターミナル駅をモデルとした「人にやさしい案内サインの研究」が行われることになった(1)。研究主体は交通アメニティ推進機構（現・交通エコロジー・モビリティ財団）(2)で、日本鉄道技術協会と黎デザイン総合計画研究所が協力する体制であった。初年度は横浜、池袋、難波、関西空港の各ターミナル駅における情報提供の現状を調査し、情報提供のあり方を整理した(3)。

ちょうど1995年から、横浜市では、近い将来予定されるみなとみらい線の乗り入れを契機とする横浜駅自由通路整備事業がスタートしていた。この事業は、駅の東西地区の一体性や回遊性の強化と、駅利用者の一層の利便性と安全性の向上を目的に、既存の中央通路に加え、北通路と南通路の2本の新たな東西自由通路を設け、さらにこれら3本の東西自由通路をつなぐ南北連絡通路を整備しようというものである(4)。

「人にやさしい案内サインの研究」委員会に参加していた横浜市は、委員会の議論と並行して、市独自に日本鉄道技術協会および黎デザイン総合計画研究所に依頼して、「横浜ターミナル駅案内サイン基本計画」を策定することにした。委員会による他都市の調査結果を参照しつつ、横浜駅の案内情報の原則的な提供方法を整理したのである。

　この中でコンサルタント側から、ターミナル駅全体を一体で連続的な空間ととらえて、各鉄道乗り場とターミナル出入り口への案内を偏りなく表示する方法が提示された。案内サインの分野で、初めて鉄道事業者の枠を超えた、〝コモンサインのシステム化〟の提案であった。

[**図4-1**]2004年竣工南北連絡通路（撮影:後藤充、2009）

[**図4-2**]2008年竣工中央通路（撮影:後藤充、2009）

　1995年の基本計画ののち、自由通路整備事業の遅れで長いブランクが入ったが、ようやくみなとみらい線の開業時期がみえてきた2001年に、「北部自由通路および南部自由通路の案内サイン基本設計」として検討の再スタートが切られた(5)。このコンサルティングも引き続き筆者らが担当した。

　市では再スタートの当初より、関係事業者による相互調整を行うことが不可欠とし、調整会議の開催を呼びかけた。会議には東日本旅客鉄道（JR東日本）、東京急行電鉄、京浜急行電鉄、相模鉄道、横浜高速鉄道、横浜市交通局の各サイン担当者が招集され、コーディネーター役を都市計画局（のち組織替えで都市整備局）が務めた。

　鉄道事業者は、当初はあまり積極的ではなかったが、2002年の12月に「横浜ターミナル駅における案内サイン調整会議報告書」(6)がまとめられ、各社に管理区域別の設計データが配られて、ようやく協働して横浜ターミナル駅の情報環境を整備しようとの機運が高まった(7)。

　この調整会議報告書には、「共通案内サインシステム」の基本的な考え方、グラフィック基準図、ゾーン別配置図・グラフィック図などが示された（なお調整会議では、コモンサインを公式には「共通案内サイン」と呼んでいた）。

２００４年２月に東急東横線が地下化し、みなとみらい線が開業して北通路・南通路・南北連絡通路の供用が始まると、「横浜駅がわかりにくくなった」との批判が、市に相次いで寄せられた。それまで高架にあった鉄道が地下にもぐり、１本しかなかった東西自由通路が３本になったのだから、わかりにくくなったのは当然であった。

加えて２００１年から検討されてきたコモンサインは、新設された北通路と南北連絡通路には設置されたものの、南通路は仮設の紙貼りで、これから改修工事が始まる既存の中央通路には、１台も設置されないありさまだった。このためそれまでの中央通路１本の移動経路に慣れていた利用者は、どこがどう変わったのか、まったくわからなくなってしまった。

横浜市は急きょ中央通路などに、仮設表示を指示した。また駅が複雑化して乗り換え経路がわからない利用者が多く、折から行われている横浜駅一帯のバリアフリー化の議論を踏まえると、さらに乗り換え経路案内図と、エレベーター経由乗り場案内図の整備が不可欠と判断された。２種の案内図の素案ができた２００４年12月に、市では交通バリアフリー整備関係者と一般利用者に、その表現方法の適否を聞いている。

それを踏まえた改善を加え、２００５年から２００７年にかけて乗り換え経路案内図は通路上の５か所に、エレベーター経由乗り場案内図はターミナル出入り口５か所に設置された。また同時に市民から出された意見に基づき、出口案内表示に「高島屋方面」と「そごう方面」を書き足した(８)。

ＪＲ東日本の管理区域である既存の中央通路へのコモンサイン設置の議論が深まったのは、改修工事完成間際の２００７年度に入ってからのことである。議論が始まるとサインの書き換え工事は急ピッチで進められ、２００８年５月に設置が完了した。

中央通路ができて初めて、「横浜ターミナル駅コモンサイン・システム」の全容が目に見えるようになった。最後に、２０１０年１月に南通路の整備工事と同時に、コモンサイン設置工事も完了した。こうして、横浜ターミナル駅全域のコモンサイン整備は終了した。この間開かれた調整会議は、２００１年から７年間に26回を数えた。

共用空間における表現の統一

２００２年12月にまとめたコモンサイン・システムの概要は、以下のようなものであった(９)。

①計画対象エリア

各鉄道事業者が管理している横浜駅の自由通路、改札外コンコースなど、駅内部で利用者が自由に通行できる公共的な

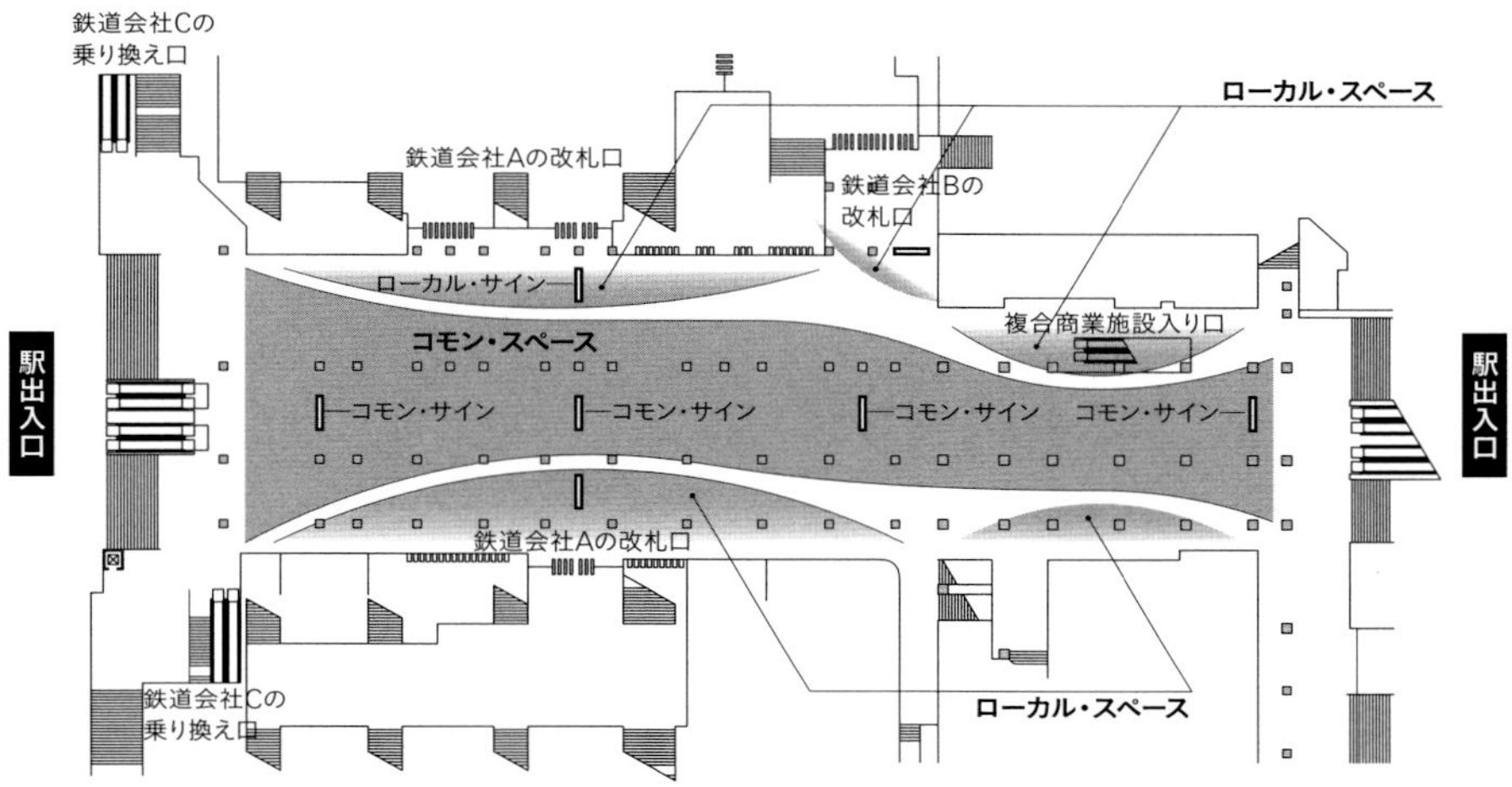

［**図4-3**］コモンサインの概念図（「調整会議報告書」2002）

空間領域を計画対象とする。対象エリアのうち、さまざまな目的で移動する人びとが共同に利用する空間を「コモンスペース」とし、改札口付近や商業施設付近など、特定の施設利用者が利用する空間は「ローカルスペース」として区分する。

コモンスペースには、さまざまな目的で移動する人々が共通に必要とする「コモンサイン」を設置する。この「コモンサイン」が本計画の具体的な設計対象である。ローカルスペースには、特定の施設利用者が必要とする「ローカルサイン」を設置する。改札口名表示やきっぷ売り場表示などのローカルサインは、各鉄道事業者規格により、各社の判断で設置する［**図4-3**］。

②システムの内訳

このサインシステムは、施設の方向を指し示す誘導サインと、施設等の位置関係を図解する案内図によって構成する。誘導サインには、鉄道改札口の方向指示（入場系）、ターミナル出入り口の方向指示（出場系）、エレベーターの方向指示、案内所の方向指示などの種類を設定する。案内図は、ターミナル内の鉄道改札口、ターミナル出入り口、各鉄道の営業・管理施設等の位置を図解する構内案内図と、ターミナル周辺にある主要な公共施設・商業施設等の位置を図解する駅周辺案内図の2種を設定する。

③配置方法

誘導サインは移動しながら対面視できるように、原則として動線と直交する方向に、天井からつり下げて掲出する。やむを得ない場合は動線と平行方向に掲出するが、その際、表示面の面積を大きくして、誘目性を高める。案内図は、原則として構内案内図と駅周辺案内図を左右一対に並べ、立位の視認者と椅座位《いざい》の車いす使用者が、共通に見やすい高さに掲出する。案内図の配置場所は、ターミナル出入り口や鉄道改札口に近い位置で、利用者の円滑な流動を妨げない場所とする。

中央通路をAゾーン（ここに位置するのはJR線・京急線改札口、以下同様）、北通路をBゾーン（JR線・京急線改札口）、南通路をCゾーン（JR線改札口）、相鉄・地下鉄連絡エリアをDゾーン（相鉄線改札口・地下鉄連絡口）、南北連絡通路をEゾーン（東急東横線・みなとみらい線連絡口）とし、ゾーンごとの入場動線、出場動線、乗り換え動線の分析に基づき、必要なコモンサインを配置する。サインの掲出にあたって途中で案内情報が途絶えないように、連続的な情報掲出に十分配慮する。

④グラフィック表現

情報を正しく伝えるには用語の統一が重要である。それがこれまでは会社ごとに、施設・設備の用語や表示法がばらばらになっていた。これらをターミナル全体で統一する。英語表記においても同様とする。また表示言語は、表示スペースが限られていることから、母語の日本語、国際語の英語、言語の障壁を越えるピクトグラムの3種に限定する。

サインの見やすさ、わかりやすさ、統一感などの観点から、色彩、文字の書体と大きさ、レイアウト基準を統一する。色彩については、入場系誘導サインのベースを紺、出場系誘導サインのベースを黄、そのほかは白またはグレーとする。文字色は紺地・グレー地では白、黄地・白地では黒とする。紺地白文字は、雑然としがちなターミナル駅で、誘目性に優れている。出場系の黄色地黒文字は、JIS規格に準拠している。

視認性に配慮し、また近代的なイメージを表現するため、和文書体は新ゴM、文字高12cm、英文書体はロティスサンセリフボールド65、文字高9cmとする（のちに天井高さの制約から、「やむを得ない場合80%程度まで縮小可」との緩和基準を設けた）。この英文書体はスリムな字形に特徴があるので、つづる場合横幅を比較的小さくできるメリットがある。

情報の掲出順序、間隔、矢印の使い方などのレイアウト基準は、ISOのテクニカルレポート⑽に従って定める。すなわち上下方向と左方向指示のレイアウトでは、左から矢印・ピクトグラム・用語の順に表記し、右方向指示のレイアウトでは、文面全体を表示面の右側に寄せて、右から矢印・ピクトグラム・用語の順とする。

［**図4-4**］入場系誘導サイン（「調整会議報告書」2002）

［**図4-5**］改良出場系誘導サイン
（「横浜駅自由通路案内サインデザイン修正業務報告書」2006）

　また入場系誘導サインにおいてレイアウトスペースを節約するため、和文の文字列と英文の文字列を独立的に扱い、用語ごとに和文・英文を組み合わせすることはしない。このレイアウトは例のないものであるが、限られたスペースの中で英文を最大限大きくできる方式である［図4·4］。

利用者の声の反映

①出場系誘導サイン

　前述したように、２００４年２月に東急東横線が地下化し、みなとみらい線が開業して北通路・南通路・南北連絡通路の供用が始まると、「新しい地下駅から東西出口への出方がわからない」「西口・東口とは、どこのことをいっているのかわからない」との声が多数寄せられた。

　横浜市もわれわれも、横浜駅における「西口」「東口」は長年呼ばれているので利用者に十分に浸透ずみと考えていたが、改めて「移動の手掛かりとなる施設の情報」について調査を行ってみると、８割を超える人びとが、西口では「高島屋」、東口では「そごう」を手掛かりにしていることがわかった。

　このためデパートの宣伝媒体と感じられないような表現を工夫し、出場系誘導サインにこの２施設を追加表示することにした。同時に、「西口」「東口」の文字を最大限大きくレイアウトし直した(11)［図4-5］。この方針に沿って、２００６年末に設置ずみ箇所の改修工事が行われている。

②構内案内図と駅周辺案内図

２００４年12月の一般利用者の意見聴取を受けて、構内案内図と駅周辺案内図の表現方法の見直しも行っている(12)。

構内案内図の主な改良内容には、

1　表示範囲を狭くして図を大きく表す
2　表示する文字を大きくする
3　エレベーター表示を一層目立たせる
4　けい線を多用した複雑な表現をできるだけ避けて、シンプルな表現に改める

などがあった。

駅周辺案内図の改良内容も、ほぼ同様である。

構内案内図と駅周辺案内図のデザイン検討において、当初の計画段階では、市の担当者間に図面のように正確な図を求める意見が多かったが、実際に掲出して利用者に批判されると、誰もがシンプルなほうがよいと判断するようになった。

自治体の担当者が案内図をできるだけ詳しく描くよう求めるのは一般的な傾向であるが、図面上の精度を求めて正しく表現しても、必ずしもわかりやすくならないことは理解されなければならない。

③乗り換え経路案内図とエレベーター経由乗り場案内図

新設した乗り換え経路案内図のデザイン上の留意点は、

1　平面図上に乗り換え経路を線形で図示する
2　現在地付近の上り・下りの移動が理解できるように、立体図も併記する
3　平面図も立面図も乗り換え経路を読みやすくするため、駅部をデフォルメしてできるだけシンプルな表現とする
4　駅部表現はなるべく色面で構成し、けい線の使用を避ける
5　色覚異常に配慮して、必要な明度差を確保する

などであった［図4-6］。

またエレベーター経由乗り場案内図では、

1　エレベーターの位置を際立たせる
2　サイン掲出位置から各鉄道改札口まで、エレベーター経由の経路を赤線で示す
3　表題部に現在地情報を表示する
4　図形と文字情報は、できるだけシンプルな表現とする
5　色覚異常に配慮して、車歩道境界にはあえてけい線を入れて、必要な明度差を確保する

などに留意した。

統一案内方式の推奨

中央通路から20か月遅れて工事が完了した南通路においても、当初定められたとおりのデザインで整備が終了した。その後大きな混乱も起きず、全体的なシステムとしては、安定した案内ができているように思われる。

日本のほとんどのターミナル駅で、各社様式のサインをただ持ち寄って設置している現況にあって、横浜駅のコモンサイン整備は、大規模な交通拠点におけるサイン整備の望ましい方向を示したものと考えられる。

ドイツのハンブルクでは、すでに1972年から地下鉄と国鉄が連携して統一的な案内表示のサービスを行っていたが[13]、それから30年余りを経て、ようやく日本で交通ネットワークに連動した案内システムの一例が提示されたわけである。

このシステムがさらに他地域のターミナル駅や、駅域を越えた周辺街区にまで波及し、より利便性の高い公共空間が、日本の各地に展開されていくことが望まれる。

なお、そののち横浜駅のサインは、それまでの日本語と英語、ピクトグラムによる表示に、中国語と韓国語が書き加え

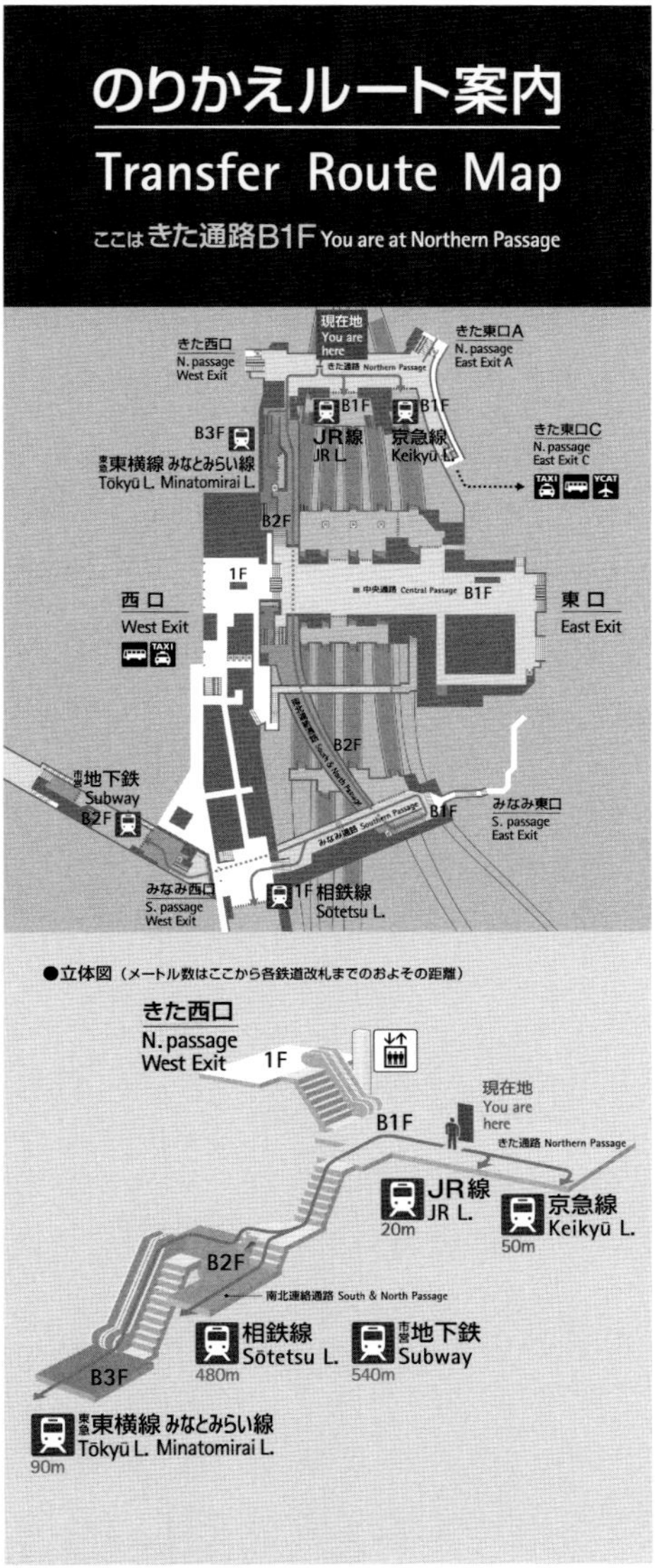

［**図4-6**］乗り換え経路案内図
（「横浜駅自由通路案内サインデザイン修正業務報告書」2005）

られた。APEC（アジア太平洋経済協力会議）開催と羽田空港国際化に備えて、関東運輸局から改めるよう指導があり、それにあらがうことができなくなったからである。

この日・英・中・韓の4か国語表示は果たして適切であったのか、ユニバーサルデザインの観点から疑問を感じるが、この問題については、改めて後の理論編で考察する。

2……標準案内用図記号

図記号の利点

1999年の5月に、案内用図記号の関係者多数が運輸省に集まり、案内用図記号のJIS化（日本工業規格による制定）とISO化（国際標準化機構規格による制定）に向けた検討が始まった。この検討は運輸省の呼びかけで、3年後の2002年5月に日韓で同時開催されるFIFAワールドカップに間に合わせることを目標として、国内的にも国際的にも標準化が遅れている案内用図記号の整備を目指すものであった。

不特定多数の人が出入りする交通施設、観光施設、スポーツ施設、商業施設等に使用される案内用図記号は、

1　読み取らなくとも一見してわかる
2　長くつづらなくともワンポイントに表示できる
3　共通の言語を持たない利用者にも理解できる

など、一般の人びとはもとより、高齢者や視野の狭い弱視者、言語障壁のある外国人らに情報を伝えるのに役立ち、また自動車の運転時など、瞬時に情報を伝達したい場合にも活用できる。またどの施設でも標準化された図記号が使用されていれば、意味をそのつど推察する手間が省けて、利用者に一段と使いやすいものになるはずである。

しかしながら、この検討を始めた1999年現在、わが国では施設ごとに独自に図記号を定めてバラバラに使用している状況であり、また国際的にも、ISOによってわずか57項目が標準化されているにすぎなかった。

運輸省が交通エコロジー・モビリティ財団に設置した「一般案内用図記号検討委員会」(14)には、運輸省、建設省、通商産業省、文部省、警察庁、消防庁の各関係行政機関のほか、交通事業者、観光・流通事業者団体、消費者団体、障害者団体、学識経験者、デザイナー等が参加し、その検討成果は、2001年3月に125項目の「標準案内用図記号ガイドライン」(15)として公表された［**図4-7**］。

カテゴリー分類と標準化項目

標準化にいたる検討の概要は以下のようなものであった(16)(17)(18)。

案内用図記号の表示概念を、施設を指示するものと規制を表示するものに大別し、前者4、後者4のカテゴリーに分類する。具体的には前者は「公共・一般施設」「交通施設」「商業施設」「観光・文化・スポーツ施設」で、後者は「安全」「禁止」「注意」「指示」である。

JISないしISOとして標準規格化するには、次の点に留意することが重要である。すなわち、あらゆるものの標準化は、結果として互換性が高まる反面、臨機応変な工夫を抑制する働きも持っている。とりわけ図記号は視覚的な表現であるだけに、むやみに統一化すると、自由な創作活動を妨げることにもなりかねない。

［**図4-7**］標準案内用図記号の一例
(「標準案内用図記号ガイドライン」)

　このような考え方に沿って、検討委員会では、統一されたほうが不特定多数の人にとって有益であり、また安全を確保するうえで必要不可欠であると判断される表示項目に限って、ミニマムスタンダードを定める方針を持った。

　具体的には、推奨度に三段階の基準を設けて、図記号化を図る項目を選択した。すなわち推奨度Aは、「安全」「緊急」にかかわる概念を表すもの、および「不特定多数の利用が明白」「移動制約者（妊婦・乳幼児連れ・高齢者・障害者等）の利用が明白」である概念を表すもので、図形を変更してはならない。推奨度Bは、図形を統一することが利用者に利便をもたらすと想定できる概念を表すもので、これも図形を変更してはならない。最後に推奨度Cは、図記号で表す概念を定めておくことが利用者に利便をもたらすと想定できるが、図形統一の必要性は低いと想定できるものである。

　またＩＳＯが参考図形として示している一般案内用図記号のうち、わが国での使用は少ないと予測されるが、概念としての必要性は認められるものは、図形表現についての検討を行わないで「参考」として示す。

理解度と視認性の検証

　上記のカテゴリーごとに図材選定を終えた候補図形は、そののち専門家の手に委ねられ、数か月を費やしてリデザインが進められた。このプロセスは当初予定されていなかったが、集められた候補図形を総覧すると表現にばらつきが大きく、スタイルの統一や視認性の改善の必要性から、新たな造形を行うことになったものである。候補図形のリデザイン業務の委嘱を受けた日本サインデザイン協会では、具体的な造形作業をグラフィックデザイナーの中川憲造(19)に依頼している。

　原案作成ののち、得られた図記号原案の性能を検証するため、理解度と視認性の調査が行われた。この調査は、ＩＳＯおよびＪＩＳの性能試験方法にのっとり、無作為に抽出した試験参加者にアンケートを実施して回答を得るもので、回答者ごとの得点を加重平均した１００点満点の評価点によって、原案に対する利用者の理解度および視認性の平均的な評価を把握する。

　本調査の参加者は、高齢者や障害者、外国人を含む10歳以上の男女計７７０人。全体の参加者を二つのグループに分け、それぞれ調査項目のうち半数ずつ、以下の3種のアンケートに回答を得た(20)。

1　理解度調査1　施設指示系のカテゴリーを対象として自由記述式（ISO 9186-2000に準拠）。採点基準は１００点、75点、50点、0点、マイナス１００点の5段階。調査項目数：80。

2　理解度調査2　規制表示系のカテゴリーを対象として四者択一方式（JIS S 0102-2000に準拠）。採点基準は100点、60点、30点、0点の4段階。調査項目数：36。

3　視認性調査　すべてのカテゴリーを対象として8㎜角の図形に対する5段階評価（JIS S 0102-2000に準拠）。採点基準は100点、75点、50点、25点、0点の5段階。調査項目数：116。

上記の調査によって、おおむね日常的に見慣れているものほど理解度の評価点が高く、また図形表現がシンプルなものほど視認性の評価点が高いことがわかった。ただしこの調査時点で誰でも知っている図記号しか採用しないとすると、これからの社会に必要なものを含めることができなくなってしまう。

そこで検討委員会では、単に見慣れていないから評価点が低いと判断できるものは、その普及に努め、また可能な限り理解度を向上させる工夫も加えることにした。また視認性についても、評価点の低いものは図形を補正して、視認性を向上させる工夫を加える。

①理解度向上のための補正

理解度を向上させるため具体的には、

1　図材を描き替える

2　表現要素を描き加える

3　文字を挿入する

などの方法で対処した［図4-8］。

1の方法で顕著に改善された例に「薬局」がある。当初図材に〝歯ブラシ〟を用いていたため、「洗面所」や「歯医者」と読む人も多かったが、〝歯ブラシ〟を〝タブレット〟に替えたことで、理解度は約60ポイントも改善された。

2の例には「休憩所」がある。原案の表現では何をしているのかわからないとの意見があり、座面を描き加えた。これにより理解度は約27ポイント改善された。

3の例には「非常電話」「タクシー」などがある。〝SOS〟や〝TAXI〟の文字はいずれも万国の人びとが直観的に意味を理解できるので、利用時の緊急性にも配慮して、それらの文字を併記することにした。これで「タクシー」の理解度得点は、99・3点に及んだ。

②視認性向上のための補正

視認性を向上させるため具体的には、

1　スリット幅を広げる

2　表現をさらにシンプルにする

3　表現要素の一部を大きく描くなどの方法で対処した［図4-9］。

1の方法で改善が進んだ例に「チェックイン」がある。原案の右足と左足、人物とカウンターの間のすき間を広げることで視認性は約8ポイント改善された。

2の例には「税関」がある。原案にあった〝ネクタイ〟は必ずしも官吏のシンボルではなく、制帽でそれは理解されるとの判断から、えり元をシンプルな〝Vネック〟に変えた。これにより視認性は約11ポイント改善された。

3の例には「展望地」がある。双眼鏡を大きく描き直し、また柵の表現を変えたことで、視認性は約11ポイント改善された。

普及活動と規格化

以上のような過程を経て、標準案内用図記号125項目が2001年3月に得られたわけであるが、引き続き国土交通省（2001年1月に運輸省から組織替え）では、その普及に努めている。

ワールドカップの開催自治体に対して、関連施設へ標準案内用図記号の適用を依頼するとともに、ガイドラインを全国の地方公共団体、交通・観光・流通・出版事業者、標識類メーカー、デザイン事務所、建築設計事務所等に無料配布した。また交通エコロジー・モビリティ財団、日本船舶振興会（現・日本財団）、国土交通省のホームページに、ガイドラインの内容を日本語版・英語版で掲載し、データの無料ダウンロードも可能にした。

そのほかパンフレットの作成・配布、ポスターの作成・掲示、行政機関関連誌・デザイン団体関連誌等への記事掲載、デザイン団体主催説明会での呼びかけなどを行った。さらにその使い方などをよりていねいに説明するために、『ガイドブック』(21)も出版することにした［図4-10］。

JIS化の検討は、2001年3月から日本規格協会に移って行われた。その手順は、同協会に設置されたJIS原案作成委員会がその原案を作成し、日本工業標準調査会の審議を経て、JISに制定するものである(22)。具体的には、標準案内用図記号125項目のうち、図形を規定していないものを除いた110項目が、2002年3月にJISとして制定されている。

一方のISO化では、57項目のISO規格を日本案に沿って大幅に補強することを目指していて、2000年10月に東京で開かれたISO案内用図記号部会では、本検討委員会の家田仁小委員長（東京大学教授）が検討経緯を説明して、

ＩＳＯ側もその展開に強く興味を示した。

しかし２００２年のＪＩＳ化ののち、わが国からＩＳＯへの働きかけは勢いを失い、２００７年に改定されたＩＳＯの案内用図記号では、イギリスからの提案が中心を占める結果に終わった(23)。

3……バリアフリー・ガイドライン

交通バリアフリー法の成立

アメリカの「ＡＤＡ法」(24)制定から遅れること10年、２０００年５月に、移動制約問題関係者待望の「交通バリアフリー法」（正式には「高齢者、身体障害者等の公共交通機関

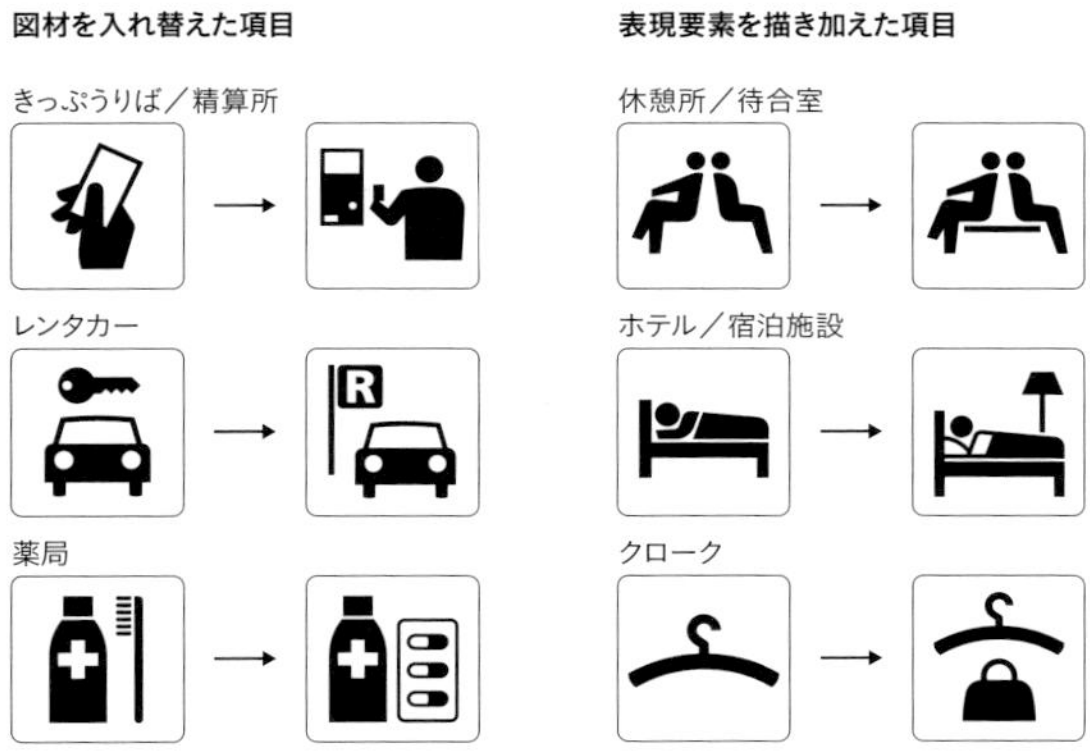

［図4-8］図記号原案の理解度補正
（『標準案内用図記号ガイドブック』）

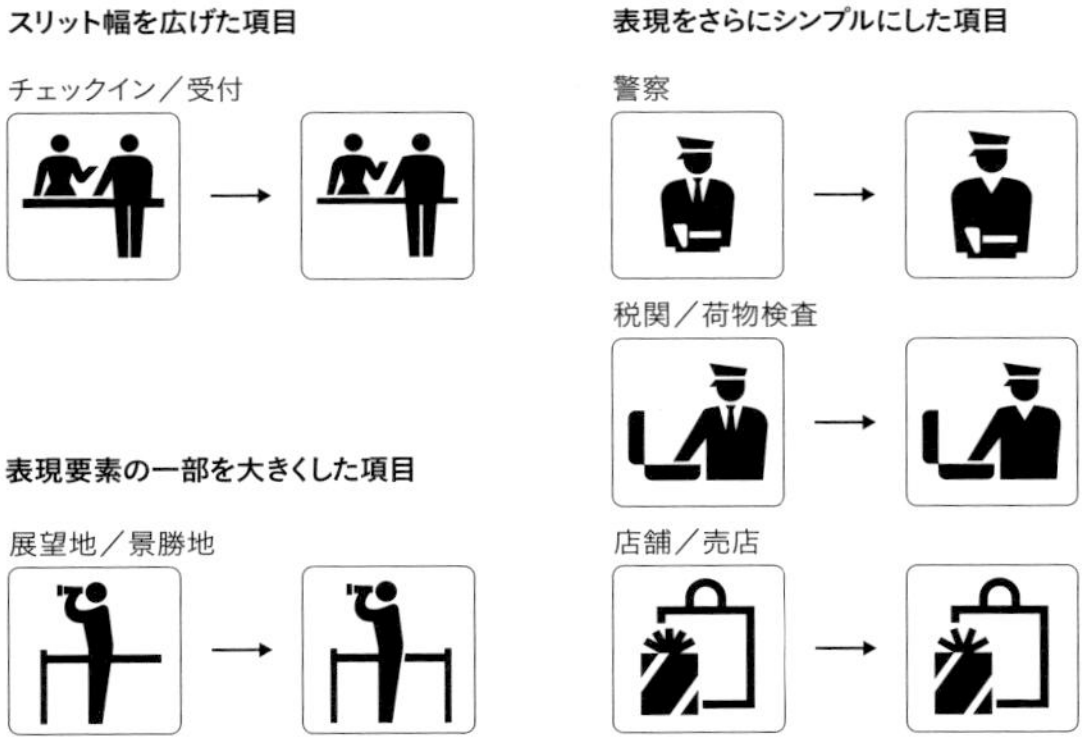

［図4-9］図記号原案の視認性補正
（『標準案内用図記号ガイドブック』）

［図4-10］『標準案内用図記号ガイドブック』2001

を利用した移動の円滑化の促進に関する法律」）が成立して、同年11月に施行された。この法律は、鉄道駅や道路の段差の解消等を図って、移動上ハンディキャップのある人も安全かつスムーズに移動できるよう、施設・設備の整備を義務づけるものである。

運輸省ではそれに伴い、「移動円滑化のために必要な旅客施設及び車両等の構造及び設備に関する基準」（省令、2000・11）を定め、続いて学識経験者、関連事業者、関連団体代表者らを集めて、構造や設備についての整備指針を検討した。

その議論で筆者は、それまで交通事業者が思い思いに計画していた案内表示を、誰にとっても見やすくわかりやすいものにするために必要な整備の要点を体系的に示し、その検討結果が2001年8月公表の「公共交通機関旅客施設の移動円滑化整備ガイドライン」(25)（いわゆる「バリアフリー・ガイドライン」）にまとめられた［図4-11］。

そのガイドライン策定は、交通バリアフリー法制定に伴う1994年版(26)の抜本的見直しであったが、とりわけ「視覚表示設備」関連の記述は、前回のわずか2ページから23ページへと大幅に増え、別に22ページからなる参考図が添付されるなど、飛躍的に充実したものになった。

このバリアフリー・ガイドラインの議論に先立つ1999年に、運輸省では「公共交通ターミナルのやさしさ指標」の検討を行っている。その席で筆者は次のように提言した。

すなわち、鉄道駅など交通施設における人びとの行動には、「移動する」「知覚する」「操作する」の別がある。移動では、垂直、水平、局所移動のそれぞれで、〝歩ける／歩けない〟の問題が発生する。知覚では、表示や放送などの情報設備、騒音状況、空間構成のそれぞれで、〝わかる／わからない〟の問題が発生する。操作では、券売機、改札機、トイレなどのそれぞれで、〝使える／使えない〟の問題が発生する。これらはすべてバリアフリー課題と関連している。つまりこのように項目を柱立て、各々を分析的に評価する必要がある。

この指摘に沿って年度末にまとまった報告書(27)では、バリアフリー度の評価を、「移動のしやすさに関するチェックシート」、「案内情報のわかりやすさに関するチェックシート」、「施設・設備の使いやすさに関するチェックシート」の3種で行うことが整理されている。

表示設備整備の留意点

「バリアフリー・ガイドライン」は、前述したバリアフリー課題の評価軸を参照し、「移動」「案内」「施設・設備」の三つに章立ててまとめられた。筆者は「視覚表示設備」の草稿で以下の考え方・留意点を示し、ほぼそのままガイドラインに収録されている。

①整備にあたっての考え方

サインはコミュニケーションメディアの一種なので、情報・様式・空間上の位置という三つの属性を持っている。このため視覚表示設備の見やすさとわかりやすさを確保するために、情報内容、表現様式、掲出位置の三要素から検討することが不可欠である。さらにそれらを体系的なシステムとして整備し、合わせて可変式情報表示装置も含めて検討することが、移動しながら情報を得たい利用者にわかりやすく情報を伝達する基本条件になる。

②サインシステムの基本的事項

サインシステムでは、誘導サイン、位置サイン、案内サイン、規制サインの4種のサイン類を動線上の適所に配置して、移動する利用者への情報提供を行う。誘導サインとは施設等の方向を指示するサイン、位置サインとは施設等の位置を告知するサイン、案内サインとは乗降条件や位置関係等を案内するサイン、規制サインとは利用者の行動を規制するサインのことである。

表示方法の基本的な留意点は以下のとおりである。

1 表示用書体は視認性に優れた書体を選択する
2 文字の大きさは必ず視力と視距離を前提に設定する
3 日本語のほかに英語を表示する
4 さらにピクトグラムも活用する
5 日本語と英語はともに同一の視距離から視認できる大きさを確保する
6 安全色は国際ルールを踏まえたJIS規格に従う
7 白内障や色覚異常に配慮して配色する

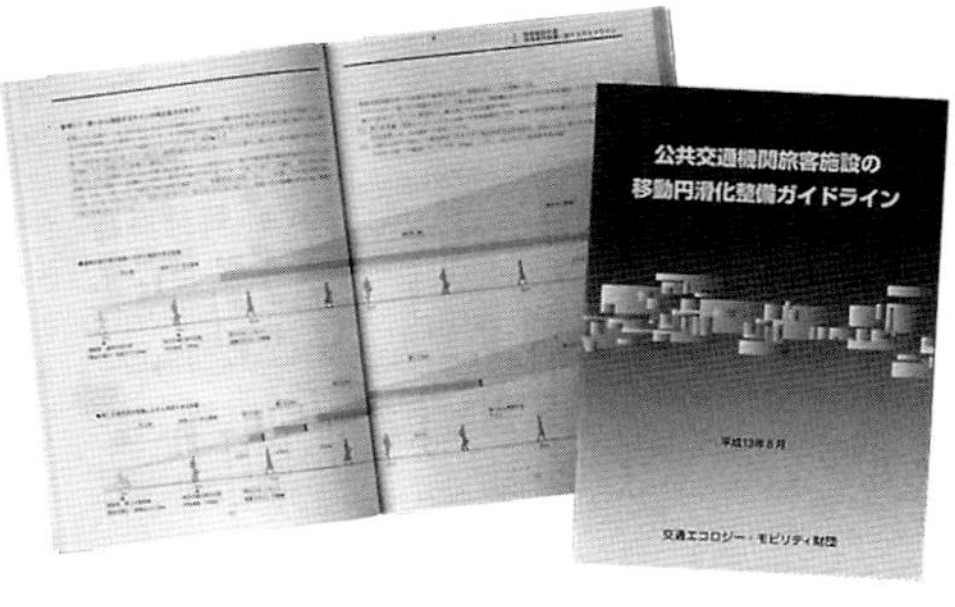

［**図4-11**］「バリアフリー・ガイドライン」2001年版

8　表示面に必要な明るさを確保する
9　表示面に見やすさに必要な対比を確保する

③誘導サイン・位置サイン

誘導サイン・位置サインに表示すべき情報内容は、別表に示すとおりである［表4-1、4-2］。それらのうち、経路中の主要な空間部位に関する情報と、移動円滑化（バリアフリー）設備に関する情報は、優先的に表示される必要がある。そのほかの整備上の留意点は以下のとおりである。

1　できるだけシンプルに、また統一的にデザインする
2　表示面の向きは動線と対面する方向が優れている
3　掲出高さは仰角を小さく抑える範囲内が優れている
4　一方で車いすから視認する場合、周囲の歩行者が視界をふさぐため、高い位置にあるほうが見やすい
5　2台のサインの配置間隔が狭いと、表示面が重なって奥にあるサインが見えなくなることがある
6　主要な誘導サインはたどれるように連続的に掲出する
7　主要な誘導サインの基本的な配置位置は、動線分岐点、階段昇降口、通路右左折点である
8　ホーム駅名標は車内から見えることが必要条件である

④案内サイン

案内サインのうち、構内案内図と旅客施設周辺案内図に表示する情報内容は、別表に示すとおりである［表4-3、4-4］。そのうちバリアフリー設備の案内は不可欠で、そのほかの整備上の留意点は以下のとおりである。

1　構内案内図にはバリアフリー経路を明示する
2　ネットワーク運行のある施設では、改札口等に交通ネットワーク図を掲出する
3　行き先によって乗り場位置が異なる施設では、動線上の分岐箇所に行き先別停車駅案内図等を掲出する
4　乗り換え経路案内図は乗り換え動線分岐点に掲出する
5　できるだけシンプルに、また統一的にデザインする
6　構内案内図や旅客施設周辺案内図は、掲出する空間上の左右方向と、図上の左右方向を合わせた向きに表示する
7　案内サインを動線と平行な向きに掲出する場合、「情報コーナー」があることを示すサインで、掲出位置を告知する
8　案内サインの掲出高さは、立位の歩行者と椅座位の車いす使用者が共通して見やすい高さを基本とする

⑤可変式情報表示装置

可変式情報表示装置とは、LEDなどを用いた電子式や、フラップなどを用いた機械式の表示方式によって、視覚情報を可変的に表示する装置のことである。整備上の留意点は以下

[表4-1] 誘導サイン類に表示する情報内容

表示項目	情報内容例
経路を構成する主要な空間部位	出入り口　改札口　乗降場　乗り換え口
移動等円滑化のための主要な設備	エレベーター　トイレ　乗車券等販売所
情報提供のための設備	案内所
アクセス交通施設	鉄軌道駅　バス乗り場　旅客船ターミナル 航空旅客ターミナル　タクシー乗り場　レンタカー　駐車場
隣接商業施設	大型商業ビル　百貨店　地下街

[表4-2] 位置サイン類に表示する情報内容

表示項目	情報内容例
経路を構成する主要な空間部位	出入り口　改札口　乗降場　乗り換え口
移動等円滑化のための主要な設備	エレベーター　エスカレーター　傾斜路　トイレ 乗車券等販売所
情報提供のための設備	案内所　情報コーナー
救護・救援のための設備	救護所　忘れ物取り扱い所
旅客利便のための設備	両替所　コインロッカー　公衆電話
施設管理のための設備	事務室

[表4-3] 構内案内図に表示する情報内容

表示項目	情報内容例
経路を構成する主要な空間部位	出入り口　改札口　乗降場　その間の経路　階段 乗り換え経路　乗り換え口　移動等円滑化された経路
移動等円滑化のための主要な設備	エレベーター　エスカレーター　傾斜路 トイレ(多機能トイレを含む)　乗車券等販売所
情報提供のための設備	案内所　情報コーナー
救護・救援のための設備	救護所　忘れ物取り扱い所
旅客利便のための設備	両替所　コインロッカー　公衆電話
施設管理のための設備	事務室
アクセス交通施設	鉄軌道駅　バス乗り場　旅客船ターミナル 航空旅客ターミナル　タクシー乗り場　レンタカー　駐車場
隣接商業施設	大型商業ビル　百貨店　地下街

のとおりである。

1　平常時には、発車番線、発車時刻、車両種別、行き先などの運行情報を表示する
2　異常時には、遅れ状況、遅延理由、運転再開予定時刻、振替輸送状況など、利用者が次の行動を判断できるような情報を提供する
3　それらの情報は、駅出入り口、改札口、待合室など、利用者が無駄なく行動を選べるような場所で提供する
4　これには、ネットワークを形成する他の交通機関の運行に関する情報も含むものとする

案内区域と利用者のとらえ方

このガイドラインづくりで、比較的短時間に草稿をまとめられた背景には、１９９５年からの3年間に横浜駅のコモンサインが生み出されるきっかけとして本章1節で紹介した「人にやさしい案内サインの研究」を行った経緯がある。

この研究は、高齢者・障害者を含むすべての利用者を対象として、見やすくわかりやすいサインシステムの考え方と計画手法を、鉄道ターミナル駅を例として整理したものであった。

研究主体は現在の交通エコロジー・モビリティ財団、研究委員会委員長は前出の家田仁で、学識経験者、運輸省のほか横浜市と横浜駅にかかわる6社の鉄道事業者が集まった。第1年次に各地のターミナル駅における情報提供の現状調査、第2年次に人間の知覚特性と情報ニーズの調査、第3年次にサインシステムの考え方と計画手法を整理した。

特に第2年次に行われた「人間の知覚特性に関する基礎的調査」と「利用者の情報ニーズに関する調査分析」が、計画の基礎データを把握するうえで重要であった。

これらから、どのようにすれば障害を克服してサインが見えるようになるかという最も基礎的な条件が理解され、また特に大規模ターミナル駅で、すなわちさまざまな施設が複合している複雑な公共空間で、情報提供上の何が問題なのかというキーポイントが明らかになった。

第3年次にいたり、この分野の文献は極端に少ないとの認識から報告書を50ページ程度の頒布本とする方針が了承され、『交通拠点のサインシステム計画ガイドブック』(28)がまとめられた［図4-12］。この頒布は１９９８年から２００９年まで、交通エコロジー・モビリティ財団で行われた。

この『計画ガイドブック』の前半に、次のようなサインシステム計画の基本的な考え方が示されている。

ターミナル駅で鉄道を降りると、人びとは他鉄道やバス・

［表4-4］旅客施設周辺案内図に表示する情報内容

表示項目		情報内容例
街区・道路・地点	地勢等	山　湾　島　半島　河川　湖　池　堀　港　埠頭　運河　桟橋
	街区等	市　区　町　街区
	道路	高速道路　国道(国道マーク併記)　都道府県道　有名な通称名のある道路
	地点	インターチェンジ　交差点　有名な橋（それぞれ名称を併記）
	交通施設	鉄軌道路線　鉄軌道駅　バス乗り場　旅客船ターミナル　航空旅客ターミナル　駐車場
	旅客施設周辺の移動等円滑化設備	公衆トイレ　エレベーター　エスカレーター　傾斜路
	情報拠点	案内所
観光・ショッピング施設	観光名所	景勝地　旧跡　歴史的建造物　大規模公園　全国的な有名地
	大規模集客施設	大規模モール　国際展示場　国際会議場　テーマパーク　大規模遊園地　大規模動物園
	ショッピング施設	大型商業ビル　地下街　百貨店　有名店舗　卸売市場
文化・生活施設	文化施設	博物館　美術館　劇場　ホール　公会堂　会議場　公立図書館
	スポーツ施設	大規模競技場　体育館　武道館　総合スポーツ施設
	宿泊集会施設	ホテル　結婚式場　葬斎場
	行政施設	中央官庁　その出先機関　都道府県庁　市役所　区役所　警察署　交番　消防署　裁判所　税務署　法務局　郵便局　運転免許試験所　職業安定所　大使館　領事館
	医療・福祉施設	公立病院　総合病院　大学病院　保健所　福祉事務所　大規模な福祉施設
	産業施設	放送局　新聞社　大規模な工場　大規模な事務所ビル
	教育研究施設	大学　高等学校　中学校　小学校　大規模なその他の学校　大規模な研究所

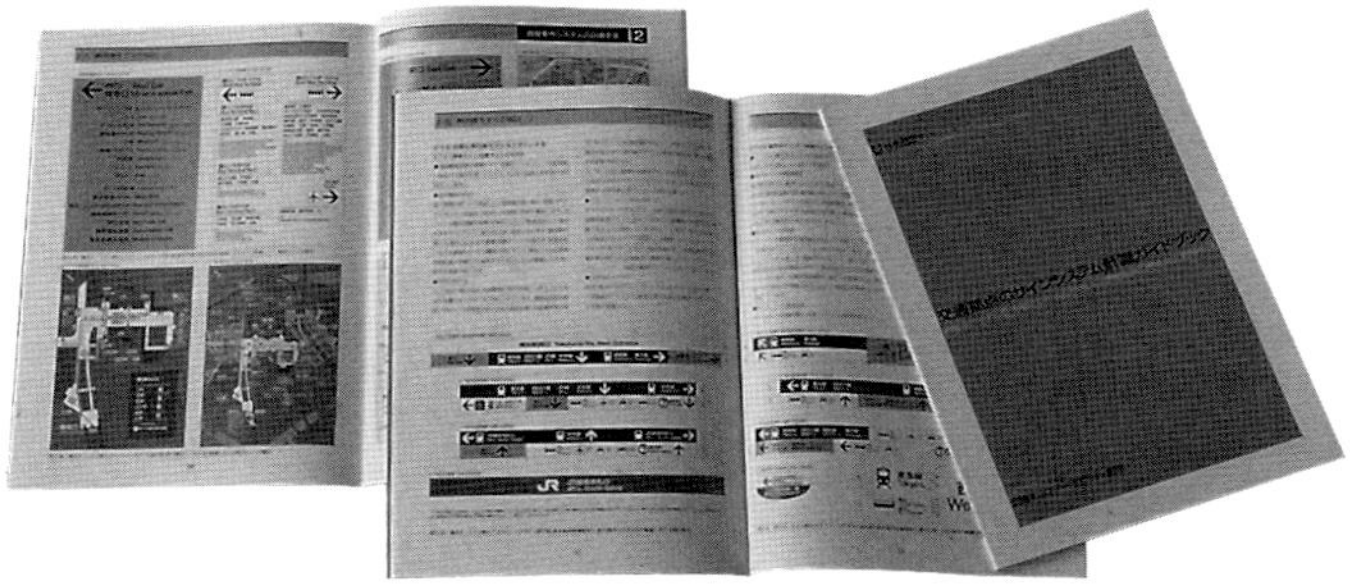

［**図4-12**］『交通拠点のサインシステム計画ガイドブック』

タクシーなどのアクセス交通施設へ、あるいは街にある業務・商業・レジャー等の施設へと拡散するように移動する。また大規模なターミナル駅では、駅をまたがって大きな商業施設が複合・隣接し、構内にも多数のサービス施設が散在しているので、人びとはパブリックコンコースで回遊行動を繰り返す。

これらを踏まえると、ターミナル駅のサイン計画では駅内外をひとつながりの空間ととらえて、周辺の街と鉄道事業者が管理する区域を横断的に把握し、どの場所においてもターミナル駅全体を案内対象区域として計画する視点が重要である。そうすることで初めて、利用者に実際に役立つ情報を提供することが可能になるはずである［図4-13］。

また、ひと口に障害者といっても、制約を受ける程度は人によって差があるので、表現の工夫次第で、軽度な視覚障害者や高齢者は、一般の視覚情報を読み取ることが可能になる。つまりサインの利用者をできる限り幅広くとらえて、誰にとっても見やすくわかりやすいように、サインの情報伝達性能をもっと高めて計画する視点が重要である。そうすることで、特別な装置を別に整備することなく、より多くの人が共通の設備から情報を得ることが可能になるはずである［図4-14］。

一方、重度な視覚障害者の情報受容は、現在のところ音響等の聴覚情報と、誘導用ブロックによる足裏からの触覚情報、点字等による指先からの触覚情報に頼るしかない。点字などの触覚情報は理解できる人が少なく、また視覚情報と比べ同一面積で１００分の1程度しか表現できないといわれ、制約も大きいので、個人的なニーズに対応できる優れた音声案内装置の開発が待たれている。

ガイドブックによる啓発活動

「バリアフリー・ガイドライン」が公表された翌年、国土交通省から、ガイドラインで示した「サインシステム」の解説書の執筆依頼があった。「人にやさしい案内サインの研究」のとき認識したように、いまだこの分野の文献は極端に少ない。このような背景から、市販本の『公共交通機関旅客施設のサインシステムガイドブック』(29)が２００２年11月に発刊されている［図4-15］。

ここでは、サインシステム・デザインの要点を、コードプランニング、グラフィックデザイン、配置計画の三つに柱立てて、先述した視覚表示設備のガイドラインの条項に解説を加えた。このガイドブックでは、サインシステムのデザインについて種々指摘しているが、その内容の要点は本書の理論編で紹介する。

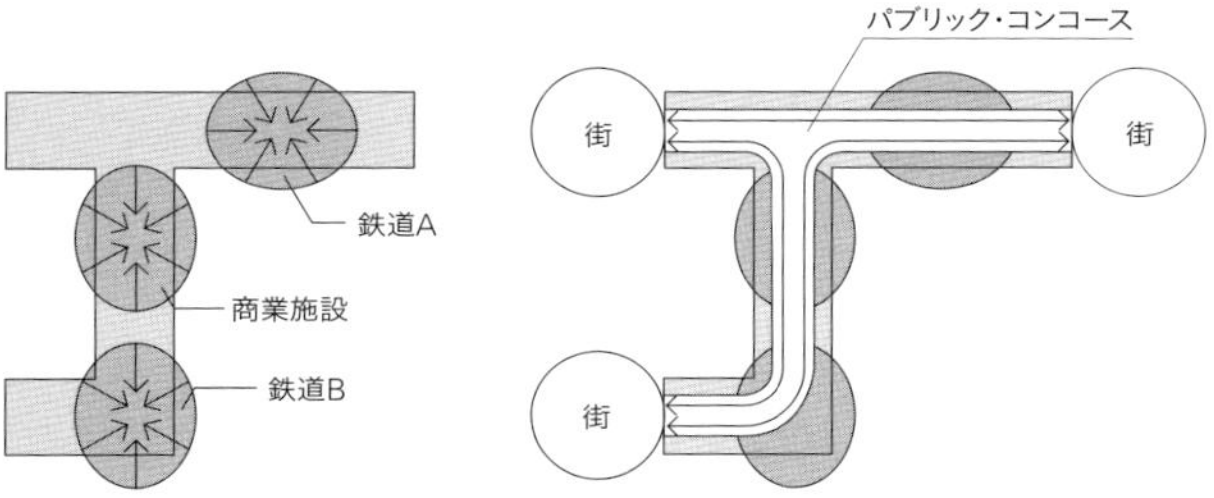

[**図**4-13]案内対象区域のとらえ方(『交通拠点のサインシステム計画ガイドブック』)
一般に鉄道ごとに自社への案内に終始しがちである(左)。一方ターミナル駅の通路は、実質的には鉄道と街、街と街を結ぶパブリックコンコースになっている(右)。

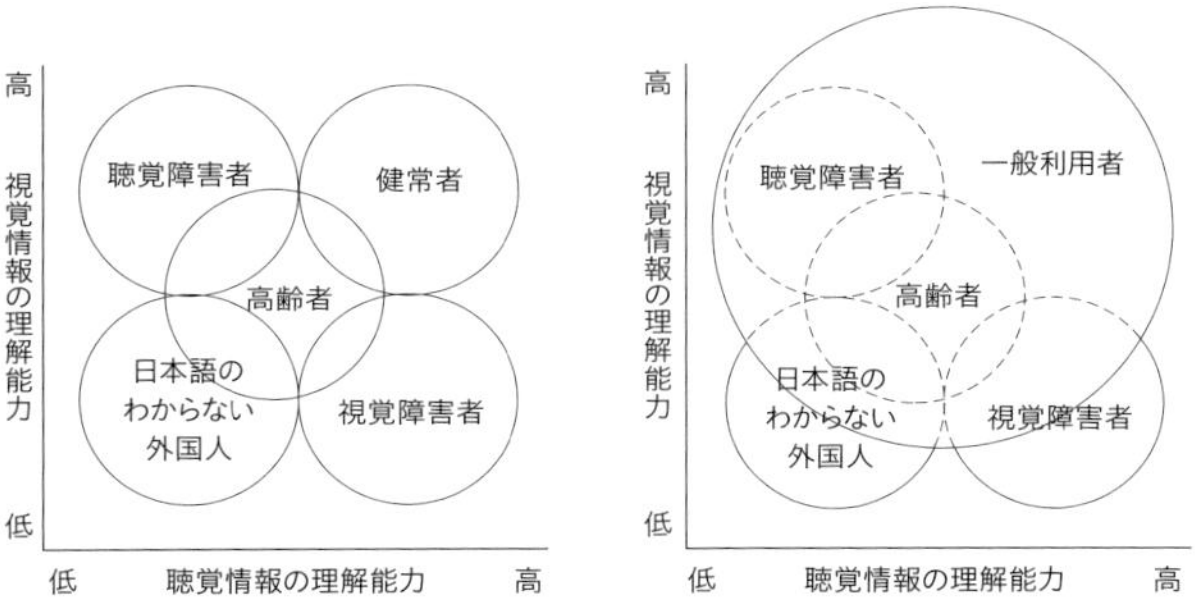

[**図**4-14]利用者のとらえ方(『交通拠点のサインシステム計画ガイドブック』)
人によって情報をとらえたり理解したりする能力は異なるが(左)、工夫次第でより幅広い利用者を対象とした情報提供を行うことができる(右)。

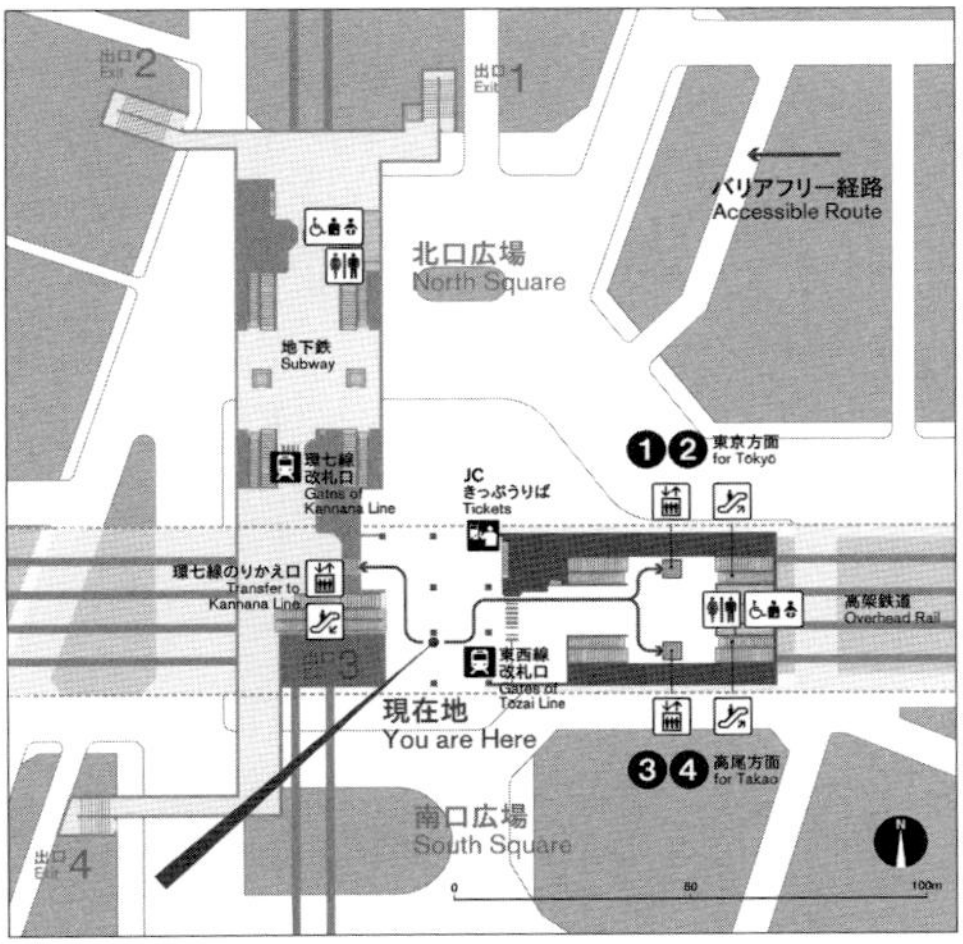

[**図**4-16]入場動線用構内案内図の例
(『公共交通機関旅客施設のサインシステムガイドブック』)

[**図**4-15]『公共交通機関旅客施設のサインシステムガイドブック』

「ガイドライン」は全体的に平板に書かれているので読み取りにくいが、省令の記述内容(30)から判断できるとおり、交通バリアフリー法上最も強く求められているのは、バリアフリー設備の位置を示すサインと、それら設備の位置案内図を設置することである。特に都市部の駅は大規模化と複合化が進んでいるので、一望しただけではエレベーターやトイレがどこにあるのかわからないことが多い。

そのような認識からこの『ガイドブック』では、すでに多くの駅で導入されている構内案内図をバリアフリー設備の位置案内図を兼ねるものとして定義し直し、さらに入場動線用と出場動線用に分けて設けることを推奨して、都市部の乗り換え駅における各々の描き方を例示している［図4-16］。

「ガイドライン」や『ガイドブック』の刊行によって、全国的にみると公共交通機関の案内表示の水準はかなり向上し、とりわけ「ガイドライン」で指摘されたバリアフリー設備の整備とともに、その位置を示す同定サインの設置は一段と進展した。

しかし入場動線用・出場動線用のバリアフリー設備位置案内図（改良型構内案内図）に限っていえば、まだその趣旨がよく理解されず、設置計画もないまま見過ごされている状況にある。今後はそれに重点を置いた整備が望まれる。

（1）交通アメニティ推進機構による「アメニティターミナルにおける旅客案内サインの研究」のこと。

（2）交通施設における高齢者や障害者の円滑なモビリティ確保の支援活動等を行うことを目的として1994年に設立された交通アメニティ推進機構は、3年後の1997年に、二酸化炭素による地球温暖化問題の解決を運輸交通部門で進めるエコロジー事業も加えられて、「交通エコロジー・モビリティ財団」と改称した。

（3）交通アメニティ推進機構「アメニティターミナルにおける旅客案内サインの研究報告書」、1996

（4）脇出一郎「横浜駅共通案内サインについて」、『JREA』Vol.47、No.10、30371-30374頁、日本鉄道技術協会、2004

（5）日本鉄道技術協会「横浜駅東西自由通路サイン基本設計報告書」、2002

（6）横浜市都市計画局「横浜ターミナル駅における案内サイン調整会議報告書」、2002

（7）その点、この「調整会議報告書」の存在意義は大きい。この報告書は、筆者の判断で黎デザイン総合計画研究所が無償で横浜市都市計画局に提供したものである。2001年度の基本設計業務委託期間中の2回の調整会議では事務局案に対して散発的な意見しか出なかったため、2002年3月にまとめた基本設計報告書は、調整会議資料を束ねただけの体裁になっている。横浜市は翌2002年度にサイン検討予算を組んでいなかったが、このまま一切の検討がご破算になってしまうことを恐れた筆者は、調整会議の継続を進言して資料づくりを続け、9月にこの年唯一開催された調整会議で「全域共通サインシステム」の基本的な考え方と計画図の了承を取り付けた。その年の12月に製本したこの調整会議報告書は、その成果をまとめたものである。

(8) 黎デザイン総合計画研究所「横浜駅自由通路案内サインデザイン修正業務報告書」、２００６

(9) 前掲(6)

(10) ISO/TR 7239-1984「一般案内用図記号を使用するための制作及び原則」、『ＪＩＳハンドブック60図記号』、１２１３頁、日本規格協会、２００１

(11) 前掲(8)

(12) 黎デザイン総合計画研究所「横浜駅自由通路案内サインデザイン修正業務報告書」、２００５

(13) 欧州地下鉄における省力化と旅客サービスに関する調査団（藤岡長世、赤瀬達三、市瀬守男、北山廣司、斎藤卓哉、坂田健、長谷川典利）編著「欧州地下鉄のインフォメーション・システムと身障者サービス」、40-48頁、１９８０

(14) 「一般案内用図記号検討委員会」の委員長は東京大学教授・森地茂、小委員会委員長は東京大学教授・家田仁。筆者は委員としてこれに参加した。

(15) 一般案内用図記号検討委員会（事務局：交通エコロジー・モビリティ財団）「標準案内用図記号ガイドライン」、２００１

(16) 交通エコロジー・モビリティ財団「案内用図記号の統一化と交通、観光施設等への導入に関する調査研究　平成11年度報告書」、２０００

(17) 交通エコロジー・モビリティ財団「案内用図記号の統一化と交通、観光施設等への導入に関する調査研究　平成12年度報告書」、２００１

(18) Tatsuzo Akase「Standardization of Public Information Symbols」『International Conference for Universal Design in Japan 2002 Proceedings』、File No.3001、２００２

(19) ＮＤＣグラフィックス、代表取締役・デザインディレクター

(20) 前掲(17)、33-43頁　補正を加えたのち追調査も行っているので、本調査の延べ参加者は１０１０人に及んだ。

(21) 交通エコロジー・モビリティ財団『ひと目でわかるシンボルサイン—標準案内用図記号ガイドブック』、大成出版社、２００１　解説ページ執筆筆者。筆者は検討委員会委員のほか、交通エコロジー・モビリティ財団からの委託を受けて具体的な図記号の作成にあたった日本サインデザイン協会の制作委員を兼ねた。すなわち概念整理と造形作業の橋渡しをする位置に立ち、実質的にデザインディレクターの役割を担った。引き続き２００１年3月からはＪＩＳ原案作成委員会にも加わった。

(22) 前掲(17)、１０１頁

(23) ISO7001「Graphical symbols – Public information symbols」Third edition、２００７

(24) １９９０年制定、〝障害をもつアメリカ人法〟Americans with Disabilities Act

(25) 交通エコロジー・モビリティ財団「公共交通機関旅客施設の移動円滑化整備ガイドライン」、２００１　検討委員会の委員長はバリアフリー問題の専門家、東京都立大学（現・首都大学東京）

大学院都市科学研究科教授・秋山哲男。

(26) 運輸経済研究センター「公共交通ターミナルにおける高齢者・障害者等のための施設整備ガイドライン」、1994　日本で最初に身体障害者用施設整備のガイドラインが示されたのは、1983年のことである。

(27) 交通エコロジー・モビリティ財団「バリアフリー度評価基準作成のための調査研究　事業報告書」、2000　この委員会の委員長は、慶應義塾大学名誉教授・石川忠雄。

(28) 交通エコロジー・モビリティ財団『アメニティターミナルにおける旅客案内サインの研究　平成9年度報告書　交通拠点のサインシステム計画ガイドブック―鉄道ターミナル駅を例とした人にやさしい情報提供の考え方と計画手法―』、1998

(29) 交通エコロジー・モビリティ財団『公共交通機関旅客施設のサインシステムガイドブック』、大成出版社、2002　全編執筆筆者。

(30) 移動円滑化基準（国土交通省令）のうち「案内設備」に関する記述は第9～11条で、第9条では「運行情報提供設備」を備えることを、また第10条ではバリアフリー設備の付近に「バリアフリー設備があることを示す標識」を設けることを、第11条では公共用通路に直接通ずる出入り口または改札口に「バリアフリー設備の配置を表示した案内板」を備えることを、それぞれ義務づけている。

理論編

サインシステムを考えるうえで最も基本になるのは、コミュニケーションの原理である。われわれ人間は、言葉を用いて考え、言葉を用いてコミュニケーションを図る。そうした言葉を核としたコードを的確に伝えるのに、どのような要件があるのか。そして同時に、イメージはどのように伝わるのか。効果的なサインシステムを得るのに不可欠な計画プロセスがある。見やすくわかりやすく、しかも魅力的なサイ

第5章

意味論

1……サインの意味

サインの本質

筆者は1988年に、サインというものの本質について次のように説明した(1)。

「古い航海時代に、船は陸上のさまざまなランドマーク、例えば山や岬、森などの姿を頼りにして航海を続けた。このときの山や岬は、地質学的な存在ではなく、位置を示すサインとして役立っていた。東京タワーや霞が関ビル、あるいは新宿の高層ビルを遠方から見て方向確認の目印として歩いている人にとって、それらの建物は建造物としての機能は全く問題ではない。

公園で、子どもがブランコを見つけて駆けていくとき、ブランコは遊びの道具である以前に、遊びへ誘うサインである。教会の十字架は、信者にとってキリスト教のシンボルであるが、同時にそれは歩行者にとって聖堂の存在を示すサインである。暗いトンネルの中で前方に見える光は、その物性とは関係なく、出口を示す強烈なサインとして映る［図5-1］。

このように、自然や建造物、設備、道具あるいは光など、あらゆる実体が情報発信媒体として機能したとき、それらはすべてサインとして認識されることになる。

〝サイン〟signとは、記号、符号、表れ、兆候、痕跡、身ぶり、合図、信号など、情報を伝える有形無形のしるしのことである。眼に見える実体が人間とのかかわりの中で記号化され、情報として意味するとき、それらのすべてをサインと呼ぶことができる。また視覚的なものばかりでなく、音も、においも、手触りも、人間が接するものはすべてサインとして作用する。

一方で、例えば夜空の星も公園の樹々も、方角を示したり季節を告げたりするサインとなるが、星や樹々が常にサインであるとは限らない。見る側のほうにその気がなければ、サインとして機能することは全くないのである。サインとして位置づけるうえで重要なのは、情報の受け手としての主体が存在することであり、かつ受け手の感覚器官が受け入れ可能状態にあることである」

文化人類学者の梅棹忠夫（1920-2010）は、「情報産業」という熟語をわが国で初めて活字化し、それまで「情報機関」など、特殊な分野でのみ用いられていた「情報」という言葉を、一般社会に広く開放した人である。梅棹は1963年の論文で、人類の持つ産業が、途方もなく長かった農業の時代や産業革命以来の工業の時代を経て、いまようやく情報産業の時代に入ろうとしていることを指摘した(2)。「ほんとうは近代工業なんて、生産方式としてはきわめて粗雑なものにすぎないのだ。…自動制御系理論の発展と、エレクトロニクスの発達とは、たしかにあたらしい情報産業の技術的基礎となってゆくであろうが、同時にそれは、工業的生産方式それ自体にも、革命的な変革をまきおこしつつある。それはいわば、きめのあらい工業に対する、きめこまかな情報産業的要素の導入であるといってよい」

また同時に、情報を「人間と人間のあいだで伝達される一切の記号の系列」と定義し、新聞、ラジオ、テレビなどのマスコミのほかに、教育機関、宗教団体、興信所、旅行案内業、競馬や競輪の予想屋にいたるまで、おびただしい職種が、商品として情報を扱っていると指摘した。

［**図5-1**］出口サインとして機能するトンネルの光
（撮影:筆者）

梅棹は、情報というものの特性について、1988年に以下のようにまとめ直した(3)。「情報は人と人との関係とは限らない。…動物以外のもの、あるいは無生物さえも情報を送り出しているものと考えることができる。たとえば、月と星という天体さえも情報の送り手である。光というかたちで、あるいは電波やX線というかたちで送られてくる情報を、われわれはとらえることができる。…情報はそれ自体で存在する。存在それ自体が情報である。それを情報として受け止めるかは、受け手の問題である。受け手の情報受信能力の問題である」

梅棹は、「情報はそれ自体で存在する、存在それ自体が情報である」と指摘し、それを情報として受け止めるかは、受け手の問題であると断じた。「存在それ自体が情報」とは、あらゆるものが情報となる可能性を持っているということである。この意味において、梅棹のいう情報と、筆者が1988年に定義したサインは同義である。梅棹はそれを意味的側面から「情報」と呼び、筆者は媒体的側面から「サイン」と呼んだ。

思考の成り立ちと記号の表現形式

サインに関する最も基礎的な研究領域は〝記号学〟semioticsである。記号学の歴史は極めて古く、ギリシャの時代からあったという(4)。ギリシャ語のセメイオン（sēmeion 記号、符号、兆候の意）を語源に、ヒポクラテスが「診断学」のような領域に、セメイオーティケーという表現を用いたのが最初らしい。近代学問運動の中でジョン・ロックは、近代的学問を自然学、実践学、記号学の三つに分類した。

近代においてもアメリカの哲学者チャールズ・サンダース・パース（1839-1914）が、すでに19世紀末に膨大な記号に関する論文を著していた。当時、その著作は人の目に触れることはなく、パース自身、貧困と孤独のうちに生涯を閉じたといわれている(5)。しかしパースの記号過程を分析したチャールズ・ウィリアム・モリスの論理学的記号論や、全く別な研究領域を出発点とする言語学的記号論が世に出るに及び、記号論は、人間、さらには生物全体が営む、知的営為や生命活動を解明するための学際的な課題として、次第に関心を集め始める。

①パースの記号論

現代記号学を創始したパースは、人間の認識と思考を本質的に〝セミオーシス〟semiosis（記号過程あるいは記号作用）と見なし、人間が意識し思考する限り、人間を取り囲むあらゆる対象が、人間に対して記号として作用していると論述する(6)。また〝存在〟beingとは、われわれの認識と思考の対象であり、われわれの認識と思考の対象はすべて〝記号〟signであるから、存在と記号は形而上学的に同じものであると主張する。「われわれは記号を使わずに思考する能力を持たない」「すべての思想は記号である」「人間の意識のどの要素をとってみても、それに対応するものが言葉の中に見いだせる」

記号とは、だれかに対して何ものかを〝表意する〟stand for ものである。より厳密に言えば、ある記号もしくは〝レプリゼンタメン〟representamen（表意体）は、人の心の中に等価な記号、あるいはさらに発展した記号をつくり出す。このようにつくり出された記号は、最初に与えられた記号の〝インタープレタント〟interpretant（解釈内容）と呼ぶことができる。その解釈内容が〝対象〟objectを表意しているのである。解釈内容がなければ、いかなるものも単なるモノにすぎず、記号となることはない。この「記号があり、解釈内容が生じ、対象を表意する」という、三者が作用し合う関係が〝セミオーシス〟である(7)。

あらゆる対象を「表意する記号」としてとらえたこの視点は、前項で梅棹があらゆる対象を「情報を送り出すもの」としてとらえた視点と同じであると考えられる。人間にとっての認識という問題を、梅棹は情報授受の内容から説明し、パースは情報授受の形式から説明したのである。

パースとともに現代記号学の祖とされるスイスの言語学者フェルディナン・ド・ソシュールは、言語記号は〝シニフィアン〟signifiant と〝シニフィエ〟signifié の二つの面から成り立っていると説明した。シニフィアンとは「記号表現、意味するもの、記号作用部」を指し、シニフィエは「記号内容、意味されるもの、記号意味部」を意味する(8)。

パースの記号学にあてはめて理解すると、ソシュールのシニフィアンは、パースのいうレプリゼンタメン（表意体）であり、シニフィエは、インタープレタント（解釈内容）とオブジェクト（対象）を一体的に言及しているということができよう。パースが解釈者の側から概念設定したのに対して、ソシュールは記号の側に主体をおいた説明を行ったのである。

現代の記号論一般では、言語記号に限らず、記号作用全般をシニフィアンとシニフィエ、すなわち「記号表現」と「記号内容」の二項から説明する論述が多い。

②記号の表現形式分類

このような記号表現と記号内容の結びつき方の観点から、パースは記号を以下の3種に分類した(9)。すなわち〝icon〟または〝iconic sign〟（ここでは「アイコン記号」と呼ぶ。ちなみに記号論の文献では「類似記号」や「図像記号」の訳語が多い）、〝index〟または〝indexical sign〟（ここでは「インデックス記号」、記号論では「指標記号」）、〝symbol〟または〝symbolic sign〟（ここでは「シンボル記号」、記号論では「象徴記号」）である［表5-1］。アイコン記号とは「対象を肖像的に（形をなぞるように）表す記号」、インデックス記号とは「何ものかを指し示す記号」、シンボル記号とは「抽象的な概念を表象する記号」である。

パースのいうシンボル記号は、基本的には思考にかかわる言語を想定していると思われるが、言語における記号表現と記号内容の結びつきは、極めて任意な、恣意性の高い特徴を備えている。例えば、記号内容「雨」を指す記号表現は、日本語では「あめ」であるが、外国では〝rain〟（英）、〝Regen〟（独）など、各地域それぞれ独自の語をあてて表現している。

恣意性を持つ記号は、一つの記号表現から新しい記号表現を容易に生み出せる柔軟性があるし、特に言語記号は、少数の音素を組み合わせて、多数の有意な記号（「単語」）をつくり、そこから句や文まで無限につくることが可能であるから、言語記号は、他と比較にならないほど、複雑で多様なコミュニケーションを可能にしている。

こうした理解から、パースはアイコン記号とインデックス記号は退化的で、シンボル記号こそ真正の記号であるとしたが、アイコン記号やインデックス記号のコミュニケーション能力が、シンボル記号と比べて低いと言っているわけではない。記号にかかわる計画を行うとき、「アイコン記号」「インデックス記号」「シンボル記号」という記号表現形式の分類は、表現と内容のかかわり方を理解するのに不可欠な基礎的概念区分である。

営団地下鉄のサインシステムを例に取って、パースの記号分類をあてはめてみると、図解情報として示した路線図や停車駅案内図、駅周辺案内図などは、現実の具体的な状況を図上に表現したものであるからアイコン記号である［図5-2］。近年、パソコンの普及によってアイコンという表現手段の理解が急速に広まったが、パソコンに用いられるアイコンのほかにも、ダイヤグラムやピクトグラムなど、直観的な理解に役立つアイコン記号の表現は、さまざまに考えられる。

また方向を示すサインや位置を示すサインなどに表示される「銀座線」「丸ビル」「出口Ａ１」などの名称は、それぞれの用語によって対象となる実体を指し示しているので、インデックス記号である［図5-3］。サインデザインの多くは、なんらかの実体を名称などの言語記号に置き換えて表示するから、一義的にはインデックス記号を表出する行為ということができる。この記号は、駅空間に限らず、あらゆる施設の案内系や宣伝系のサインに、共通して用いられている表現手段である。

文字記号に比べて、一段と高い視認性と印象度を持つ表現手段として考案された路線ごとのカラーリングや、入り口を示す緑の色、出口を示す黄の色、方向を指示する矢印記号などは、それぞれの概念を象徴しているのであるから、シンボル記号である［図5-4］。何かの概念を新しい言語に象徴させて構築するのは、人間において特徴的な能力であるが、種々の概念をマークや形象など、図形的な成果として記号で表すことができれば、一層直観的な理解に有用である。

目的とする記号内容を表現するのに、アイコン記号、インデックス記号、シンボル記号のいずれをどのように用いるのが適切かは、具体的なプロジェクトの計画を進める過程でおのずと見えてくるものである。

記号作用とコミュニケーション因子

ものを食べるには、何がどこに、どんな状態で置かれているかがわからないと、それを箸で取ったり口に運んだりすることができない。衣服を身につけるときも、どこにあるかを知り、前後ろがわかり、留め具と受けの関係を理解しないと着ることはできない。このように人間は、考えたり話したりすることばかりでなく、あらゆる行為を、情報を得ることによって成立させている。

もう少し厳密に述べると、人間は「視覚や聴覚、触覚、嗅覚、味覚などの感覚器官による情報受容」と「筋肉や骨格などの運動器官による行動」によって外部環境と接していて、「情報受容」が「行動」を生み出す前提になっている(10)。感覚器官で得た情報は、中枢神経の大脳に送られ、そこで情報に織り込まれた記号が記憶と照合され、認知、理解、思考、判断など、さまざまな意識活動が行われる(11)。

そのとき、心理学者の上杉喬（1939-2005）が「人間の言語と知識は、その内容に対象のイメージを含むものとして成立する」(12)と述べていることからわかるように、人間は情報に織り込まれた記号から、一方で記号が指示している対象を「意味」としてとらえ、他方で記号が持つ形や指示

［表5-1］記号の表現形式分類

アイコン記号 Icon, Iconic Sign	アイコン（イコンに同じ、肖像、形が似ているもの）
インデックス記号 Index, Indexical Sign	インデックス（指標、現れ、指し示すもの）
シンボル記号 Symbol, Symbolic Sign	シンボル（象徴、意味を表すもの）

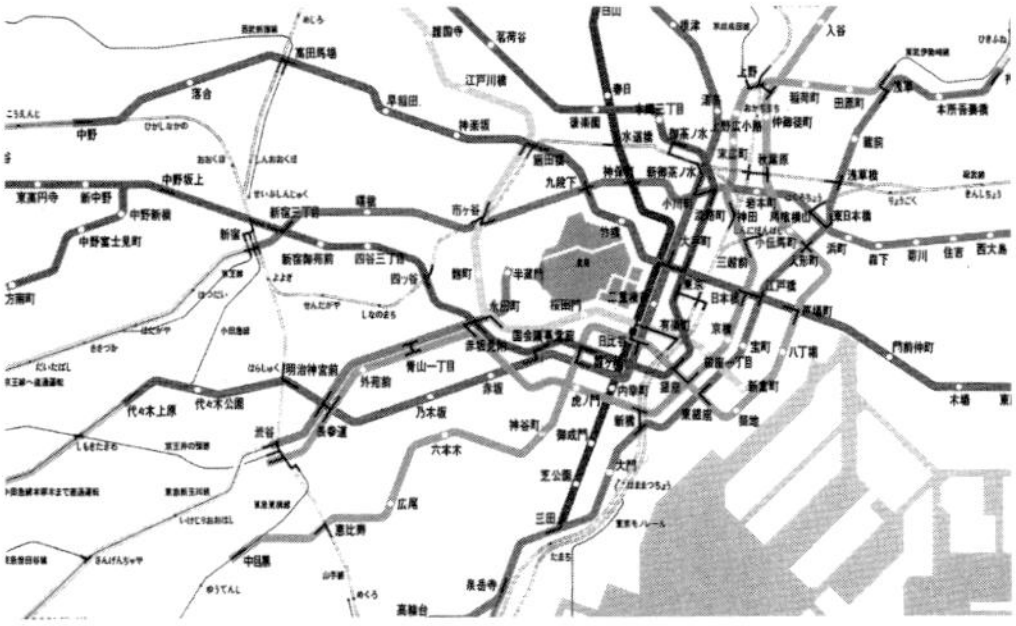

［図5-2］アイコン記号の例（路線図）

［図5-3］インデックス記号の例（各種の施設名）

［図5-4］シンボル記号の例（リングや矢印）

した意味内容から「イメージ」が喚起される。こうした現象が、情報に由来する〝記号作用〟significationである。

さらに詳しく見ると、人間が見たり聞いたりする情報の中に〝意味の記号〟sign of meaningと〝イメージの記号〟sign of imageが存在していて、それらの記号が中枢神経に作用して〝意味〟や〝イメージ〟を生み出している。中枢神経で生み出された意味やイメージは、また内的に感情や欲求などを喚起し、それらが相互的に作用して、判断過程において〝価値づけ〟という段階まで及ぶのである(13)(14)[図5-5]。

①意味の記号

ロシア生まれの言語学者ロマン・ヤコブソン(1896-1982)は、1956年の講演の中で、言語的コミュニケーションは〝差出人(情報の送り手)〟addresser、〝受取人(情報の受け手)〟addressee、〝メッセージ〟message、受け手が把握することのできる〝コンテクスト〟context、送り手と受け手の間に共通した〝コード〟code、そして、両者間の物理的絡路と心理的なつながりである〝コンタクト〟contactの六つを因子として成立すると述べた(15)。

社会学者の大澤真幸によれば、瑣末な要素を別にすれば、コミュニケーションの可能性を保証しているのは、受け手と送り手に共有されているコードであるという(16)。メッセージ(「志向内容」)は、あらゆる場合に記号の形式で与えられる。大澤は、コードとはその記号を意味に対応させるときに動員される知識の一般、つまり記号を解読する規範であると指摘した。ここで、コミュニケーションを成立させる因子相互の関係は、図5-6のようにまとめることができる。

まず、コミュニケーションである限り、必ず情報の送り手と受け手がいる。その両者のコンタクトがなければコミュニケーションが成立しないのは当然である。コンタクトとは、物理的、知覚的な接触、また人と人の出会い、心のつながりなどのことである。つまり目の前に話し手がいるとか、見たいものが手元にあるなどということがコンタクトの成立を意味する。

騒音で音が聞こえないとか、暗くて文字がよく見えないなどは、騒音や暗闇に阻害されて知覚的なコンタクト不良が起きているということである。文字が小さすぎて読めない標識も、降車専用ホームに設置された出発時刻表も、物理的な条件から知覚的にコンタクトができない例である。

また例えば大学の授業で、教師がどんなに新しい理論を情熱的に語っていたとしても、学生がほかのことに心を奪われていれば、コンタクトは成立しない。これでは心がつながらないのである。各種の案内表示に一生懸命工夫をこらしたのに、利用者に見る気が起きない場合も、心理的なコンタクトは不成立といえる。

コミュニケーションの主題は、伝えるべき情報内容、すなわちメッセージである。大澤が「志向内容」と訳したメッセージとは、送られてきた知らせ、これから解釈されるナマの情報のことである。ナマであるだけに、意味の記号とイメージの記号が未整理に交じり合って存在している。その点、誰かがすでに解釈を加えて、意味成分が絞られた〝インフォメ

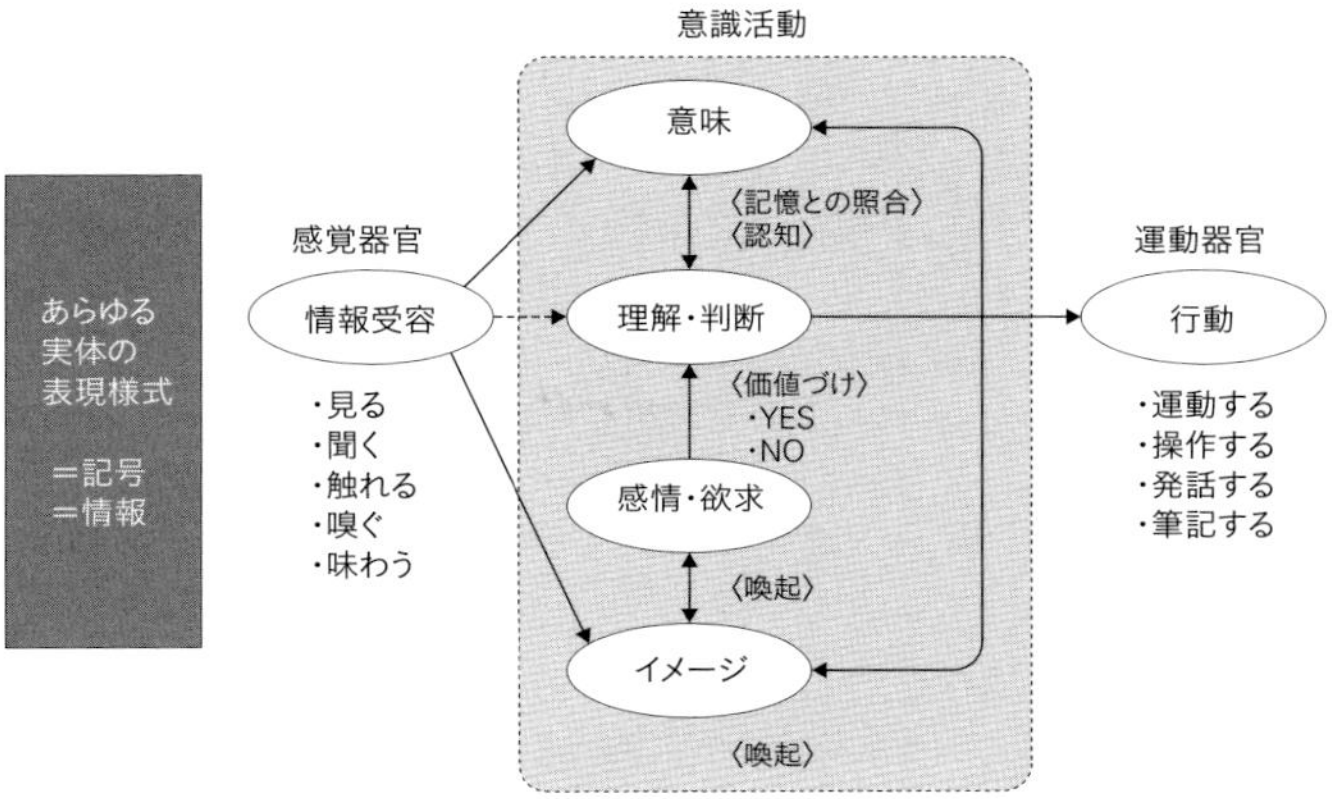

［**図5-5**］記号作用の概念図（作図:筆者）

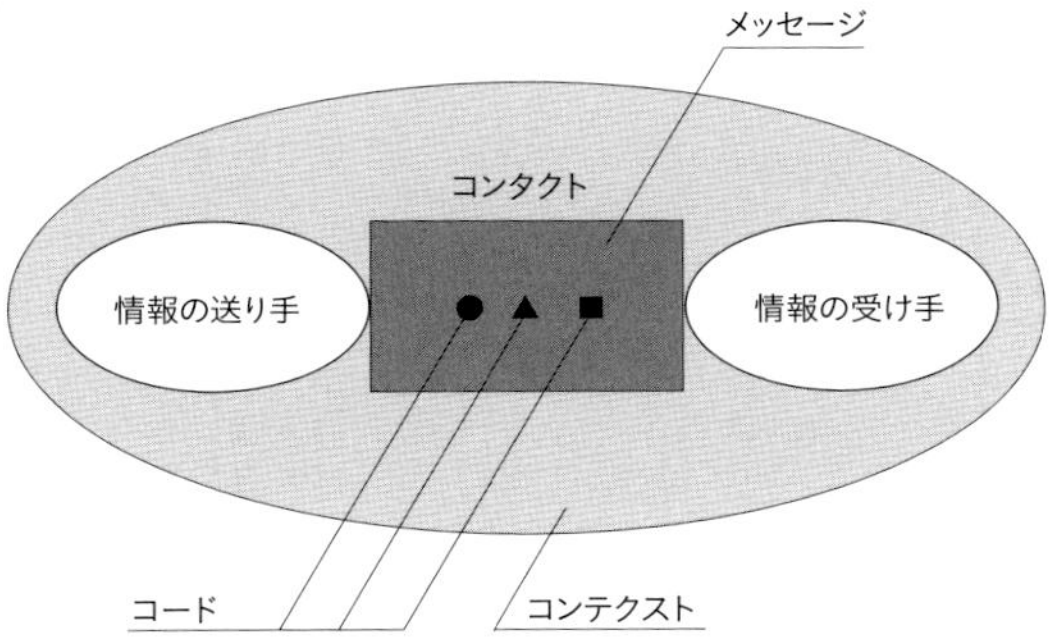

［**図5-6**］コミュニケーション因子（作図:筆者、初出『交通拠点のサインシステム計画ガイドブック』）

ーション〟information とは区別してとらえられるべきである。

メッセージの核心はコードである。コードとは、バーコードやコードナンバーなどと呼ばれるものと同じコードのことで、社会化された記号の体系、表現上の約束事のことである。世界中で、日本語や中国語など、それぞれの地域ごとの母語が、最も基本的なコミュニケーションコードになっている。例えば日本において、「赤」という単語が赤い色を指し、「電車」という単語がレールの上を走る大型の乗り物を指すということが大半の人びとの間で了解されているから、赤とか電車という言葉がコードとして認められるわけである。

「意味」とは、言語などの記号が指示する対象、記号や表現によって表される内容のことを指すが、意味の伝達を考えるうえで重要なのは、このコードという概念である。メッセージの送り手が記号内容と記号表現を結びつけてコードに示した内容を、受け手が解読できた場合、「意味がわかった」という了解が成立する。つまり意味がわかるとは、コードの解読完了ということである。すなわちコードとは「意味づけられた記号（意味の記号）」のことで、コードこそが意味の本質である。

受け手がコードを解読できなければ、当然意味は伝わらない。コミュニケーションで、意味がわからない事態に陥る最も原初的な原因は、送り手が適切なコードを選択していないか、あるいは受け手のコード読解力が不足しているかのどちらかである。

コードには言語のほか、交通標識のような視覚的コードや汽笛のような聴覚的コード、厳密に体系化されたコンピュータ言語、あいまい性を残した身振り言語などさまざまなものがある(17)。日本人であれば誰でも、鳥居を見てそこが神社であることがすぐにわかるように、あるいは、ブランコを見ればそれがなんであるか子どもでさえすぐにわかるように、建物や装置、設備など、人間がつくり出してきたものの形態も、コードとして作用する。

コードとは、ある文化圏の中に存在している意味記号の体系であって、コードとして成立するためには、その表現が繰り返し使用され、その表現が約束事になり、約束事が習慣になり、やがてその習慣が社会的な拘束力を持つほどまで、その文化圏の中に浸透していく過程を必要としている。近年よく見掛けるカタカナ名称など、新たに生み出された表現様式が、そうやすやすとコードになるわけではない。

一方で空や花木から天候や季節がわかるというような、自然現象が一定の意味として理解される例は、先人たちや科学者らによって解釈された内容がコードとして固定化され、その文化圏の中で、一定の意味を保って伝承されてきたことを示している。

コンテクストとは、文脈、前後関係、背景とも訳されるが、つまりは理解の前提条件のことである。例えば、親類同士のおしゃべりで「母が、母が」とのせりふが、本人の母のことか連合いの母のことかすぐにはわからないというようなことが起きるのは、進行中のコンテクスト（文脈）がすぐに読めないからである。

今日「ケータイ」という言葉は日本中で使われているが、使われ始めたころ、多くの高齢世代の人びとが、字面の意味はわかるが、実際にはなんのことかよくわからないとの感覚を抱いていた。彼らが活躍していた時代にそのようなものはなく、コンテクスト（文化的な背景）が変わっているからである。

駅で電車待ちをしているとき、線路向こうに見える3人の人形を描いた立て札が、なんの意味かわからない外国人は多いと思われる。諸外国には整列して列車待ちをする習慣は少なく、コンテクスト（文化的な背景）が違うからである。

最近わが国の超高層ビルで2階建てエレベーターが使われ始め、これに伴ってエレベーター乗り場を「ロア・ロビー」「アッパー・ロビー」の表示で案内する方法が見られるようになった。アメリカやシンガポールのオフィス・ワーカーにはあたりまえのこの用語も、日本のほとんどの利用者にとって意味不明な表示である。そもそも2階建てエレベーターがあることを知らず、ましてや、奇数階に行くには1階（ロア・ロビー）から乗り、偶数階に行くには2階（アッパー・ロビー）から乗るというコンテクスト（利用上の前提条件）を知らないからである。

②イメージの記号

上杉は言語の発生に関連して、「最初の段階で言語は、実際的状況や身振り、イントネーションに依存して、対象を単に指示したり、あるいは何かの信号を意味したりする喚声であった――このルリヤの考察（1975）から出発して、われわれは、コミュニケーションとしての喚声は、イメージ記憶の助けを借りて、その対象のイメージと結合するというイメージ作用により、コミュニケーションの道具としての言語となったと考えることができる」と述べている(18)。

つまり人類は、言語をつくり出す以前から、何ものかをイメージする能力を備えており、同一のイメージを多くの人びとが共有することで、喚声から言語への置き換えが始まったようである。

ここでいうイメージは、イメージのもととなる対象が存在し、その記憶が保たれて、それが不在にもかかわらず、心の中に生み出される対象の像のことである。誰もが心に浮かべることができる牛や馬、りんご、みかん、自動車、自転車、親兄弟…などの像がその例で、これを心理学では、心的表象とか心像、心象と呼んでいる。

もう少し奥行き感のあるイメージのとらえ方として、上杉は次のような例を紹介している(19)。「寒い冬の朝」という発話は、「寒さ」に関するさまざまな事柄―雪、氷雨、霜柱、北風―と結びついた知覚的または感情的体験や想像的内容を引き起こし、また「冬」に関するもの、「朝」に関するもの、さらに「寒い冬の朝」に関するものなど、さまざまな体験、知識、想像を引き起こす。そのメッセージは、イメージされたものすべてを含むことになり、言語的コミュニケーションは、イメージ作用により内容がより豊かなものになる。

この論述では、発話に伴って記憶から引き出された事柄がまず原初のイメージであり、そこからイメージ作用によって再び引き起こされた知覚的、感情的体験や想像的内容も、また共振的に発生するイメージであるとしてとらえられている。さらにそれは、「豊かなもの」として価値づけされるにいたる。

すなわち広義のイメージは、対象に対する連想反応として心に浮かんだ像（心象）や、心に浮かんだ断片的な言葉（思い出、印象）などを発端として、それらが再び要因となって生じた、感覚（感情、気分、情緒、情動、衝動、欲望）や欲求（欲望を満たすための要求）、価値意識（肯定、否定）などの全般を包括してとらえられる。

ここで「感情」とは、喜怒哀楽や好悪、快不快、美醜など、物事に感じて起こる気持ちのこと、「気分」は比較的弱い感情、「情緒」は折に触れて起こる感情、「情動」は急速に引き起こされる感情、「衝動」は人の心を突き動かす感情、「欲望」は強く望む衝動のことである。

本書でいうイメージ記号とは、このような広義のイメージ作用をもたらす原初のイメージ作用源のことである。すなわち、イメージ記号の特徴は、単に像を心に浮かべるというだけではなく、感情や欲求などの喚起、さらに判断過程における価値づけにいたる波及的な作用を伴っているということである。

パースが意味記号を念頭に、「記号があり、解釈内容が生じ、対象を表意する」との記号過程を指摘したように、ここでわれわれは、それと同時に「イメージ記号があり、感情や欲求が生じ、対象を価値づける」という記号過程があることを理解する必要がある。価値づけするということは、それを受け入れるか拒否するかを決めることなので、行動に対して決定的な影響を与える。「場合によっては、イメージが現実以上に意味を持つ刺激となり得る」(20)といわれるのは、このためである。

イメージを引き起こすのは言語だけとは限らない。一般に、具象語(具体的な対象物や具体的な動作、事象を表す語)はイメージが浮かびやすく、抽象語はイメージが浮かびにくいといわれている(21)。またある研究で、ベトナム戦争での虐殺場面の写真とそれに関する文章記事を実験参加者に示したところ、写真のほうが、より否定的な感情を生み出していることがわかった。すなわち感情喚起は、情報内容に一方的に依存するのではなく、その表現様式に大きく左右され、この場合、写真であることが、強く感情を引き起こす重要な要因となったことを示していた(22)。

衣服にせよ用具にせよ、日常的にわれわれは、あらゆる物品の形や色彩に対して、好みを持っている。物品に限らず、人は人に対しても、動物や植物に対しても、風景や光、風などに対してまでも、かなり強い好みを持っている。また対象が、音やにおいになると、その好みは、一段と個人差が大きくなる。好みとは、対象に対する好悪感覚と価値意識のことであるから、それが喚起されるということは、その知覚対象に、イメージ記号が含まれていることを示している。

日常的な体験から判断すると、観念的な言葉よりも、人間を取り巻く自然事象や生物、工作物、物品類などのほうが、好みで価値づけされる度合いが大きい。その度合いが大きいということは、それらの対象に作用性のより強いイメージ記号が入っているということを示しているのではないか。このことが、先に触れた戦争記事の例で、文章より写真のほうが強い感情を引き起こした原因になっているのではないかと考えられる。

2……デザインの意味

デザインの語源

英語の〝sign〟も〝design〟も、フランス語を介してラテン語に由来しているという。ラテン語の辞書には、signō(他動詞)しるしをつける、記す、指し示す、表すとあり、dēsignō(他動詞)設計する、表示する、指示する、描く、計画するとある(23)。

ラテン語の専門家によれば、signの語源はラテン語の動詞signoで、〝I point.〟(指差す)の意味であった。designの語源はラテン語の動詞dissignoで、〝I point to various things.〟

（いろいろなものを指差す）であり、これが発展して〝I make a plan.〟（計画を立てる）を意味するようになった。ラテン語の正書法は必ずしも徹底されていなかったため、dissignoをdesignoとつづることもあり、それが伝播する過程で、ラテン語の接頭辞dis-が英語の接頭辞de-に変化したらしい、ということである[24][25]。

英語の〝sign〟は、「指さす」から「指し示しているもの、表意するもの」、つまり「しるし、符号、記号、合図、直観的な情報源」の意となった。〝design〟の場合、「いろいろなものを指さす」から「計画を立てる」の間に、「いろいろなものを表意する、いろいろなしるしを表す」の含意があったものと思われる。

したがってデザインを「客体に表す、さまざまな情報を企図すること」「客体に内包する、さまざまな記号を見えるようにすること」と定義してもよい。すなわちデザインをするという行為は、本来、情報コンプレックスの状態にするということ、つまりサインの複合体を形づくることなのである。

この際、対象となる客体は、空間であっても、プロダクトであっても、グラフィックであっても、あるいはなんらかの機構や行動のようなものであってもかまわない。対象はなんであれ、それらの中にどのように意味やイメージの記号を織り込んで、企図するメッセージを使用者に伝えるかが、デザインの本質的な課題となるのである。

表現の昇華作業

原初の絵画の多くは、具象絵画と言われるようにアイコン記号である。それが一流の画家の作品となると、具象的なジャンルのものでもシンボル記号というのがふさわしい造形になっている。

多くの画家が作品を重ねるに従い、次第に苦悩を深めるといわれるが、これは自らの記号表現と記号内容の相関を吟味し、見つめ直し、幾度もつくり直しに挑むような、アイコン記号からシンボル記号へ昇華させる試行錯誤、内的な闘いに伴って生じる生みの苦しみである。

例えばパブロ・ピカソの場合、青の時代、バラ色の時代、アフリカ彫刻の時代、キュビズムの時代と、時期によって表現スタイルが大きく変化したことは周知のとおりである。これは、彼が表現しなければならない主題が、次々と変化したことを物語っている。作家がこのように表現した世界観が、鑑賞者の心を揺さぶり、そのときどきの絵からさまざまな意味やイメージを読み取り、共感を抱いたり、表現の向こうにいる描き手の感情と同化したりできるのは、鑑賞者がシンボル記号を見ているからにほかならない。

　原型としての建築はいわば殻のようなものだから、具象的に存在するだけのアイコン記号である。建築は内部に空間を持ち、外部は風景のエレメントとして存在している。内部空間はまた、床、壁、天井、窓、ドア、家具、什器、備品などさまざまなエレメントによって構成される小風景である。ここでは屋外の風景も、窓や開口部によって切り取られる眺望という空間構成エレメントに反転している。

　内部空間を構成するあらゆるエレメントが、さまざまに情報を発信して、総合としての空間が成立する。すなわち個々のエレメントの意味記号とイメージ記号の内容と性質によって、空間の質が決定する。

　建築が社会的にひときわ重要なデザインテーマであるのは、その質が風景や内部空間の評価を決定づけて、多くの人びとに強い影響を与えるからである。設計者は、位置取りやスケール、形、プロポーション、素材、テクスチャー、色彩、陰影、光などさまざまな表現言語を用いて、建築の屋内外に多様な記号を織り込もうとする。

　例えば、独創性、品格性、自由性、民主性、国際性、近代性、先進性、快適性、活性、軽快性、律動性、地域性、民族性、象徴性、権威性、優越性、歴史性、伝統性、郷愁性、意外性、屹立性、断絶性…等々。

　空間構成と表情によって多義的に示されたメッセージが、観察者にとって言語的により明瞭になれば、意味として理解され、あいまい漠然とした感覚に留まるのであれば、イメージとして感じられる。このようにして多義的なメッセージを伝えることのできた建築は、シンボル記号に昇華したと評価できる。


　デザインのうちグラフィカルな表現は、文字や図形、色彩、素材、形態といった多様な表現言語を持ち、そこには、物理的な事情に制約されない自在性がある。

　自由自在な表現においては、軽やかさ、若々しさ、動き、力強さ、きらめき、華やぎ、緊張感、斬新さ、洗練、気品、安らぎ、柔らかさ、心地よさ、落ち着き、気遣い、ぬくもりといった、多様なメッセージの制作が可能である。

　それが明瞭な意味を提供し、また同時に多彩なイメージを感じさせ得るとしたら、パースが退化的と表現した、つまり即物的で抽象性に乏しいアイコン記号やインデックス記号を、シンボル記号へと昇華させることに成功したのである。

　前節で、路線図は概念としてアイコン記号であると整理した。しかし自然発生的に広がってとらえどころのない鉄道のネットワークの進路方向が、シンプルに秩序感を持って整理され、人びとの生活により役立つ形に整えられて、わかりやすく美しいイメージを伝えられるとしたら、シンボル記号と見なすことがふさわしい［図5-7、5-8］。

ピクトグラムにおいても同様である。原初的で抽象性の少ないアイコン記号は、広く万人にとってわかりやすいという特徴を持つが、そのようなコミュニケーションの必然性から、具象的な図材を用いることが求められるピクトグラムを、より豊かなものにつくり変えるデザイン領域がある。

１９４８年に行われたロンドンオリンピックの「ボート競技」のピクトグラムは、単にオールを素朴にスケッチしただけのものであったが、１９６４年の東京オリンピックのそれは、図材を厳選し、無駄をそぎ落とした造形を施すことで、記号によって指示した対象である意味内容が一段と明確化し、印象としてとても力強く、かつスポーツらしい、はつらつとした躍動感が描き出されていて、訴求力、視認性とも極めて優れたものになっている(26)［図5-9、5-10］。

これはもともとアイコン記号であるものが、その造形力によって豊かなシンボル記号に昇華した好例である。

ロゴタイプ(27)においても同様なことが言える。小田急電鉄では、ＪＲ新宿駅の西側に沿う開発エリア一体を「新宿テラスシティ」と呼ぶこととし、そのロゴタイプを制定した。この制作に際して、無個性であったアルファベットの字形［図5-11］を出発点として、ロゴタイプの形象の上に、施設群のつながるさまや人びとの行き交うリズム感とともに、商業施設の持つ楽しさやおもしろさを表現した［図5-12］。これはエリア名称というインデックス記号を、文字が伝える意味に加えて豊かなイメージを含んだシンボル記号へと昇華させることを企図したものであった。

世界中の企業や機関などで、利用者、顧客、一般大衆に、より印象的なイメージを与えるためのこのようなタイポグラフィの造形活動が行われている。

デザインとは、それぞれの表現言語を用いて、対象に、より豊かな意味記号とイメージ記号を織り込み、アイコン記号やインデックス記号を、シンボル記号に昇華させる作業のことである。

スタイリングデザイン

社会学において、デザインの記号作用についてのシニカルだが、一部を認めざるを得ない指摘がある。フランスの社会学者ジャン・ボードリヤール（１９２９-２００７）は、１９７０年に著した『消費社会の神話と構造』の中で以下の

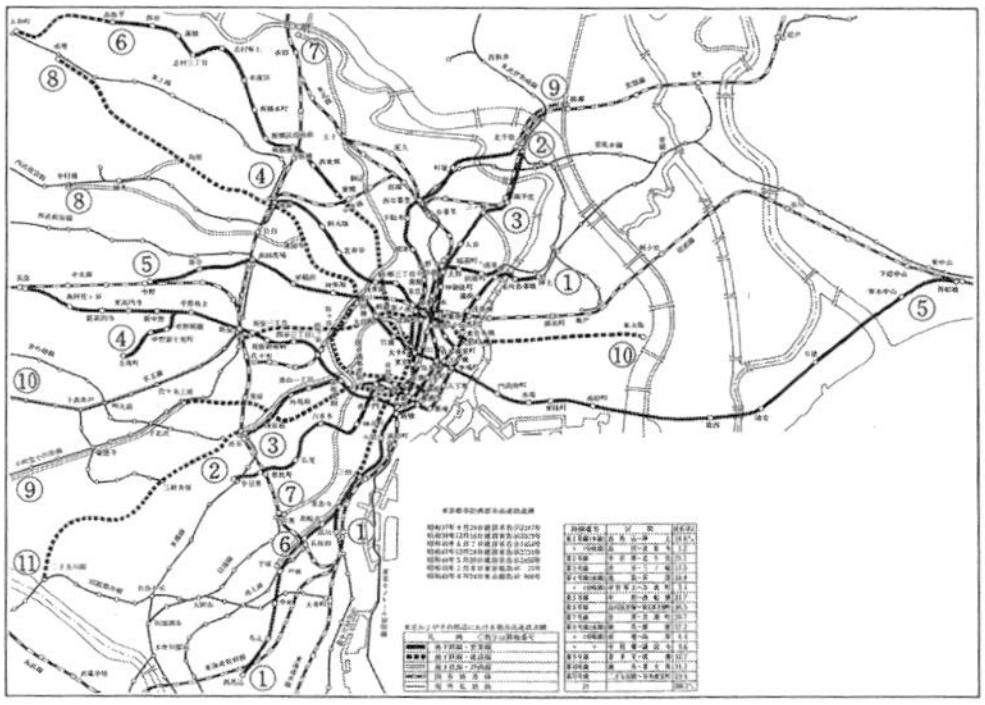

［**図5-7**］1970年策定東京地下鉄計画路線図
（『営団地下鉄五十年史』）

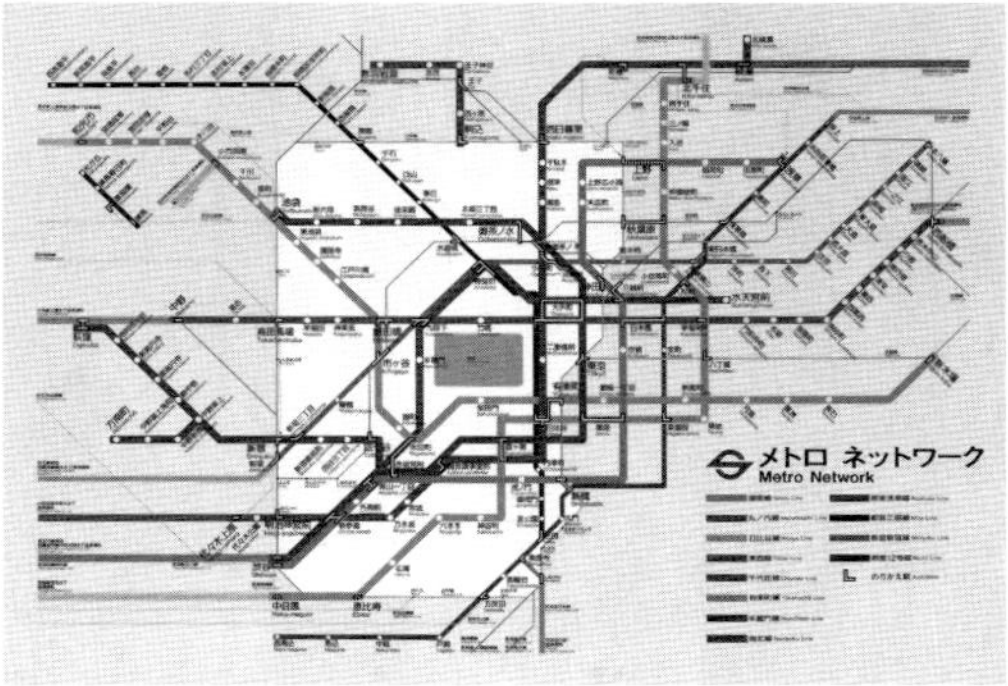

［**図5-8**］営団地下鉄路線図
（デザイン：黎デザイン総合計画研究所、1991）

［**図5-9**］1948年ロンドンオリンピックの「ボート競技」のピクトグラム（『SIGN, ICON and PICTOGRAM　記号のデザイン』）

［**図5-10**］1964年東京オリンピックの「ボート競技」のピクトグラム
（デザイン：山下芳郎、出典［図5-9］に同じ）

SHINJUKU
TERRACE CITY

［**図5-11**］無個性な「新宿テラスシティ」のアルファベット字形

SHINJUKU
TERRACE CITY

［**図5-12**］「新宿テラスシティ」の英文ロゴタイプ
（デザイン：黎デザイン総合計画研究所、小田切信二、2007）

ように述べている(28)。

「消費者はもはや特殊な有用性ゆえにあるモノと関わるのではなく、全体としての意味ゆえにモノのセットとかかわることになる。洗濯機、冷蔵庫、食器洗い機等は、道具としてのそれぞれの意味とは別な意味をもっている。ショーウィンドー、広告、企業、そしてとりわけここで主役を演じる商標(ブランド)は、鎖のように切り離し難い全体としてのモノの一貫した集合的な姿を押しつけてくる」

「イメージ、記号、メッセージ、われわれが消費するこれらのすべては、現実世界との距離によって封印されたわれわれの平穏であり、この平穏は現実の暴力的な暗示によって、危険にさらされるどころかあやされているほどだ。メッセージの内容、つまり記号が意味するものは、全くといっていいくらいどうでもよいものだ。われわれはそれらの内容にかかわりを持たないし、メディアはわれわれに現実世界を指示しない。記号を記号として、しかしながら現実に保証されたものとして消費することを、われわれに命じるのである」

社会学者の内田隆三によれば、モノの中に存する機能価値(効用)にかかわらない非構造的な要素として、モノが発散するイメージを多彩に魅力的に演出し、ほかのモノとの形態上の差異を配分する操作がデザインである(29)。

実際、目先を変えるために毎年のように繰り返されるモデルチェンジのデザインは、差異を配分する「衣替えの作業」と断定できるであろう。このデザイナーの手によって施される、内田の言う「多彩で魅力的なイメージ」をもたらす作用源のことを、ボードリヤールは「記号」と呼んだ。このような記号操作は、デザイナーが主体的にそのようにしてきたというよりも、経済機構の前衛として、組織的にそのような役割を負わされてきたと考えるのが正確である。

工業製品のデザインが、モノの機能価値とは無関係のところで行われ始めたのは、近代工業が幕開けした20世紀の初頭までさかのぼる。1908年に登場し、大胆な大量生産方式によって庶民の移動手段に革命的な変化をもたらしたT型フォードが、ボードリヤールの言うイメージ記号をまぶしたスタイリングデザインによってあっけなく生産中止に追い込まれたのは、市販開始から20年に満たない1927年のことであった。

ヘンリー・フォードによってつくり出されたT型フォードは、徹底的な規格化と画一化を前提とした大量生産方式によってコストダウンを実現し、自動車の値段が2000ドル近くした時代に850ドルで売り出され、1925年には290ドルまで下がった。

しかしフォードの機能主義は、実用を重んじ、浪費や華美を嫌う禁欲主義に結びついていたので、T型フォードは黒塗りの実用一点張りで、安価で堅牢を旨とする車であった。安価であるがゆえに多くの人びとは自動車を持てるようになったが、手に入れてみると、今度はほかの人と同じものしか持てないことに不満を抱くようになった。

フォードモーターから5年遅れでゼネラルモーターズ（GM）を創設したウィリアム・デュラントは、フォードとは対照的な経営者で、消費者の声に敏感に反応する「美術と色

［**図5-13**］1922年にブロンクス川パークウェーを走るT型フォード（『アメリカの機械時代 1918-1941』鹿島出版会）

［**図5-14**］ハーリー・アールのデザインによる1937年製ビュイック（出典：［図5-13］に同じ）

彩の部門」を設け、「自動車は見かけで売れる」と豪語する工業デザイナー出身の副社長ハーリー・アールとともに、製品を差別化して多様な欲求に応じる基本戦略を掲げた。

GMでは、この差別化、つまりクラス分けの導入のほか、カースタイリングの徹底、モデルチェンジの採用、広告活動の強化、割賦信用販売の拡大など、今日の自動車産業の業態につながるマーケティングシステムを総合的に展開して、瞬く間にT型フォードを駆逐し、やがて人びとの欲求を無限に創出する際限なき消費社会、実体不在時代へと続くビジネス展開の原型をつくり出したのであった[30][31]［**図5-13、5-14**］。

GMはフォードを抜いたのち、近年トヨタに抜かれるまで、80年ものあいだ自動車販売台数世界一の座を守った。世界一の座を守るためにデザイナーが貢献したことは、キャデラックやシボレーなど、ブランドごとのカースタイリングという付加的なイメージ記号の操作であった。

この20世紀初頭からアメリカで始まった、マーケティング戦略に沿って見かけをつくるスタイリングデザインという方法と概念は、その後ますます繁殖し、今日では世界中で「効用」や「必要」から切り離されて、ひたすら「欲望」を刺激し、「消費」を誘う商品が次々につくり出されている。

「新しいモード」と称して、ある年つくり出したものを、翌年

にはいとも簡単に否定するファッションの分野はもとより、かつては耐久消費財と呼ばれていた商品も、さらにはオフィスビルやマンション、都市街区までも、消費のための廃棄と生産を、モノの寿命とは無関係な短いサイクルで繰り返すようになっている。

その際のキーワードは、「新しいイメージ」「魅力的なイメージ」「豊かさのイメージ」、つまり必ずしも意味を伴わない、売るための幻惑的イメージであった。

デザインの意識範囲

わが国の近代デザインの歴史は、もう少し質実な認識を持って始まった。すなわち、第二次世界大戦前、工芸品の量産化と輸出振興を目的として設立された国立工芸指導所(32)は、仙台で漆工、金工、図案の研究や、技術者の養成、機関誌の発行などを行っていたが、その地をドイツ人建築家ブルーノ・タウト（1880-1938）が訪れたことがきっかけとなって、わが国の本格的な近代デザインの模索が始まった。ブルーノ・タウトは桂離宮を絶賛した『日本美の再発見』を著したことで有名な人で、仙台を訪れたのは1933年の暮れのことであった。

タウトは、日本人のしていることは、伝統的工芸品の意匠をただ機械的に再現しようとするのみで、形態と製法技術の関係を無視していると批判し、「規範原型」の必要性を主張した。〝規範原型〟Mustermodellはドイツ工作連盟(33)やバウハウス(34)の基本理念で、大量生産のための基本型を意味した。

タウトは居住、仕事、食事、睡眠の各機能に関連する椅子、机、戸棚などあらゆる家庭用品について、日本固有の伝統と、国際的な習慣・生活様式の合一から、世界に通用する日本的なモノの創出を説き、まずその基本形式を確認することを訴えた。

具体的に木製仕事椅子と照明器具、ドアハンドルの規範原型の研究と試作が行われ、ようやく「用」と「機能」を踏まえた工業デザインの問題が、初めて深く研究されるようになった。タウトの滞在はわずか4か月であったが、日本のデザイン発達史の上に残した足跡は、極めて大きいものであった(35)。

第二次大戦中、工芸指導所で息をひそめていた美学出身の小池新二（1901-1981）(36)は、戦後間もない1949年に開かれた中小企業振興工芸展覧会に次の文を寄せて、「デザイン」の用語の提唱と、デザインが主導する工業化社会の到来を予言した(37)。

「〝工芸〟という概念を、自転車のランプからミシン、乳母車、厨炉の類にまで押し広げるというふうに考えている人も多いようだが、もっと言葉を慎重に使いたい。…もういわゆる工芸の時代ではないのだ。われわれの生活はとうにインダストリアル・エイジに入っているからである」

「これは工芸の発展ではなくして工芸の没落であり、換言すれば全く新しいデザイン運動の勃興なのである。それはまさに世紀の大事件であり、第二次の産業革命を意味する。日本は、今次の敗戦によってはじめて、この革命を迎えることになったのである。…われわれの生活を合理化し、技術化し、豊かにする、あらゆる生活用品の生産工業を刺激し、指導する年次展は、将来、大工業のメーカーたちによって行われることになろう」

ここで、タウトにおいても小池においても共通に、バウハウスのデザイン理念を踏まえて、デザインの目的は商品を売ることにあるのではなく、造形的な技術を人びとの生活の向上に寄与させることにあると認識していたのである。彼らの言説を、現代的な社会背景とデザインの意味からとらえ直すと、次のように述べることができる。

われわれがデザインする対象には、プロダクツやメディア、スペース、インフラストラクチャーなどがある［図5-15］。人びとの生活をより豊かなものにするという大きな目標に沿って、それらのモノ、コト、仕組みに、なんらかのメッセージを織り込んでいくことがデザインという作業である。

具体的には、一方でユーザーの感覚を十分意識して、他方では生産に必要な技術体系をしっかりと踏まえ、モノ、コト、仕組みをつくり出す。そのとき、それらの周囲には多様な人間社会があり、さらにその外側に多様な自然環境があることを認識するのは、現代では当然なことである［図5-16］。

ここでユーザーが受け取るメッセージには、意味とイメージの両方があるから、イメージのことしか意識していないデザインは、ユーザー感覚の半分しか見ていないことになる。その結果ユーザーは、モノに込められた価値の半分しか認められず、すぐに廃棄してもかまわないなどの判断を下すことになる。

これは地球にとっても社会にとっても生産に携わった人びとにとっても、とても大きな損失である。イメージしか意識しないデザインは、結局、人びとの生活をより豊かなものにすることにつながらないのである。

3……サインのデザイン

サインのメッセージ分類

意味的にとらえたサインの定義は1節で述べたとおりであるが、今日、建築設計や環境デザインなどの領域で、多人数が集散する施設などに設置される視覚表示によるコミュニケーションメディアを、サインと呼ぶ場合が増えている。この狭義でいうところの「サイン」は、以下の5点が対象物の輪郭になっている。

1　視覚的な媒体である
2　空間上に掲出されている
3　原則として常設的な掲示である
4　表示しているメッセージが固定的である
5　人が移動しながら、または一次休止的な状態で視認する

最も端的な日本語で表せば、「標識」あるいは「掲示標」「案内板」のことといってよい。あえてカタカナで「サイン」と呼ばれだした背景には、そのデザインに携わり、普及に努めてきた人たちが、デザインの対象が物的な「板」にあるのではなく、表示されている「記号表現」そのものにあると強く意識していたこと、またそれまでの施設管理的な掲示物と違うものを目指して、むしろその形式を打ち破って斬新なイメージを与えつつ、見る人が直観的に理解できるような表現スタイルを開発したいという意図を抱いていたことなどが指摘できよう。

欧米では、もとより標識のことを“sign”と呼ぶのが一般的であった。国際航空運送協会（IATA）が1956年に発行した空港施設整備参考マニュアルの『Airport Buildings and Aprons』には、“Sign Posting”についての記述がある(38)（Sign Postingは、直訳すれば、「標識の掲示」であろう）。また1965年に発行された英国国鉄の『Corporate Identity Manual』では、「Architecture and Signposting」に1章が割かれている(39)（一語のsignpostは「道標、案内標識」）。最近の例でも、アメリカ連邦道路管理局が発行している『Manual on Uniform Traffic Control Devices for Streets and Highways, 2003 Edition』の「標識」の章の表題は、“Signs”と表現されている(40)。

歴史的にみると、わが国での「サイン」という語の普及は、「ネオンサイン」から始まったと言えるようである。第二次世界大戦後間もない1953年の銀座に、ネオンサインで光り輝く森永製菓の広告塔が出現し、明るさを渇望する人びとから拍手喝さいを浴びた。続いて同じネオンサインを活用した、

松下電器産業（現パナソニック）、三菱電機、新日本電気（当時あったNECの子会社）などの広告塔も次々に建てられて、「ネオンサイン」は復興日本のシンボルとして、広く全国に知られるところとなった(41)。

1965年に「関西ネオンデザイナークラブ」を母体とした「日本サインデザイン協会」が設立され、年度ごとに完成したサインデザインの成果を顕彰するSDA賞がスタートするが、その募集部門が、第1回から第4回（1966～69年）はA・自社建築物に設置したサイン、B・賃貸借媒体に設置したサイン、C・店頭小形サイン、D・公共サイン、と区分されており、また第5回から第8回（1970～73年）はA・大型サイン、B・店頭小形サイン、C・建植サイン、

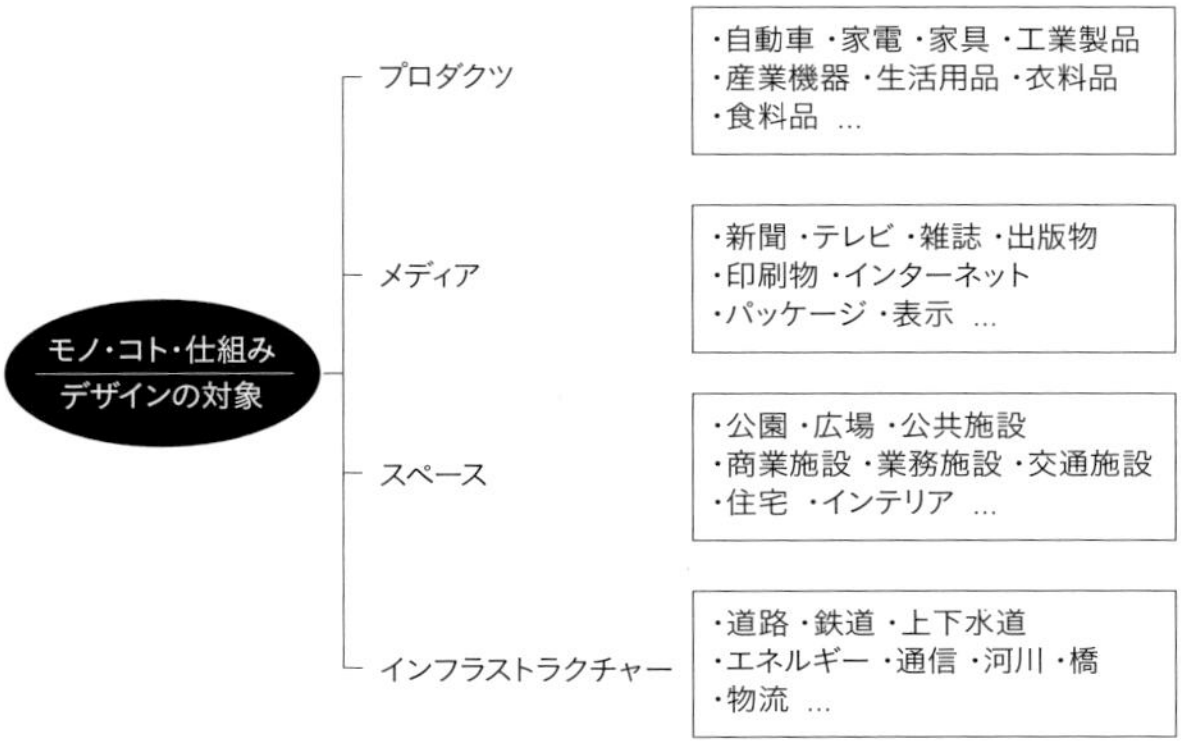

［**図5-15**］デザイン一般の対象（作図:筆者）

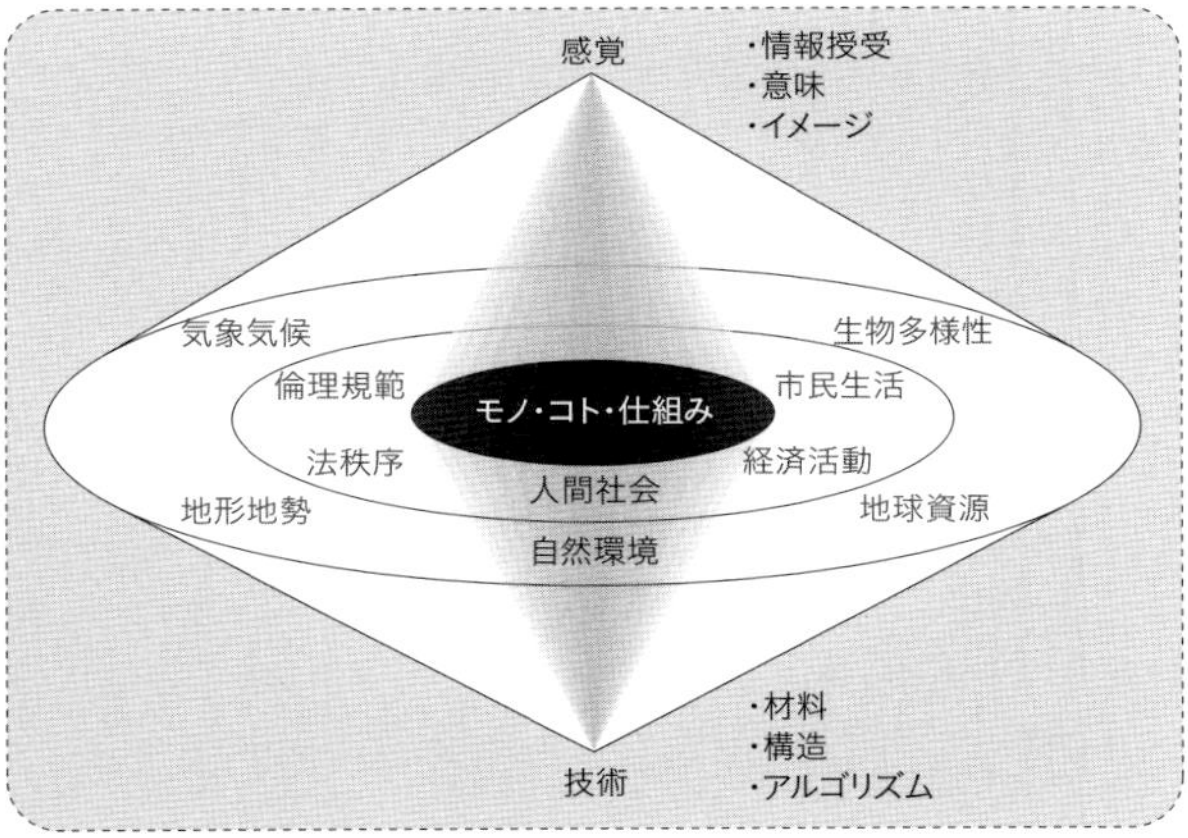

［**図5-16**］デザインの視界（作図:筆者）

D・標識類、に区分されている。1回から4回のAとB、5回から8回のAが、主にネオンサインを対象としていたことは、応募例からみても明らかであった(42)。

①場所別の分類

最近のわが国では、サインを「公共サイン」と「商業サイン」に大別してとらえる考え方が一般的になっている。先述したSDA賞でも、1975年以降、言い方に多少の変化はあるものの、サインを「公共サイン」と「商業サイン」の二つに分類する考え方が採られている。実例を顕彰したり社会事象を総括したりするために、多人数が集散する施設を「公共施設」と「商業施設」に大別して、同類の施設内におけるサインデザインの違いを比較評価しようとする意味で、この分類は一応理解できる。

しかし1995年以降のSDA賞の募集要項では、「都市や公共・公益施設などに公共の目的のためにつくられたサイン」と「広告や企業・商業施設の演出などのためにつくられたサイン」が並列されている(43)［表5-2］。このように、公共施設のサインが公共目的で、商業施設のサインが演出目的であると限定してしまうと、別な問題が発生するので注意が必要である。

この分類では、例えば都市景観の観点から、道路という公共空間に出現する屋外広告をどのように評価するかとか、ユニバーサルデザインの観点から、商業施設内でエレベーターやトイレ案内のようなパブリック情報の提供をどのように考えるかという問題など、サインデザインにおける重要なテーマが、行き場を失ってしまう。サインの掲出場所と情報内容の性質は別次元のものであるから、それを混同してはならないのである。

また商業施設において、空間演出の良しあしが売り上げに大きな影響を与えることは確かであるが、演出とは「効果を上げるように工夫すること」なので、商業施設のみの留意事項とは限らない。どのような情報であれ、多人数が集散する空間上に掲出する限り、演出性や環境内のほかの要素との関係性に配慮するのは、当然なことである。

②メッセージ別の分類

人間はその場所にいなくても、なんらかの出来事や情景を思い浮かべたり、考えたりできることからもわかるように、情報とは本質的に、空間性に制約されない特性を持っている。つまり、サインの分類を場所分類に追随させてしまうのは適当とは言えない。サインの分類は、情報の送り手と受け手の間でやり取りされるメッセージの違いから整理するのが正当である。

一方で人間がやり取りするメッセージは、無限の可能性を持っているから、一般論としてその内容を分類することは不可能に近いが、多人数が集散する空間での常時掲出を前提とすると、掲出することが認められるものには限界があり、今日の社会では、宣伝のためのサイン、案内のためのサイン、規制のためのサインの3類は掲出してもよい、とのコンセンサスが得られているように思われる。すなわちメッセージ別の分類は表5-3のように示すことができる。

宣伝のためのサインは、情報の送り手の存在や取り扱い商品、あるいは主義主張などを、多くの人に知らせようとする意図で掲出される。通常、公序良俗に反するものは認められないが、現実にその判断は難しく、掲出場所の管理者が許しさえすれば、表現の自由度はかなり大きい。この類のサインは商店や企業によって掲出される場合が多いが、官公庁など公的機関による宣伝のためのサインも少なからず掲出されている。

案内のためのサインは、情報の受け手の利便や満足のために情報提供しようとする意図で掲出される。移動や手続き、操作の支援のための情報提供、あるいは知識の提供などの例が多い。この類のサインは、公共施設と商業施設の別なく、掲出場所の管理者の判断のもとに掲出されている。

規制のためのサインは、情報の受け手の安全を確保するために、または送り手のプライバシーやセキュリティを守るために自由な行動を制限しようとする意図で掲出される。この類のサインも、公共施設と商業施設の別なく、掲出場所の管理者の判断のもとに掲出されている。

［表5-2］最近のSDA賞の募集区分
（日本サインデザイン協会『第39回SDA賞作品募集 2005』）

パブリック部門	都市や公共・公益施設などに公共の目的のためにつくられたサイン
コマーシャル部門	広告や企業・商業施設の演出などのためにつくられたサイン
オリジナル部門	各種のイベントやエンターテインメント施設の演出，マルチメディアなどの新しい試み，サインの多角的な広がりや可能性を追求する活動など

［表5-3］メッセージ別サイン分類

宣伝のためのサイン **Signs for Publicity Campaign**	宣伝、広告、広報、CI活動などの目的で情報を掲出するサイン
案内のためのサイン **Signs for Public Information**	案内、誘導、説明、告示などの目的で情報を掲出するサイン
規制のためのサイン **Signs for Regulation Indication**	規制、警告、強制、禁止などの目的で情報を掲出するサイン

これら3類のサインは、掲出意図がそれぞれにおいて明快であるが、言語や概念は無限に発想できることもあって、特にわが国のサインでは欧米諸国と比較しても顕著に、これらのサインに集約できないような、微妙なニュアンスを帯びているサインが数多く掲出されている［図5-17］。

その一つは、「勧誘のためのサイン」とも呼べるような、「宣伝」と「案内」の中間に位置する情報群である。例えば鉄道ターミナル駅で、自社線の案内は強調する一方、他社線の案内は意図的におろそかにするような場合がある。これでは案内とは言えず、宣伝とも言い切れないから、あえて呼べば「勧誘情報」になる。関連企業の情報をさりげなく案内する、売りたい商品を一般に紛れ込ませて案内する、観光地で常時歓迎表示を高々と掲げておくなど、この群の例は、全国のさまざまな施設で意外に多く見受けられる。

また「気遣いのためのサイン」とも呼べるような、「案内」と「規制」の中間に位置する情報群もある。次の駅で開くドアはこちらです、というような親切情報や、車内では詰めて座るように、というようなマナー情報、傘を忘れるなというような注意情報などが、この一群に入る。最近多く見られる中国語や韓国語などの表示も、部分的なので案内とは言い難いが、親切心からのケア情報と考えれば、この一群に入ると思われる。最近よく来てくれる客筋に対するホスピタリティとみれば、「勧誘のためのサイン」に位置するのかもしれない。

これらのサインは、いずれも情報の送り手の思惑が微妙に織り込まれているだけに、受け手にとっては明瞭感に欠けることも多く、その結果かえって誤解を招いたり、環境を複雑化する要因になることもあるので、扱いには注意が必要である。

システムを構成するサイン種類

特定の施設やエリア内で、複数のサインの表示内容や表示方法などに相関関係を与えて、個々のサインの総和で一定の目的に沿った情報提供を行うとき、それらサイン類の全体を〝サインシステム〟sign systemという。すなわちサインシステムと呼ぶには、以下の特徴を備えていることが要件になる。

1 複数のサイン（〝サイン類〟signage）で構成されている
2 サイン類の全体で所定の情報が伝わるよう、相互補完的に計画されている
3 対象空間内を移動中に、情報を連続的にたどることができるように計画されている
4 サイン類はいくつかの種類に分類でき、同種のサインは統一的な様式を持っている

5　システムを構成する各種サイン間の用語法や表示方法などの方則が整えられている

ある施設やエリア内に設置される種々のサインがシステム化されていることで、空間内に固定的に表示したサイン類でも、移動する利用者の誘導案内を可能にすることができるし、またその空間全体が特定の主体者によって維持管理されていることを、利用者に伝えることができる。

［**図5-17**］サインのメッセージ分類の概念図（作図：筆者）

サインシステムという語は、わが国では、1975年に筆者が『日本サインデザイン年鑑』(44)の中で、営団地下鉄の新しい旅客案内掲示の方法を説明する際に使用したのが最初と思われるが、その後、全国の鉄道駅や都市街区のサイン計画などで、徐々に用いられるようになった。前項で触れた日本サインデザイン協会も、その語を活用している。

また交通エコロジー・モビリティ財団が1998年に『交通拠点のサインシステム計画ガイドブック』(45)を刊行したり、国土交通省が2001年に「公共交通機関旅客施設の移動円滑化整備ガイドライン」(46)(47)でその用語を使用したりしたことで、「サインシステム」という語の社会的な認知は一層広がった。2003年刊行の日本建築学会編・全面改訂版『建築設計資料集成［人間］』(48)の「第4章　環境・行動」では、『交通拠点のサインシステム計画ガイドブック』の図版を紹介しつつ、「サインシステム」と題した項目がまとめられている。

前出の国土交通省の「ガイドライン」では、誘導案内設備を視覚表示設備と視覚障害者誘導案内用設備の二つに分け、また視覚表示設備を「サインシステム」と「可変式情報表示装置」の二つに分類している。すなわち「サイン類を動線に沿って適所に配置して、移動する利用者への情報提供を行う誘導案内のための視覚表示設備の総体」が、このガイドラインで定義しているところのサインシステムである。

前項の分類に照らせば、サインシステムは「宣伝」「案内」「規制」のそれぞれに考えられるが、宣伝のためのサインがシステム化されている例は乏しく、その体系を解説する文献も見当たらないことから、サインシステムといえば「案内のためのサインシステム」を指すことが多い。また「規制のためのサインシステム」は、「案内のためのサインシステム」に含めて検討されることが多い。

①慣習上の分類

これまで、サインシステムの構成要素となる分類として、社会慣習的には二つの流れがあった。その一つは1983年に刊行された『建築設計資料集成 10 技術』(49)に示されている「公共サインの種類と機能」(担当専門委員は、大阪万博サイン計画設計者の金子修也・1937-)で、もう一つは「公共交通機関旅客施設の移動円滑化整備ガイドライン」(50)(51)に示されている筆者による「サインの機能種別」である。

前者では、「サインを体系的に計画・設置することをサイン計画」と呼び、「不特定多数の人を対象とする公共的な場におけるサインの場合」の「伝達機能によってサインを大別」したものであると述べられ、さらに「計画対象となる場それぞれの特性に合わせて必要な品目を設定し、相互に関連づけることが大切である」とコメントされているから、サインシステムの構成要素を整理する観点からまとめたものと思われる。そこには、記名サイン、誘導サイン、案内サイン、説明サイン、規制サインの5種類が示されている［表5-4］。

後者には、誘導サイン、位置サイン、案内サイン、規制サインの4種類が示されている［表5-5］。

前者の分類は、金子の所属したGKグループが都市街区のサインを多く手掛けたことから、その分野の公表資料などで多く使用され、また後者の分類は、鉄道分野のマニュアルなどで多く引用されているが、論理的に考察してみると、両者とも整理すべき課題が残っている(以下前者を「都市分野分類」、後者を「鉄道分野分類」と仮称する)。

②論理的な分類

論点は三つある。その一つは、日本語として記述したい概念を的確に意味する単語が選ばれているかという意味論からの議論、二つ目は、分類時の概念区分に一定の平仄性が保たれているかという統語論からの議論、三つ目は、判断された分類区分が必要十分なものかという実用論からの議論である。

まず意味論から、両分類にある「誘導サイン」、都市分野分類の「記名サイン」と鉄道分野分類の「位置サイン」、両者共通の「案内サイン」、都市分野分類の「説明サイン」、両者共通の「規制サイン」のそれぞれの概念の的確性を考察する。
「誘導」とは、「目的に向かっていざない導くこと」をいう（広辞苑第五版、以下同）。その目的語は〈人〉である。一方この用語の意味するところは「目的事物への方向を示す」（都市）、あるいは「施設等の方向を指示する」（鉄道）と示されている。つまり両者とも、目的語は（目的事物や施設などの）〈物〉であって、それを〝指さす・指し示す・指示する〟direct 機能を想定している。〈物を〉「指し示す」ことと、〈人を〉「誘導する」ことは別なことである。したがって「誘導」の語は、「指示する」に置き換えるほうが概念を的確に表すことができる。

都市分野分類にいう「記名」とは、「名前を記すこと」をいう。一方この用語の意味するところは都市分野では「他と識別させる」と示されている。「記名する」ことは、「他と識別する」ことの一つの方法ではあるが、「識別する」ことではない。

鉄道分野分類にいう「位置」とは、「ある物が全体との関係で占める場所」をいう。一方この用語の意味するところは鉄道分野的には「施設等の位置を告知する」と示されている。ここで「位置」は目的語であり、述語は「告知する」である。機能種別を示す単語は、作用を叙述する語であることが望ましいため、「位置サイン」は再考を要する。

「記名サイン」と「位置サイン」の機能解説から推し量ると、この両者とも、「それをそれとして伝える」機能、つまり〝同定する〟identify 機能を想定している。したがって「記名」や

［表5-4］『建築設計資料集成 10』の「公共サインの種類と機能」

記名サイン	事物の名称を示して他と識別させる …名札、表札、のれん、看板、銘石など
誘導サイン	目的事物への方向を示す …誘導板、誘導灯、誘導舗石など
案内サイン	事物の所在と相互関係の全体を示す …地図板、ルート案内板、館内案内板など
説明サイン	管理者側の意図や事物の内容を示す …掲示板、告知板、解説板、説明板など
規制サイン	安全や秩序を保つための行動を促す …禁止表示板、警告表示板、注意表示板など

［表5-5］「公共交通機関旅客施設の移動円滑化整備ガイドライン」の「サインの機能種別」

誘導サイン類	施設等の方向を指示するのに必要なサイン
位置サイン類	施設等の位置を告知するのに必要なサイン
案内サイン類	乗降条件や位置関係等を案内するのに必要なサイン
規制サイン類	利用者の行動を規制するのに必要なサイン

「位置」の語は、「同定する」に置き換えるほうが概念を的確に表すことができる。

「案内」とは、「その場所を知らない人などを導いて連れて歩くこと」や「事情を説明し知らせること」をいう。つまり語彙から見ると「案内」には、「誘導」も「説明」も含まれている。

すなわち前項の整理のように「宣伝、案内、規制」と対比した中で「案内」の語を用いるのは合理的であるが、「案内のためのサイン」の中で再び「案内サイン」という種類を設けても、特定領域の機能を表すことはできない。

「案内サイン」における「案内」の意味は、「事物の所在と相互関係の全体を示す」（都市）、あるいは「乗降条件や位置関係を案内する」（鉄道）と示されている。両者とも具体的には、地図やルート図などをイメージしていて、「（相関関係のある内容を）図を用いて平明に示す」機能、つまり〝図解する〟illustrate または diagrammatic 機能を想定している。したがって「案内」の語は、「図解する」に置き換えるほうが概念を的確に表すことができる。

都市分野分類にいう「説明」の意味は、「管理者側の意図や事物の内容を示す」とされ、具体的には掲示板や告知板、解説板、説明板などと書かれている。「管理者側の意図」には、「案内」も「規制」も想定され、これだけでは機能が特定できない。また「事物の内容」という言い方も、なんの内容なのか読み取れない。

公共空間でサインシステムが担う「案内」では、駅空間においては特に「移動経路の案内」や「設備等の利用方法の案内」が重要であるが、観光地や展示会場などでは「事物の来歴や属性等の案内」が必要とされるときもあり、官公庁や諸機関などでは、管轄範囲の人びとに対して「管理者が行う作為等の案内」や「管理対象物の状況等の案内」が必要になることもある。

このようにみると、都市分野分類にいう「事物の内容を示す」機能は、事物の来歴や属性などを案内するために〝解説する〟explain（分析的に説明する）ことを想定し、「管理者側の意図を示す」機能というのは、管理者の作為や管理対象物の状況などを案内するために〝告示する〟bulletin、あるいは〝通達する〟notice ことを想定しているように思われる。

ここで日本語の「告示」と「通達」はかなり近い意味であるが、「通達」のほうが上意下達の印象を帯びている。ちなみに英語の〝bulletin〟はニュース性を帯びている場合に用いられ、〝notice〟は警告性を帯びている場合に用いるのが一般的なようである。したがって都市分野分類で「説明」の語でまとめていた対象は、「解説する」「告示する」「通達する」の三つに分けてとらえるほうが概念を的確に表すことができる。

「規制のためのサイン」は前項でみたように、「案内のためのサイン」と反対方向に指示する情報である。どの公共空間においても、管理者のない空間はなく、また管理者がなんらかの規制（きまり、また規律を立てて制限すること）を示すことのない空間はまれなので、「案内のためのサイン」とともに、公共空間のどこかに必ずこのサインも掲出されていることになる。「規制のためのサイン」は、規制する度合いによって、〝注意する〟caution、〝警告する〟warn、〝指図する〟instruct、〝強制する〟mandate、〝禁止する〟prohibitなどの階層的な概念を含んでいる。

したがって「規制サイン」としてまとめていた対象は、「注意する」「警告する」「指図する」「強制する」「禁止する」の五つに分けたほうが概念を的確に表すことができる。

第2に統語論から、概念設定するとき、隠された主語や目的語との関係から、語彙領域の平仄性をどのように保つかという観点から考察する。

「誘導する」や「案内する」「説明する」「規制する」はいずれも他動詞で、意味を完結するには目的語を必要とする。他方「記名する」には目的語である〈名〉が含まれているから、この語は目的語を必要としない自動詞である。また「位置サイン」の「位置」は目的語そのものである。これらのことから、「誘導」「案内」「説明」「規制」「記名」「位置」を並置すると、異なる語彙領域の語が混在してしまい、平仄性に欠けることになる。

「誘導」の目的語は〈人〉であり、「案内」の目的語は〈人〉にも〈物〉にもなる。また「説明」の目的語は〈物〉である。「規制」の目的語は〈人の行為〉である。「記名」や「位置」が目的語とかかわらないのは、先に述べたとおりである。目的語とのかかわり方から見ても、これらを混在させて使用することは、無秩序な印象を否めない。

第1の論点から絞られてきた「指示する」「同定する」「図解する」「解説する」「告示する」「通達する」「注意する」「指図する」「強制する」「禁止する」は、いずれも他動詞という観点から平仄性が保たれている。しかしそれぞれの目的語は異なるので、そのすべてを並列に示すと、かえって理解を妨げる恐れがある。

第3に実用論から、それぞれの案内目的に照らして、必要不可欠なサインはなんであるかという観点から考察する。

「移動経路の案内」においては、目的施設等の方向を「指示した」あと、そこにいたってその施設等を「同定する」必要があることは、多くの事例からみて明らかである。また金子が大阪万博で「全体を示す地図」を用いたり、筆者が営団地下鉄で種々の図表類を設定したりしたことが前例となって、「図解して」案内する必要があることも、歴史的に証明されている。

「設備等の利用方法の案内」においても、文章で案内するより「図解して」案内することの優位性は、容易に想像できる。このことから、多人数が集散する施設では、むやみと「(文章で)解説する」サインを用いるべきではないと考えられる。

「解説する」サインや「告示する」サイン、「通達する」サインが状況によって必要になることは先にみたとおりである。ただし「解説」は、パンフレットのほうが効果的な場合も多いので、このサインは常に必要とは考えないほうがいい。

また「規制のためのサイン」もときとして必要になるが、社会一般では、とりわけこの類のサインに必要性が疑われる例が散見される。掲示したい事柄を、「注意」にあたるのか「禁止」にあたるのかなど、一段掘り下げて吟味すると、掲示の適否を冷静に判断することができる。

以上を総括すると、サインシステムの構成要素となるサイン分類は、次のように整理するのが適当である。

まず大くくりには、「案内のためのサイン」と「規制のためのサイン」がある。移動経路や設備等の利用方法の案内は、「指示サイン」「同定サイン」「図解サイン」の3種をエレメントとしてシステムを構成するのがよい。事物の来歴や属性等の案内には「解説サイン」を用いる。管理者の作為や管理対象物の状況等の案内には「告示サイン」または「通達サイン」を用いる。規制のためのサインには、規制する度合いによって「注意サイン」「警告サイン」「指図サイン」「強制サイン」「禁止サイン」の各々を段階的に用いるとよい［表5-6］。

ただし、どのシステムにおいても全種類のサインが必要なわけではなく、例えば駅空間においては、「指示サイン」「同定サイン」「図解サイン」の3種と、最小限の「規制のためのサイン」があれば十分であることは、改めて述べておきたい。

サインメディアの計画要素

コミュニケーションメディアであるサインは、必ずメッセージとしての「情報内容」と、表し方の形である「表現様式」、それに「空間上の位置」という三つの計画要素を持っている。これは、多くのプロジェクトの計画要素から帰納的に導き出される一般原則である(52)。

新聞やテレビ、スマートフォンなど、ほかのメディアに目を転じてみても、それらにも情報内容があり、それぞれの表現様式が工夫され、お茶の間であったり、電車の中であったりというように、いずれかの空間上の位置で見聞きされている。このことからもわかるとおり、この三つの属性を持つ原則は、あらゆるコミュニケーションメディアに共通するものと言うことができる。

サインメディアの三つの計画要素をさらに分析的にみると、以下のように整理できる[図5-18]。

①情報内容

コミュニケーションメディアの〝情報内容〟messageは、さらに〝コンテンツ〟contentsと〝コード〟codeに分析できる。

[表5-6] サインシステムの構成要素となるサイン分類

案内のためのサイン Signs for Public Information	**移動経路、設備の利用方法等の案内**	指示サイン Direction Sign
		同定サイン Identification Sign
		図解サイン Diagrammatic Sign
	事物の来歴や属性等の案内	解説サイン Explanation Sign
	管理者の作為、管理対象物の状況等の案内	告示サイン Bulletin Sign
		通達サイン Notice Sign
規制のためのサイン Signs for Regulation Indication		注意サイン Caution Sign
		警告サイン Warning Sign
		指図サイン Instruction Sign
		強制サイン Mandatory Sign
		禁止サイン Prohibition Sign

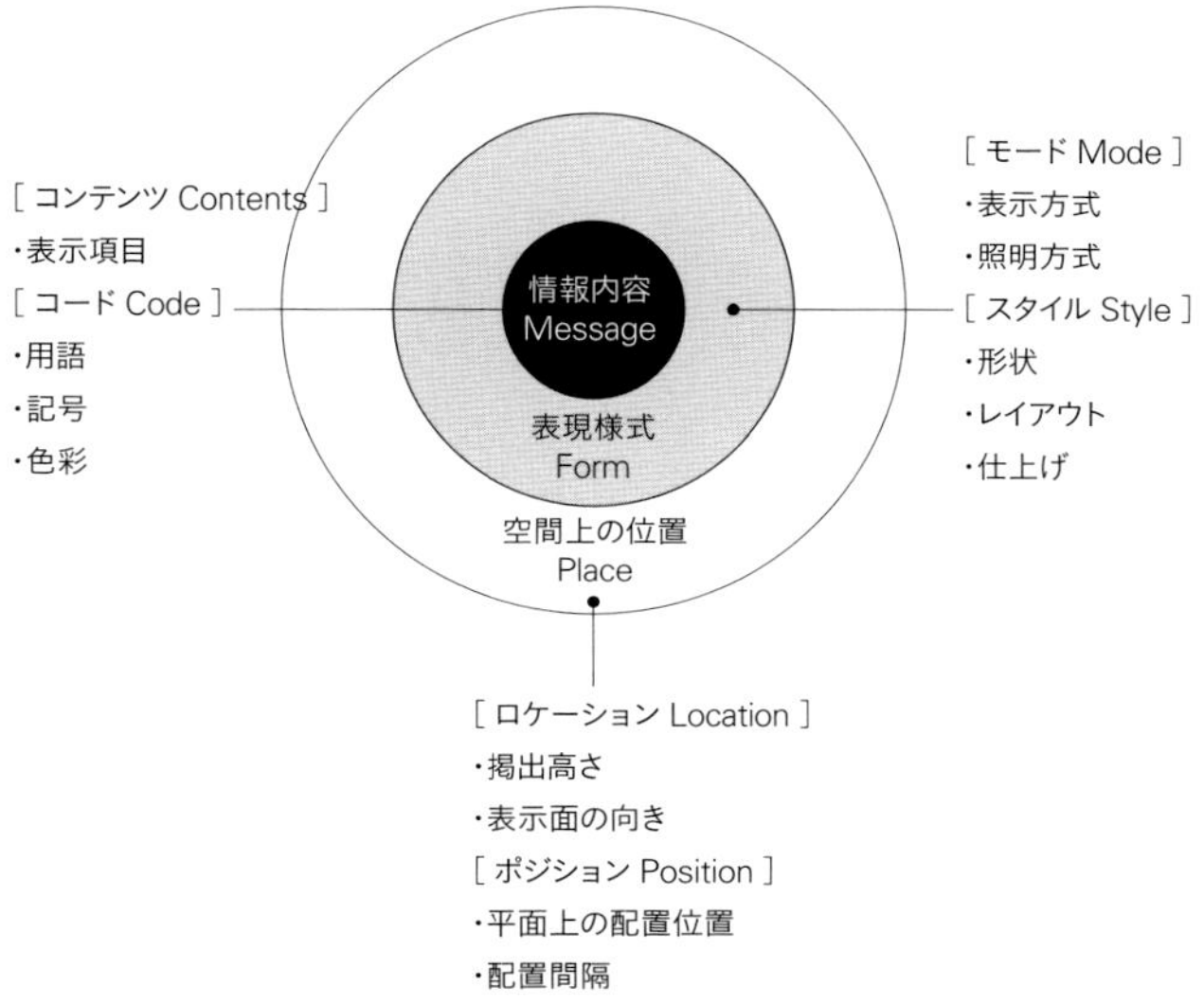

[図5-18] サインメディアの計画3要素（作図:筆者、初出『公共交通機関旅客施設のサインシステムガイドブック』）

コンテンツとは、情報の中身について、目次に示すときのようにタイトル形式にまとめたものを指し、ここでは「表示項目」と訳す。コードとは、意味づけられた記号の体系と先に述べたが、具体的にはその社会で共通に用いられる言語や数字、図記号、そのほかのグラフィカルシンボル、ルール化されている色彩などのことである。

「鉄道駅のディレクションサインでは、出入り口と改札口を表示する」などの言及は、「出入り口に関する情報」、「改札口に関する情報」の表示が必要という意味であり、「コンテンツ」に関して述べたものである。一方、改札口の名称を「東口」とするか「東改札」とするか、それとも「八重洲口」とするかなど、具体的な用語に関する言及がコードにあたる。

このコンテンツとコードは、サインメディアのわかりやすさを決定的に左右する計画要素である。

②表現様式

コミュニケーションメディアの〝表現様式〟form は、さらに〝モード〟mode と〝スタイル〟style に分析できる。モードとは表現の方法（方式）のことで、スタイルとは外観（姿型）のことである。スタイルは形状、レイアウト、色彩、仕上げなどによって形成される。

サインには、「表示方式」や「照明方式」などの違いからいくつかのモードがある。表示方式とは、固定表示または可変表示、あるいは点滅表示などコンテンツの表し方による器具の製作方法のことで、また照明方式とは、表示面を明るく照らし出すための照明方法のことである。

サインのスタイルには、モードに基づいてつくり上げられる立体的な器具のスタイルと、コードなどを描き表した平面的な表示面のスタイルがある。なお「スタイル」を決めることをデザインと呼ぶ場合があるが、これはデザイン行為のうちの一部分を指す概念である。

このモードとスタイルは、サインメディアの見やすさと魅力のありようを決定的に左右する計画要素である。

③空間上の位置

コミュニケーションメディアの〝空間上の位置〟place は、さらに〝ロケーション〟location と〝ポジション〟position に分析できる。ロケーション（設置位置）とは計測的な位置のことで、「掲出高さ」と「表示面の向き」の二つがある。ポジション（配置位置）とは相関的な位置のことで、特定のサインの「平面上の配置位置」と、平面上に繰り返される二つ以上のサイン間の「配置間隔」が問題になる。

駅空間などで掲出するサインは、遠くから歩行を止めずに視認できるように計画する遠距離視認型と、近くから一時立ち止まって視認するように計画する近距離視認型の2種類に大別できるが、いずれの場合でも、視認者の自然で見やすい視野内にロケーションを設定するという考え方に基づいて、掲出高さと表示面の向きが決められる。

またサイン掲出のポジションは、情報ニーズの発生位置とすることが基本で、長い通路がある場合、人が忘れたり不安になったりすることに備えて、同一の情報を繰り返し確認できるように配置間隔を定める。

このロケーションとポジションも、サインメディアの見やすさ、わかりやすさに大きな影響を与える計画要素である。

計画要素とコミュニケーション因子の関係

1節でまとめたように、コミュニケーションを成立させるためには「情報の送り手」「情報の受け手」「コンタクト」「メッセージ」「コード」「コンテクスト」の六つの因子が必要であるが、これらの因子と、「情報内容」「表現様式」「空間上の位置」というサインメディアの三つの計画要素は、以下に示すような関係性がある[図5-19]。

「情報の送り手」がサインの計画設計者、施設管理者であり、「情報の受け手」がサインの視認者、施設利用者であることは言うまでもない。

その送り手と受け手が「コンタクト」するということは、具体的には、サインを見えるようにするということである。見えるようにするためには、必要な明るさを確保し、読める大きさに表示し、見やすい対比関係を保つことが必要で、これらはすべて「表現様式」の課題である。

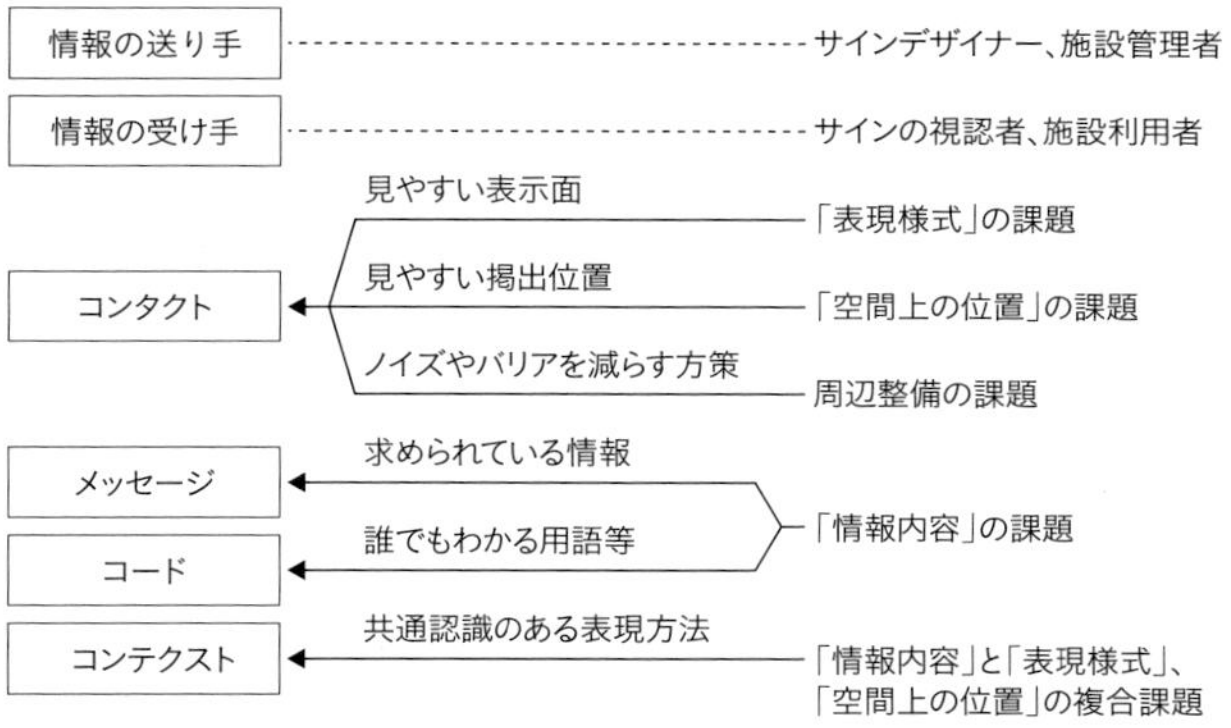

[**図5-19**]コミュニケーション因子と計画要素の関係(作図:筆者)

また同様に見えるようにするためには、見やすい掲出位置を確保し、見やすい表示面の向きを確保し、求められる位置に情報を掲出する必要がある。これらはすべて「空間上の位置」の課題である。

さらにサインを見やすくするために、周辺の商業広告を目立ちすぎないようにコントロールし、視界を遮らないように売店等を配置するなど、ノイズやバリアを減らす周辺整備の課題も、コンタクトの確保を目的としている。

「メッセージ」がいるということは、サイン上に、利用者が求めている情報内容を表示するということ、「コード」がいるということは、より多くの人が理解できる用語等を選択するということで、いずれも「情報内容」の課題である。

「コンテクスト」がいるということは、情報の受け手との間で共通認識されている表現方法を取るということである。コンテクストには、文脈上の共通認識の問題、文化的な背景に基づく共通認識の問題、利用上の前提条件の共通認識の問題などがあることは1節で述べたとおりである。

コンテクストの問題は、どのような状況下で、どのような表現方法を取るのが適切かというような、「情報内容」と「表現様式」、「空間上の位置」の複合課題である場合が多い。

ここでの考察から、サインメディアの三つの計画要素は、コミュニケーションの成立を確かなものにするために、サインシステムの計画者が行うべき具体的なデザイン課題であることがわかる。

(1) 赤瀬達三「サイン」、『インテリア大事典』、362頁、壁装材料協会、1988

(2) 梅棹忠夫「情報産業論1963」、『情報の文明学』、37-63頁、中央公論新社、1999

(3) 梅棹忠夫「情報産業論への補論」、前掲(2)、75-77頁、1988

(4) 坂本百大「記号論」、『記号学大事典』、113-115頁、柏書房、2002

(5) 米盛裕二『パースの記号学』、まえがき、勁草書房、1981

(6) 前掲(5)、2-8頁

(7) 前掲(5)、109-117頁

(8) 江川清「セミオロジー」、前掲(4)、266-267頁

(9) 前掲(5)、143-159頁

(10) 羽根義、広田正之、若原敏裕、三橋秀明、谷本祐一、北澤節『地下・光・空間そして人間』、58頁、テクネット、1988

(11) 斉藤良夫「人間の特性」、浅居喜代治編『現代人間工学概論』、60-61、67頁、オーム社、1980

(12) 上杉喬「イメージと思考」、『イメージ心理学1 イメージの基礎心理学』、103頁、誠信書房、1983

(13) 大熊保彦、鈴木晶夫「イメージと感情・動機」、前掲(12)、219-222頁

(14) 河合隼雄『ユング心理学入門』、51頁、培風館、1967

(15) ロマン・ヤコブソン(池上嘉彦、山中桂一訳)『言語とメタ言語』、101頁、勁草書房、1984。ロマン・ヤコブソンはロシア生まれの言語学者。構造主義的音韻論で、一般言語学、記号学分野の世界的権威とされる。ロシア革命後チェコに移り、やがてアメリカに亡命して、クロード・レヴィ=ストロースに構造主義を伝えた。

(16) 大澤真幸「他者・関係・コミュニケーション」、『岩波講座・現代社会学 第3巻 他者・関係・コミュニケーション』、16頁、岩波書店、1995

(17) 江川清「記号」、前掲(4)、108-109頁

(18) 前掲(12)、104-105頁

(19) 前掲(12)、108頁

(20) 前掲(13)、219頁

(21) 前掲(12)、109頁

(22) 前掲(13)、220頁

(23) 水谷智洋編『改訂版羅和辞典』、研究社、2009

(24) 筆者は1994年に、当時慶應義塾大学客員講師であったニール・マックリン氏からこのことを教わった。

(25) ブリタニカ国際大百科事典(電子辞書対応小項目版2004)には、「designの語源はラテン語の〝指示する、表示する〟を意味するdesignare」と書かれているが、本文中の「dēsignō」は、不定法(動詞の基本となる名詞的動詞)で「designare」と表す動詞の一人称変化した形である。

(26) ライアン・アブドゥラ、ローゲル・ヒュープナー(星屋雅博訳)「SIGN」、『ICON and PICTOGRAM 記号のデザイン』、66、68頁、ビー・エヌ・エヌ新社、2006

(27) 〝ロゴタイプ〟logotypeとは、印刷のために活字を一字一字手で組んでいた時代に、in、an、the、andなどのようにたびたび用いられる語を、ひとまとめにしてつくった鋳造活字のことを

いった。印刷手法が活版からオフセット、ＤＴＰと大きく変わった近年にいたっても、この言葉は残り、広告界などで、広告や印刷物、製品、パッケージ、書簡箋、看板などに表示される登録商標、会社名などを指すようになった。現在ではキャッチフレーズや固有名詞なども含めて、常に一定の書体、一定の文字組みで使用するものを総称してロゴタイプという。

(28) ジャン・ボードリヤール（今村仁司、塚原史訳）『消費社会の神話と構造』、14、26頁、紀伊國屋書店、１９９５

(29) 内田隆三『消費社会と権力』、14-18頁、岩波書店、１９８７

(30) 前掲(29)、7-12頁

(31) リチャード・ガイ・ウィルソン、ダイアンＨ・ピルグリム、ディックラン・タシジャン（永田喬訳）『アメリカの機械時代１９１８-１９４１』、61、95頁、鹿島出版会、１９８８

(32) 国立工芸指導所は、後に通商産業省の所管となって産業工芸試験所、製品科学研究所と改称、その後、東京工業試験所（後の化学技術研究所）と再編統合された物質工学工業技術研究所・生命工学工業技術研究所を経て、２００１年より独立行政法人産業技術総合研究所に連なる。

(33) ドイツ工作連盟は１９０７年に結成された。アーツ・アンド・クラフツ運動に端を発した19世紀末の造形運動は、一様にクラフト指向で工業化・量産化というテーマには背を向けていたが、ドイツのヘルマン・ムテジウスは、ヨーロッパ内で遅れをとるドイツ工業の産業化を図るためには、質の高い工業製品のスタンダードを設定することが重要と考え、連盟を結成して経済的で合理的な製品をつくる産業のあり方を説いた。これによってドイツ最大の電機メーカーＡＥＧなどで、量産を前提としたデザインが検討されるようになる。

(34) バウハウスはドイツのワイマールで、ワルター・グロピウス（１８８３-１９６９）によって第一次世界大戦後の１９１９年に創設された国立の造形学校である。バウハウスでは、工芸・写真・舞台装飾から建築に至るまでを総合的に究めて、各芸術分野と人間生活を融合させることを目標として、工房活動を中心とした研究を行い、世界各地から学生が集まった。当初の造形は主観性の強い表現主義的なものであったが、次第にドイツ工作連盟の目標と重なって、装飾を排除した構成主義的で機能的な形態が追究されるようになった。彼らの運動は次世代に最も大きな影響を与えて、モダンデザインと呼ばれる20世紀の支配的な造形主張の源となった。

(35) 鈴木道次「『タウト提案』についてのメモ」、『日本の近代デザイン運動史』、38-41頁、財団法人工芸財団、１９８７

(36) 小池新二は東京帝国大学文学部美学美術史学科卒で、千葉大学教授を経て九州芸術工科大学（現、九州大学芸術工学研究院）を創設。

(37) 小池新二「所感」、『工芸ニュース』、27頁、技術資料刊行会、１９４９・02

(38) International Air Transport Association「Sign Posting」、『Airport Buildings and Aprons』、１０１-１０６頁、１９５６

(39) ココマス委員会『企業とデザインシステムＡ２・公共輸送機関』、18頁、産業能率短期大学出版部、１９７６

(40) U.S. Department of Transportation, Federal Highway

Administration「Part 2 Signs」、『Manual on Uniform Traffic Control Devices for Streets and Highways』、TC 2-1頁、2003

(41) 本多美昭「〝光芒する記号〟から〝光る建築〟までのネオンサイン史」、『日本サインデザイン年鑑 1979』、133-140頁、グラフィック社、1979

(42) 日本サインデザイン協会「会報 第23回SDA賞特集号」、5頁、1989

(43) 日本サインデザイン協会「第39回SDA賞募集要項」、2005

(44) 赤瀬達三「地下鉄有楽町線のサイン計画」、『日本サインデザイン年鑑 1975』、20-21頁、グラフィック社、1975。当時筆者が強く意識していたのは、1970年にイギリスのStudio Vista Ltdから出版されたCrosby/ Fletcher/ Forbesによる『A Sign Systems Manual』における表現である。

(45) 交通エコロジー・モビリティ財団『交通拠点のサインシステム計画ガイドブック—鉄道ターミナル駅を例とした人にやさしい情報提供の考え方と計画手法—』(アメニティターミナルにおける旅客案内サインの研究 平成9年度報告書)、1998

(46) 交通エコロジー・モビリティ財団「公共交通機関旅客施設の移動円滑化整備ガイドライン」、37頁、2001。これは国土交通省が指針として策定したものであるが、その頒布版の発行は、交通エコロジー・モビリティ財団が担当した。

(47) 前掲(46)の図書は、2000年の交通バリアフリー法の施行に伴って、交通分野における高齢者・障害者等の安全かつ円滑な移動を確保するために、公共交通事業者が施設整備を行う際のより具体的な内容を示す必要から、法施行の翌年に国土交通省が各方面の専門家を集めて検討委員会を開催し、その議論を経て指針としてまとめたものである。同ガイドラインでは、経路等の移動のしやすさ、設備等の使いやすさのほか、案内表示類のわかりやすさが重要との認識から、「移動経路に関するガイドライン」「施設・設備に関するガイドライン」と並んで、「誘導案内設備に関するガイドライン」に1章が割かれている。

(48) 日本建築学会『建築設計資料集成［人間］』、111頁、丸善、2003

(49) 日本建築学会『建築設計資料集成 10 技術』、119頁、丸善、1980

(50) 前掲(46)、37頁

(51) サインシステムについての参考文献が極めて少ないとの認識から、前年度に策定された「公共交通機関旅客施設の移動円滑化整備ガイドライン」内の「サインシステム」の項の解説書として、国土交通省の監修のもとに交通エコロジー・モビリティ財団が『公共交通機関旅客施設のサインシステムガイドブック』を2002年に発行し、その中でもこの分類について解説が加えられた(7頁)。

(52) 前掲(45)、9頁

第6章
機能論

1……鉄道駅の位置づけ

交通事業の理念

ここでは、本書がサインシステム計画の対象として取り上げる公共空間、とりわけ公共交通空間の代表例である鉄道駅について、その社会的な位置づけを考察する。

2000年に制定されたいわゆる交通バリアフリー法では、鉄道事業者、乗合バス事業者、定期航路事業者、航空運送事業者らを「公共交通事業者等」と呼んでいる(1)。この法律に照らせば、鉄道事業は公共交通事業の一つである。

鉄道事業の位置づけを基本的に規定するものに鉄道事業法（1987年）がある。この法律は、鉄道等の利用者の利益を保護するとともに、鉄道事業等の健全な発達を図り、もって公共の福祉を増進することを目的として定められた。同法には、一般的な営利活動とは違って、他の事業者等と相互に協力して旅客の乗り継ぎを円滑に行うための措置を講ずるよう努力しなければならない、などの条文もみられる。

鉄道事業法研究会が著した『逐条解説鉄道事業法』(2)(3)によれば、鉄道事業では、輸送の安全を確保し、良質な輸送サービスを安定的かつ継続的に提供することが公共の福祉に照らして極めて重要との判断から、免許制を取ったとされている。その後、行政全般にわたる規制緩和の流れの中で、鉄道事業を免許制から許可制に転換する改正（1999年）が行われたが、事業内容を公共の福祉に照らすべきとの考え方は変わっていない。

このような文脈から、交通バリアフリー法では「公共」の言葉が用いられていて、「公共の福祉を増進する」ことこそ、鉄道事業の最上位の理念として考えられている。

法学者の萩野芳夫(4)は、「公共の福祉」という概念は日本国憲法においても、私益に優先する公益を掲げた全体主義的なものではなく、個人の人権は最大限尊重されるが、その個人の権利といえども他人の権利を無視して行使し得ないという制約を意味していると述べている。その憲法には、「生命、自由、幸福追求に対する国民の権利は、公共の福祉に反しない限り、国政上、最大の尊重を必要とする」と書かれている。公共空間だからといって、むやみに規制を強めて人びとの自由を奪うのは、公共の福祉を踏みにじることになってしまうのである(5)。

他方、政治学者の阿部齊(6)は、日本で公共を「おおやけ」と解釈するとき、皇室を公《おおやけ》と呼び、家長に対する家人の奉仕を公事《おおやけごと》と称してきた歴史的な背景から、今日なお、個人の帰属する集団全体が個人に優位し、個人は全体に無条件に奉仕することを当然の帰結とする考え方がこの語に含まれていると言う。そうした含意が、これまで「公共の福祉」をわかりづらくしてきた事実は否めない。

端的に言えば、漢字の「福」も「祉」も〝幸い〟の意味(7)だから、公共の福祉とは、〝パブリックハピネス〟public happiness（みんなの幸せ）のことである。鉄道事業法でも、みんなの幸せを増すことが、事業を認める最終目的と言っている。また国政の基本原理から見て鉄道事業においても、「他人に迷惑をかけない範囲内で、各人の自由と権利は尊重される」との理念は、維持されていると考えるのが適切である。

今日、鉄道の新線建設や改良は、鉄道事業者が自ら資金を調達し、運輸収入などから建設費を捻出することが原則とされている。しかし明治時代から国鉄民営化にいたる１００年余りの間、長く幹線および新幹線鉄道は税金を投入して建設されてきたし、今なお新幹線は国費を投入してその整備が進められている。

また都市鉄道でも、実際には巨額の費用を要する整備を事業者が単独で進めることは不可能になっていて、補助金という形で税金が投入され続けている。大阪市の公表資料では、１９６２年から地下高速鉄道整備事業費補助制度は順次拡充されており、２００５年には、国と地方公共団体から各35％ずつ、計70％の補助を受けて建設される仕組みが維持されているという(8)。

さらに国土交通省が公表している鉄道事業の支援施策には、先述した地下鉄整備補助のほかにも、さまざまな補助があり、低利の融資や税制特例措置も実施されている(9)。

このように鉄道事業は実際には、建設から改良、運営にいたるまで、多くの公的支援、つまりは納税者の負担に支えられているのである。

以上の確認をもとにすれば、鉄道駅は次のような性質を有し、また役割を担っていると言うことができる。

まず公共交通とは、公的機関によって運営されている交通という意味ではなく、誰でも利用可能な交通サービスであることを示している。またここでの「公共」は、本来の〝パブリック〟publicを表している。パブリックとは、大衆、公衆のことであって、「国民」よりも概念は広い。言うなれば不特定多数、万人のことである。万人の中には、子供やお年寄り、障害者、体調の悪い人、不慣れな人、外国人など、さまざまな弱者もいる。

次に鉄道事業は、万人の幸せを願って利用者の利益を保護する目的を持つことが確認されてはじめて認められる活動である。その目的に沿い、鉄道営業法などの法律で、対価さえ払えば誰でも拒まれずに利用できる仕組みがつくられている。またその仕組みを維持するために、納税者から長い年月にわたって継続的な支援を受けることが認められているのである。

したがって鉄道駅では、その管理者が利用者一人ひとりの基本的人権を、公共の福祉に反しない限り、尊重する役割を負っている。鉄道駅における基本的人権とは、誰でも自由に行動したり気持ちよく過ごしたりすることができる権利があるという意味である。普通に駅を利用する範囲内であれば、人びとはゆっくり休んでもかまわないし、事業者側もゆっくり休める施設を整える責務を負っていると考えるのが正当である。

ユニバーサルデザインの規範

わが国では２０００年代に入るころから、種々の施設計画にあたって、ユニバーサルデザインに配慮するよう求められる機会が増えている。ここではアメリカのノースカロライナ州立大学ユニバーサルデザインセンター（以下、ＵＤセンター）が１９９７年に発表した「THE PRINCIPLES OF UNIVERSAL DESIGN」（ユニバーサルデザインの原則）に依拠して、その内容を確認する(10)。

まずＵＤセンターが発表した原則は表6-1、6-2のようにまとめられる(11)。ユニバーサルデザインの提唱者と言われる同大のロナルド・メイス（１９４１-１９９８）教授を中心に、建築家、工業デザイナー、エンジニア、環境デザイン研究者らが参加して、環境・製品・コミュニケーションを包含した広範なデザイン分野が、ともに目指すべき方向性を示すユニバーサルデザインの原則を確立するために、協同して執筆したものである(12)。

この定義および原則で貫かれているのは、デザインにあたってできるだけ広範囲な人びとをユーザーとして想定し、その人びとの利便性と快適性を確保するために設計を進め、特定のユーザーに限定した特別な設計は加えない、という考え方である。原則１の「誰でも公平に使える」との指摘はとりわけ重要で、前項で確認した鉄道事業の最上位の理念である「公共の福祉」と共通する考え方を指摘している。すなわち、差別なく万人が快適に使用できることを、デザイン上の必要不可欠な要件として示しているのである。

これはまた、４章に紹介した『交通拠点のサインシステム計画ガイドブック』の「できる限り広範な利用者のとらえ方」と同じ考え方に立っている（１２２ページ参照）。このとき、すべての視覚障害者に視覚的な手段のみで情報を伝えることは無理と判断したように、ユニバーサルデザインとは、無条件に万人が使えるものを要求しているのでないことは、踏まえておく必要がある。

原則4の「情報がわかりやすい」は、情報のやり取りに関する直接的な言及で、人びとの知覚特性に合った情報の伝達が必要なこと、情報の優先度に配慮すべきこと、視認性に配慮すべきことなどが述べられている。

またその他の原則である「フレキシブルに使える」「シンプルで直観的に使える」「エラーに強い」「楽に扱える」などは、工業製品や家具などを念頭に記述されたものと思われるが、情報授受の問題として読むことも可能である。

[表6-1] ユニバーサルデザインの定義(訳筆者)

定義
ユニバーサルデザインとは、つくり替えや特別な設計をする必要性もなく、すべての人が最大限の可能性をもって使用できる製品や環境のデザイン(設計成果)のことである。

[表6-2] ユニバーサルデザインの7原則(訳筆者、要点の一部省略)

原則	要点
原則1	Equitable Use　誰でも公平に使える： 誰もが同じ方法で扱える／誰も差別されたり特別視されたりすることがない／誰でもプライバシーが守られ、安心と安全が保障されている／誰でも魅力を感じるようにデザインされている
原則2	Flexibility in Use　フレキシブルに使える： 使い方が選べるようになっている／右利きにも左利きにも対応できる／扱ううえで精度が出しやすい／人それぞれのペースで扱える
原則3	Simple and Intuitive Use　シンプルで直観的に使える： 不必要な複雑さを避けている／予想したとおり直観的に理解できるようになっている／いろいろな言語能力の人に適応する／情報が重要度に応じて示されている
原則4	Perceptible Information　情報がわかりやすい： 情報を的確に伝えるために、図記号や言語、触記号など、複数の伝達方式が用いられている／必要不可欠な情報とそうでないものに適切な対比がある／必要不可欠な情報の「読み取りやすさ」に最大限配慮している
原則5	Tolerance for Error　エラーに強い： 危険なことやエラーが起きにくいように要素を組み立てている／危険な部位は除去したり離したり覆ったりしている／危険なことやエラーが起きたら警告を発する／使用を誤っても安全が選択されるようにつくられている
原則6	Low Physical Effort　楽に扱える： 自然な姿勢で使える／ほどほどの力で操作できる／反復操作が少なくてすむ／身体的負担が少ない
原則7	Size and Space for Approach and Use 使用に適した大きさと広さ： 椅座位(いざい)の人も立位の人も重要な部位はよく見える／椅座位の人も立位の人もすべての操作部位に楽に手が届く／さまざまな手や握りの大きさに適応できる

なおここに例示したすべての要点が、すべてのデザインに当てはまるとは限らない。

すなわち上述の順に、人によって事前に持っている情報量の違いにも対応できる、シンプルで直観的に理解できる、間違えても迷った人をフォローできるシステムになっている、楽に情報を得ることができる、などである。さらに「使用に適した大きさと広さ」との原則は、さまざまな身体条件でも視認しやすい表示面の大きさを持ち、誰もが視認しやすい空間的なゆとりを有すべきことを指摘していると読むことができる。

前章で、わが国のサインでは「宣伝」と「案内」の中間に位置する「勧誘情報」や、「案内」と「規制」の中間に位置する「気遣い情報」のようなものが多数存在すると述べた。これらをユニバーサルデザインの考え方から見ると、実は種々の問題を内包している。

例えばターミナル駅の改札口前で、乗り継ぎ鉄道や出口よりもグループ企業を優先的に表示する勧誘情報は、圧倒的多数の乗り換え客や街への移動客を案内対象から除外している。また車内で詰めて座れとの表示は、座席幅の設計上の狭小問題を利用者のマナー問題に置き換えていないだろうか。さらに傘を忘れるなとは、個人的な問題にすべての人を巻き込んでいないだろうか、などが疑われる。

ノーマライゼーションの考えが広まって、鉄道駅においても今後さらにバリアフリー化が求められ、一方で世界経済のグローバル化に対応して、表示の国際化を一層飛躍させることが求められている。

交通拠点である鉄道駅は、移動制約者や高齢者、不慣れな人、外国人も含めて、誰にとってもわかりやすく、楽にかつ快適に利用できるように、ユニバーサルデザインの規範に沿って整備が進められなければならない。

スポンサーシップの原則

近年、鉄道施設の広告類が急激に増えて、公共サインの見やすさを阻害し、利用者の円滑な駅の利用を妨げているとの議論がある。であるなら、できるだけ早く改善されなければならないことは論をまたない。

駅などに掲出されている広告類には、鉄道事業者本体の自社広告や、企業などの宣伝情報を扱った商業広告、行政機関等が掲出する広報ポスターなどがある。広告類が構内にあふれて駅の美観を損ね、同時に利用者の駅の円滑な利用を妨げているという問題はかつてもあった。60年代から70年代にかけて私鉄駅では、駅名標でさえ、広告を付置する条件で、広告代理店に無償で掲出させることが全国的に行われていた。また国鉄・私鉄を問わず、どの駅も目につく場所は商業広告で埋めつくされていた。

それが営団地下鉄のサインシステムの導入などを契機に、全国の多くの鉄道駅で、商業広告と案内サインの分離が積極的に図られ、80年代になると、利用者の移動する前方が広告でふさがれるようなことは、ほとんどみられないまでに改善が進められた。ところが２０００年代に入ると、再び広告掲出が目立ち始め、柱や床までを用いたものや改札機、車両のボディなどを用いた広告類も登場して、再び利用者の視界が広告類に覆われる状況になっている。

日本の鉄道事業では、増収を図ろうとするとき掲出広告の量を増やす傾向があるが、先述の状況になることを避けるために、次の点に注意が必要である。

まず基本的に、鉄道駅は弱者も含めた不特定多数の人びとに供された空間であることを前提として、どの程度までスペースを貸し出しても彼らの円滑な移動を維持できるか、事業者としてその上限を設定する必要がある。

また「スポンサーシップ（後援制）の原則」に立って、広告主にどの程度の負担を請うのが適切か、それも事業者の判断として、具体的な金額を設定する必要がある。同時にその考え方を広く広告主に理解してもらうために、説明や説得を続ける努力も求められるであろう。

スポンサーシップの原則について、以下の例がわかりやすい。まず図6-1は、フランス・リール市で見られたバス停留所である。この停留所の架構やベンチ、サイン、くず入れなどは、写真左の広告ポスターの掲出料を財源として整備されたものである。このような方式によるバス停留所の整備は、フランスのストリートファーニチャー事業会社によって始められ、２００９年には、日本の36都市を含む、世界40か国１５００都市で展開されているという(13)。

この場合の広告主の負担は、バス停留所施設の整備費とその後の維持・管理費全般になっている。かなり高額な負担と思われるが、１９９０年ごろヨーロッパ内に留まっていたこの方式が、今では全世界に及んでいるところをみると、こうした後援をするのは当然と考える広告主が、次々に現れているのである。

またテレビや新聞など、世界のマスメディア事業者の経営形態を思い浮かべてみると、それらの多くが、企業の広告掲載料を財源として成り立っている。この例の場合も、広告主の公共的なメディアを後援する理解がなければ、このような高額な負担が続くはずはない。

すなわち道路とか公共メディアとか、公共的な空間で自己をＰＲしたいとする場合、その公共空間の維持を後援する意思と財力を持つ広告主のみがその権利を有するという考え方が、世界的な標準になっている。このような考えに立てば、わが国の鉄道駅の広告のありようも、様変わりするのではないだろうか。

2……サインシステムの機能

意味情報の伝達

キリスト教の聖堂やイスラム教のモスクは、建築外観が何世紀にもわたって共通の様式にのっとって形づくられているために強い記号性を持っていて、道行く人に明瞭な意味を伝えている。わが国の伝統的な神社仏閣も同様で、外観によって建築の意味がすぐに理解できる。一方、例えばニューヨークのロックフェラー・センター［図6-2］やトランプ・タワーなど、名前はよく知っている建物であっても、訪ねてみると、どれがそれなのかよくわからないというようなことがしばしば起きる。

より日常的な例でいえば、初めて訪ねる知人宅を探すとき、建物の外観からそれと見分けることはまったく不可能で、各戸の表札を順番に確認していくことになる。これらから類推できるのは、誰もが知っているはずの建物、例えば東京都庁であっても、外国から初めて日本を訪れてその建物を見る人は、その威容に圧倒され、さまざまな感慨をもち得るが、なんの施設であるか、予備知識がなければわかりようもない、ということである。わかるのは、どうもアパートではないらしい、きっとオフィスビルだろう程度のことになる。

建築表現は、一方で独創性や先進性などの多義的なメッセージを伝え得るが、他方その建物が何かを知らない人に対して伝えられる意味情報は、大まかな建築用途のほかに、全体的な大きさ、入り口や階段の位置、窓の並びや大きさ、天井の高さ、壁面の大きさ、それらの形や仕上げなどに限られてしまうのである。一定の学習を経ると、そのシルエットから「あれが都庁だ」と意味情報が理解できるようになり、多くの人に学習が行き渡るとランドマークとして機能することすらできるようになる。聖堂や神社仏閣が一目で誰にでもわかるのは、ほとんどの人が、いつの間にかその形態の特徴などを学習してしまっているからである。

テレビのニュース番組で、報道対象の関係者が入居しているビルが映されることがある。そのときの映像は、まず表札をアップしたのち、カメラを引いて全体を映すのが定石である［図6-3］。これは、テレビのディレクターが、ビルの外観だけで話の内容を視聴者に伝えるのは無理と判断し、表示されている文字によってビルの同定情報を伝えようと配慮するからである。

例えば銀行の店舗も、比較的文字表示に頼ることの多い施設である。銀行のビルが竣工すると、例外なくボーダーサイン（横長のもの）、袖サイン（突き出したもの）、建植サイン（地面に固定したもの）などが多数設置されて、建築外観は銀行名表示の背後に隠れてしまうことになる。

コンビニや量販店になると、それらの建築ファサードは全国一律にマニュアルで定められた同定サインそのものになってしまい、それが強くメッセージを放つことになる。商業施設のファサードがこのようにサインで覆われるのは、そうしなければ情報が伝わらず、顧客を取り逃がしてしまう心配があるからである。

意味情報の伝達が建築表現だけでは難しいのは、外観に限らず、内部空間においても同様である。わが国の交通空間の

［図6-1］フランス・リール市内のバス停留所（撮影:筆者、1990）

［図6-3］玄関に設置されたビル表札（霞が関・中央合同庁舎2号館、撮影:筆者、2011）

［図6-2］一見してなんのビルかわからない建築外観（ロックフェラー・センター、撮影:筆者、2000）

多くは、都市施設の集積によって複合化の一途をたどり、それも抜本的な再構築というよりも部分的な増改築を繰り返しているから、内部空間が極めて複雑なものになっている。またそれを利用する人びとの移動も活発になっていて、学習するいとまもない不慣れな人びとが増えている。すなわち予備知識のない人びとの利用を前提とすることが、今日的な対応の原則にならざるを得ない状況になっている。

通路に方向案内がなければ、どこに通じているのかわからない。階段に施設案内がなければ、どこにたどり着けるかわからない。ホームに行先表示がなければ、どこ行きの電車が来るのかわからないのである。

暗中模索の状況になっているのは、交通空間だけではない。市役所であっても会議場であってもオフィスビルであっても、総じて施設が大規模になっており、空間を一望することがそれだけ困難になり、不慣れな人びとが利用する度合いも増えている。したがって建築空間の意味伝達を補完するサインシステムへのニーズは、あらゆる施設で極めて高いものになっているのである。

案内の機能

交通エコロジー・モビリティ財団が１９９６年度に行った、大規模鉄道ターミナル駅における「情報ニーズの発生要因に関する調査」を参照して、ターミナル駅における利用者一般の情報ニーズを入場動線・出場動線別に拾い出してみると、表6-3、6-4のようにまとめることができる(14)。なお、ここでは、他鉄道への乗り継ぎ動線は出場動線に含めている。

これらを通覧すると、人びとは駅入り口、きっぷ売り場、改札口、ホーム、乗り換え口、改札出口、駅出口、その間のエレベーター、エスカレーター、諸手続きの窓口、所用の設備、バス乗り場、タクシー乗り場、駅周辺の最寄りの施設、道筋にある手掛かりとなる施設など、経路上の行動転換点の一つひとつで、次に進むべき施設等の位置と方向を確かめながら、移動を進めていることがわかる。ここで「位置」とは、地形上または構造上の〝位置情報〟position（つまり「どこ?」との問いかけの答え）のことで、二次元または三次元的にとらえられる概念である。「方向」とは、今いるところから前か後ろか、右か左かなどの〝方向情報〟direction（つまり「どっち?」との問いかけの答え）のことで、一次元的にとらえられる概念である。

さらに移動を進めて行動転換点ごとで、それであるとわかる〝確認情報〟identification（つまり「ここ?」との問いかけの答え）が必要になる。また路線・列車に関して、路線網

[表6-3] 入場動線上の情報ニーズ

発生場所	情報ニーズ
街中 ～駅入口 ～きっぷ売り場	駅の位置と方向、それと確認できる情報／駅入り口・エレベーター付き駅入り口・エスカレーター付き駅入り口の位置と方向、それと確認できる情報／駐停車場・駐輪場の位置と方向、それと確認できる情報／発着する路線の名称／始発電車・終発電車時刻／閉門時間／きっぷ売り場・定期券売り場・特殊券売り場・トイレ・公衆電話・待合所等の位置と方向、それと確認できる情報など
きっぷ売り場 ～改札口	目的地までの経路と乗り換え駅／より速い・より安い・より楽な行き方／全体的な費用／ここで支払う費用／券売機の扱い方／高額紙幣の使い方／旅行センター・案内所の位置と方向、それと確認できる情報／利用可能な列車の種別／列車種別ごとの停車駅／途中止まり列車の有無／発車時刻／利用する改札口・トイレ・公衆電話・待合所・売店等の位置と方向、それと確認できる情報など ［異常発生時］ 異常の内容・原因／復旧のめど／代替手段の有無など
改札口 ～ホーム	発車ホーム・ホーム行きエレベーター・エスカレーターの位置と方向、それと確認できる情報／乗車列車の列車名称・列車番号・列車種別・行先方面・発車時刻など／次発列車の情報／下車駅までの乗り換えの要不要・所要時間・停車駅数など／車両の停車位置・乗車位置・降車に好都合な乗車位置・専用車両の乗車位置・指定席車両の乗車位置等の方向、それと確認できる情報／トイレ・公衆電話・休憩所・売店等の位置と方向、それと確認できる情報など ［列車遅延時］ 遅延の状況・理由／到着時刻のめど／代替手段の有無など

[表6-4] 出場動線上の情報ニーズ

発生場所	情報ニーズ
ホーム ～改札出口	［街中に向かう場合］ 利用する改札出口・そこにいたるエレベーター・エスカレーター・精算所の位置と方向、それと確認できる情報／精算金額／精算方法／利用できる改札ゲートの位置と方向、それと確認できる情報など ［乗り換えの場合］ 利用する乗り換え口・そこにいたるエレベーター・エスカレーター・利用できる乗り換えゲートの位置と方向、それと確認できる情報／乗り継ぎきっぷの購入方法／乗り継ぎ運賃金額／乗り継ぎ列車種別・発車時刻／乗り換えホーム・そこにいたるエレベーター・エスカレーター・トイレ・公衆電話・休憩所・売店等の位置と方向、それと確認できる情報など
改札出口 ～駅出口	目的地の位置と方向／目的地までの所要時間／道筋の手掛かりとなる施設等の位置と方向／バス乗り場・タクシー乗り場・案内所・ATM・両替所・レンタカー・トイレ・公衆電話・コインロッカー・待ち合わせ場所・売店等の位置と方向、それと確認できる情報／下車駅周辺の物販店舗・飲食店舗・開催イベント・観光名所等の位置と方向／帰りの列車情報など

の状況、乗り換え駅名、下車駅名、列車名、列車番号、列車種別、行き先方面、発車時刻、車両番号、座席番号、途中停車駅、運賃、所用時間、乗車位置など、数多くの情報を必要とし、さらにきっぷの購入・精算時の機器操作方法や乗り継ぎ時のきっぷ購入方法などについても情報が必要であることもわかる。

財団法人運輸政策研究機構が2003年度に行った、JICAの研修生110名を対象とした「外国人における日本の都市鉄道に関する意識調査」のうち、鉄道を利用した際に困った場所と内容の主な調査結果は、表6-5に示すとおりであった(15)。

この調査では、場所がわかりにくかったとして、駅入り口、きっぷ売り場、乗車ホーム、乗り換えホーム、バス乗り場、タクシー乗り場が指摘された。これは調査の設問にあった場所のすべてであった。

「場所がわかりにくい」との回答は、「場所」について情報ニーズがあることを表しているが、ここで〝場所〟placeという概念を分析的に整理すれば、一次元的には方向情報、二次元・三次元的には位置情報であり、さらに行った先で、必ず確認情報も必要になるものである。

また路線、種別、迂回手段、運賃、乗り換え手続きなどがわかりにくかったとの回答は、海外から来た外国人においても、交通手段の種類や費用、手続きなどへの情報ニーズが高いことを示している。

外国人特有のニーズとしては、鉄道駅に外国語でコミュニケーションできる駅員や外国語による案内放送、外国語による表示・表記などがある。外国語についてこれだけ多くの指摘が出ていることからみると、諸外国と比較して、わが国の対応・整備は遅れているのではないかと危惧される。なおこの際の外国語は、自由記述欄を見ると、参加者それぞれの母語が求められているのではなく、「英語がよい」とされている。

前述した利用者一般についての想定と外国人の調査結果を併せて考えると、鉄道駅では日本人か外国人かを問わず、「移動時の経路選択にかかわる情報」と、「移動時の交通手段にかかわる情報」の二つに大別できる情報を必要としている。

そのうち前者を分析的にみると、目的地や道筋の行動転換点にある施設・設備等の（二次元または三次元的な把握としての）位置情報、目的地や道筋の行動転換点にある施設・設備等の（一次元的な把握としての）方向情報、施設・設備等がそれであると確認できる情報の、3種の情報を内容としてもっている。

また後者には、路線の種類や列車の種別、停車駅、乗り換え駅など、サービスの種類と内訳にかかわる情報、運賃・料金と出発・到着時刻、所用時間など、利用に不可欠な費用と時間にかかわる情報、そのほか乗車位置やきっぷの扱い方など、より詳細な利用条件や利用手順にかかわる情報、などの内容があることがわかる［表6-6］。

前章で、移動経路の案内や設備等の利用方法の案内には、「指示サイン」「同定サイン」「図解サイン」の3種を用いるのがよいと整理した。ここで指示サインとは、案内対象の名

［表6-5］外国人の鉄道利用時の困惑内容

発生場所	困惑内容	選択率
駅到着時	駅の入口の場所がわかりにくかった	54%
	きっぷ売り場の場所がわかりにくかった	44%
路線選択時	どの路線に乗ればよいかわかりにくかった	47%
	急行や各駅停車など種別がわかりにくかった	39%
	遅延時など迂回手段の有無がわかりにくかった	33%
きっぷ購入時	目的地までの運賃がわかりにくかった	42%
	券面に外国語表記がないのでわかりにくかった	39%
	買うべききっぷの種類がわかりにくかった	39%
駅構内	外国語の案内放送がないのでわかりにくかった	53%
	乗車するホームの場所がわかりにくかった	39%
ホーム	外国語の案内放送がないのでわかりにくかった	49%
	どの列車に乗ればよいのかわかりにくかった	35%
乗り換え時	乗り換え改札できっぷの扱いがわかりにくかった	53%
	乗り換える必要の有無がわかりにくかった	45%
	駅員がいても言葉が通じなくて困った	43%
	乗り換えホームの場所がわかりにくかった	39%
降車後	駅員がいても言葉が通じなくて困った	41%
	バスやタクシーの場所がわかりにくかった	39%

［表6-6］鉄道駅の一般的な情報ニーズ

種類	内訳
A.経路選択にかかわる情報	①目的地や行動転換点にある施設・設備等の位置情報
	②目的地や行動転換点にある施設・設備等の方向情報
	③施設・設備等がそれであるとわかる確認情報
B.交通手段にかかわる情報	①サービスの種類・内訳情報
	②基本的な利用条件の費用・時間情報
	③その他の利用条件・利用手順情報

称に矢印を付記するなどして、対象の方向を指し示すサインである。また同定サインとは、案内対象の名称を表示するなどして、それが対象そのものであると確認できるように同定するサインである。図解サインとは、チャートやダイヤグラム、マップ、グラフ、その他の説明図などの図的表現によって、案内対象の種類や内訳、条件、手順などを一覧的に説明するサイン、あるいは施設等の位置関係を多次元的に説明するサインである。

一方、先に整理したように駅空間では、経路選択にかかわる情報として、施設・設備等の方向情報、確認情報、位置情報の3種が求められ、また交通手段にかかわる情報として、サービスの種類・内訳情報、費用・時間情報、その他の利用条件・利用手順情報の3種が求められている。これらから、サインシステムには以下の機能を持つことが求められる。

1 指示サインにより、方向情報を提供すること
2 同定サインにより、確認情報を提供すること
3 マップなどの図解サインにより、位置情報を提供すること
4 チャートやダイヤグラムなどの図解サインにより、サービスの種類・内訳情報を提供すること
5 チャートやダイヤグラムなどの図解サインにより、費用・時間情報を提供すること
6 チャートやダイヤグラムなどの図解サインにより、その他の利用条件・利用手順情報を提供すること

このうち、指示サインにより施設等の方向を「(〜はあちらと)〝指示〟direct」して、同定サインにより施設等の確認情報を「(これが〜と)〝同定〟identify」することが、移動経路案内におけるサインシステムの基本形である[図6-4]。

鉄道駅におけるサインシステムの例を、図6-5〜6-10に示す。図6-5は改札口の方向情報を示す指示サインであり、図6-10は改札口の確認情報を示す同定サインである。図6-6は位置情報を示す構内案内図および駅周辺案内図の図解サイン、図6-7は費用情報を示す路線図式運賃表の図解サイン、図6-8は時間情報を示す時刻表ほかの図解サイン、図6-9の左端にあるサインの上部の図は、三層に分かれて存在する出口の位置情報を示す図解サインである。

自己表明の機能

前章では、意味とイメージをもたらすものがサインであると述べた。また単に具象的な、あるいは指示的な概念を超えて、豊かなイメージを伴って抽象的で知的な概念を表象するものがシンボル記号であると整理した。鉄道が持つシンボル

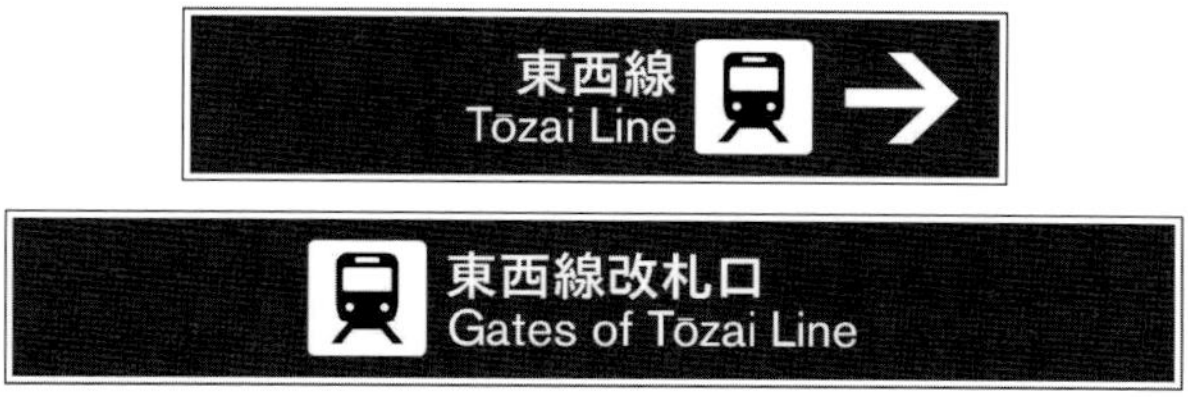

［**図6-4**］指示（上）と同定（下）によるサインシステムの基本形
（『公共交通機関旅客施設のサインシステムガイドブック』、2002）

［**図6-6**］位置情報の図解サインの例
（横浜駅、撮影:富田眞一、2004）

［**図6-5**］改札口への指示サインの例
（横浜駅、撮影:富田眞一、2004）

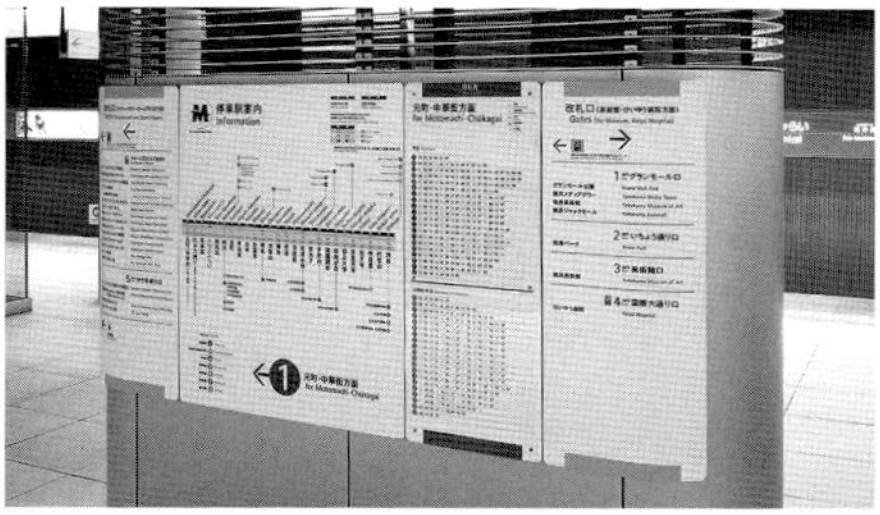

［**図6-8**］時間情報の図解サインの例
（みなとみらい線、撮影:富田眞一、2004、口絵4-8〜10）

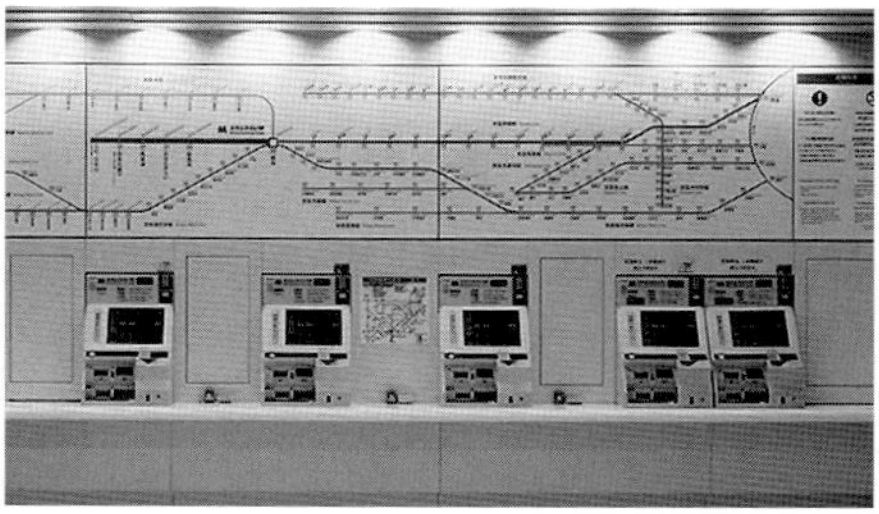

［**図6-7**］運賃情報の図解サインの例
（みなとみらい線、撮影:富田眞一、2004、口絵4-6,7）

［**図6-10**］改札口の同定サインの例
（みなとみらい線、撮影:富田眞一、2004）

［**図6-9**］出口案内の図解サインの例
（小田急新宿駅、撮影:後藤充、2010）

には、企業マーク、サービスマーク、路線シンボル、営業施設シンボルなどの別がある。ここでは施設管理側のニーズに基づいて掲出され、管理者の自己表明の機能が明確な企業マークとサービスマークについて考察する。

企業マークというのは、いわゆる社章のことである。一方サービスマークは、サービスの象徴として用いられる〝標章〟emblemや、あるいは〝商標〟trade markのことである。商標は商品につけられると一般的には理解されるが、サービスにも用いられる。

一例を示すために営団地下鉄の『地下鉄運輸50年史』を見ると、1941年発足当初の帝都高速度交通営団のマークとして図6-11の左図が定められ、1960年に右図に改定したとある(16)。ただし筆者の記憶では、90年代前半にうぐいす茶色の制服に替わるまで駅職員がかぶっていた帽子の徽章には左図が用いられていたし、一方ですでに1955年の記念乗車券(同文献の巻頭写真に示されている)には、右図が用いられていた。これらの運用からみると、実質的には左図は企業マークとして扱われ、右図(Sマーク)がサービスマークとして用いられていたと思われる。

企業マークはあくまで組織内で取り決める象徴記号だから、関係者がそのもとに結束できるのであれば、第三者から批判を受けるようなものではない。一方のサービスマークは、パブリックがそれであると認め、それらしさを理解するコードとして機能するので、その質的水準は社会的に重要である。

実際、左図を営団が広報していた形跡は見当たらず、一方のSマークは、しばしば〝セーフティー、セキュリティー、スピード、サービスの4Sを表すSマーク〟として宣伝され、車両にも、駅入り口にも、広報ポスターにも銘打たれて、このサービス提供者の責任所在とイメージを人びとに伝えた。

企業マークもサービスマークも、サインシステムの分類にあてはめると、ともに〝同定サイン〟identification signである。ただしそれらが同定する内容は、企業そのものであったり、サービス全般であったりと、案内のためのサインの枠内でとらえきれず、とりわけ後者は広報宣伝的な意味合いを濃くしている。

すなわちサービスマークは、場所探しの情報源としても機能するが、同時に「自己の存在と主張」の表明機能を強く帯びている。つまり「このサービスを提供しているのは、~です」と、サービスの質を記号にのせて社会的に宣言しているのである。

企業マークや商品の商標は相当古くからあったが、それとサービスマークを区別して考えるようになったのは、ごく最近のことである。日本で広く一般に理解されるようになったのはＣＩブームが過ぎた90年代に入ってからと考えてよい。先に挙げた営団の年史で、その差が述べられていないことからも、そうした考えがまだ普及していなかったことが推測される。

初期の企業マークは、家紋のように正円やます形に一字を描いたり、素朴に業態を表したりするものが多かったが、サービスマークとして意識されるようになると、全体的な形状や色彩でユーザーにどのようなイメージをもたらすかが、大きな留意点になった。どんな企業にとっても、顧客によいイメージを持ってもらうことは極めて重要だと気づいたからである。したがって近年では、まずサービスマークを定めてそれを企業マークとして使うとか、表向きと内向きを区分して、外部に対してはサービスマークのみを用いる例が増えている。

ヨーロッパの鉄道におけるサービスマークに目を向けてみると、企業マークとは明確に区分して、公共的な配慮が加えられていることがわかる。

例えばロンドン地下鉄のサービスマークは「サークル＆バー」と呼ばれて有名だが、このマークは１９３３年に制定されて以来、ときに微調整を加えられているものの、今日までおよそ80年間にわたって同じものが用いられ続けている［**図6-12**］。その間運営組織は、ロンドン旅客運輸局、ロンドン交通営団、ロンドン運輸公社、ロンドン交通局と、幾度も変遷を重ねている。

またドイツの各都市では、１９７０年ごろから地下鉄・国鉄相互の案内サインの整備が進み、ハンブルクもミュンヘンもベルリンも一様に、地下鉄のサービスマークは「Ｕ」に、また国鉄のサービスマークは「Ｓ」に統一された(17)［**図6-13**］。このときハンブルクの地下鉄の運営は民間会社が行い、ミュ

［**図6-11**］営団のマーク（『地下鉄運輸50年史』、1981）
左は企業マーク、右はサービスマークと理解できる。

ンヘンとベルリンのそれは運輸公社によるものであったが、案内を統一する考え方に、官民に違いはみられない。「U」と「S」を用いるこの方式は、現在にいたるまでそのまま維持されている。

ロンドンの例は、運営形態が変わっても、そのことは利用者にはあまり重要ではなく、鉄道サービスが継続的であるなら、サービスマークは一貫しているほうがはるかに利便性も高く、安心感を与えることができるとの判断によるものである。またドイツでは、国内のどの都市に行っても地下鉄と国鉄が「U」と「S」で示されているから、大変わかりやすく、利用者の利便のためにこの判断がなされていることは明白である。

わが国では、2004年に営団地下鉄が民営化して、それまでの「S」が「M」に替わったが、ヨーロッパのように、Sマークをそのまま継続させる方法もあったのかもしれない。

3……人間視覚の特性

視力と視野

そもそも人間が情報を知覚するとは、どのような仕組みによるものであろうか。人間は五感（視覚、聴覚、嗅覚、味覚、触覚）を通して種々の情報を得るが、そのうち8割以上の情報受容を視覚が担当するといわれている[18]。ここではその視覚の特性をみてみることにする。

ものの見え方を規定するのは、人間の生理的特性、心理的特性、もの自体の特性、それが置かれている環境の特性の、四つの関係といわれている。そのうち生理的特性の普遍的な尺度が視力である[19]。視力とは物体の形状を認識する能力であり、形態覚の鋭敏さを意味する。

視力の定義は、具体的には閾値《いきち》視角（分）の逆数で表される。すなわち、区別し得る二点間の最小距離を視角で表し、その視角の逆数を視力とする。視力検査法に基づけば、太さ1・5mm外径7・5mmのランドルト環にあけられた幅1・5mmの切れ目を、5m離れた位置から見ると視角は1分なので、それを見分けられる能力を視力1・0とする。2倍の大きさのランドルト環の切れ目は視角2分だから、それを見分けられる能力は視力0・5になる(20)(21)(22)［図6-14、6-15］。

したがって視力と見分けられる視角は反比例の関係にあり、視力1・0の人がぎりぎり見えるような小さな表示物は、視力0・5の人にとっては2倍の大きさに描かれていないと見えないことになる。また視力は網膜の中心で一番大きく、周辺にいくに従い極端に低下する。中心から30分ずれただけで視力はおよそ半分になるといわれている。人は、周辺視によって発見された対象物を詳細に視認するために、眼球あるいは頭部の運動を行って、中心視でとらえようとする(23)。

視野について日本建築学会編『建築設計資料集成 3 単位空間Ⅰ』（1980年）(24)には、以下のように示されている。まず、目を固定して見える範囲を静視野という。片目の最大静視野は水平角で150度にもなるが、その視野全体を一様の精度で見ることはできない。視角にして約1度20分の大きさを持つ中心窩《ちゅうしんか》と呼ばれる部分の視力が最も大きく、モノを注視して詳細な情報が得られる機能を持っている。中心窩以

［**図6-13**］ハンブルク地下鉄のサービスマーク
（撮影：筆者、1980）

［**図6-12**］ロンドン地下鉄のサービスマーク
（撮影：北山廣司、1980）

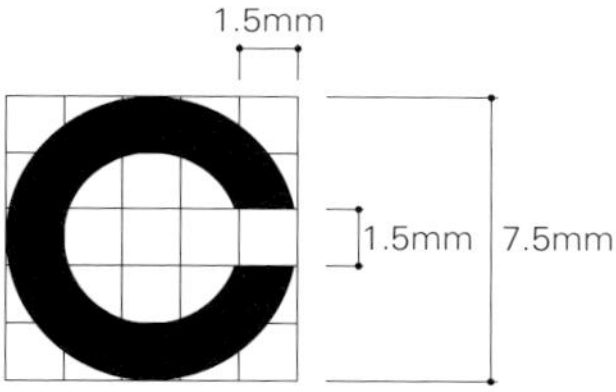

［**図6-14**］
5m用視力1.0の
ランドルト環

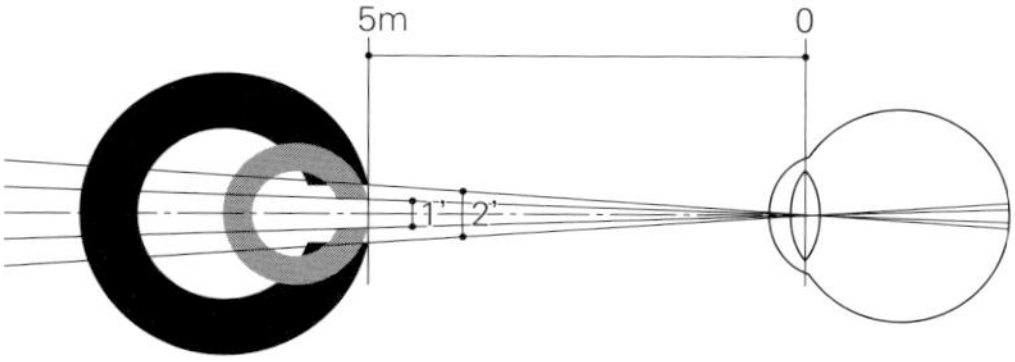

［**図6-15**］視力1.0と0.5のランドルト環の大きさの違い
（グレーの環が視力1.0、黒の環が視力0.5）

外に相当する部分は周辺視と呼ばれていて、そこでは光の点滅や運動する物体をとらえることができる。また車両走行時には、速度によって視野《しや》狭窄《きょうさく》が生じ、時速１００kmのとき両眼視野で40度程度にまで狭くなるという。

通常の視線の方向は水平より下向きに偏っており、立位のときは約10度、椅座位のときは約15度下向きであるといわれている。したがって楽に見ることのできるのは俯瞰景である。人間は対象をとらえるために常に眼球運動を行っている。その動きが可能な範囲を注視野という。さらに頭部の動きによって、より広範囲の対象を見ることが可能になる。自然に頭を動かせる範囲は上下各30度、左右各45度程度で、これが自然景観などをまとまった画面として見られる限界と考えられている。

『建築設計資料集成』の添付図には、表示装置の適正範囲は視軸0度から下方30度、記号の識別限界は左右各5~30度、色弁別限界は上方30度、下方40度、左右各30~60度と示されている[図6-16]。また野呂影勇編『図説エルゴノミクス』(25)には、頭部運動が眼球運動を助ける状態で発生し、無理なく注視が可能な範囲は上20~30度、下25~40度、左右各30~45度以内で、それが注視安定視野であると示されている。

見やすさの条件

『造形心理学』を著した近江源太郎（１９４０-）によれば、見やすさを規定する条件として「明視の四要素」がある(26)。その四要素とは、明るさ、対比、大きさ、時間（動き）で、例えばとても小さいものでも明るい光の下でゆっくりと見れば把握することができるし、大きくても暗いところでチラッと見ただけでは何であったかわからない、というように、相互作用的に見やすさに影響を与えている。各条件の要点は以下のように説明することができる。

①明るさ

本を読む状況を思い浮かべてみても、次のことは明らかである。まず、著しく暗ければ文字を読み取ることはできない。多少の明るさがあればなんとか読めるが、努力を要する。逆に明るすぎるとまぶしさ（グレア）を生じて不快になる。すなわちモノの見やすさには適度な明るさが必要である。心理的な明るさは網膜にあたる光の量によって定まるので、見やすさから明るさを議論する場合、通常は輝度が測定される。

『図説エルゴノミクス』では、平均輝度が０・１から１０００cd/m^{2}の輝度範囲では、輝度上昇に比例して視力もよくなるが、この範囲外では情報受容が低下すると述べている(27)。筆者らが行った高齢者によるサインの見やすさ実験

（１９９７年）では、表示面輝度が７００から９００cd/m^2のつり下げ型内照式サインの明るさを、８割の人がちょうどよいと答え、残る２割の人は明るすぎると答えた[28]。

②対比

対比は、基本的には輝度対比によって定義される。見やすさの評価尺度のひとつである視認性は、背景と視標との輝度対比に依存し、輝度対比が大きいほど視認性が増す。色の三属性に置き換えれば、視認性は明度差に強く規定され、色相差、彩度差の効果は小さい[29]。したがって見やすさを確保する条件として、図と地の色の保つべき明度差を指定するこ

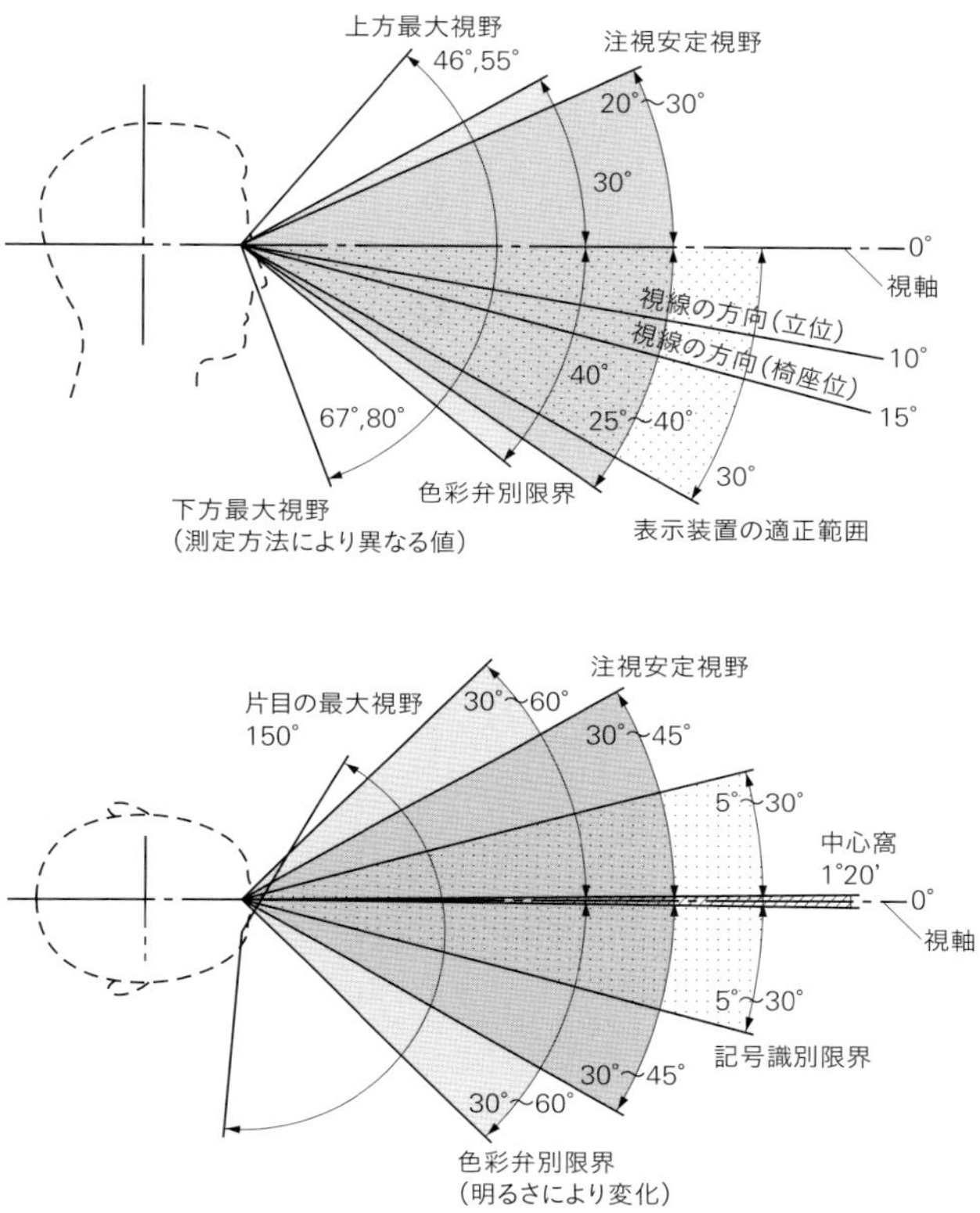

［**図6-16**］人間の視野（上:垂直方向、下:水平方向.『建築設計資料集成』添付図を参照して作図）

とは有効な手段である。

③大きさ

明視上の大きさは、視対象の大きさとそれを見る距離から定まる視角によって定義される。いくら大きい対象でも、遠のけば網膜に映る像は小さくなってしまうからである。この定義から、見やすさを確保する条件として、視認者と視対象間の距離（視距離）に基づいて表示対象の大きさを定める考え方が重要である。交通エコロジー・モビリティ財団の「公共交通機関旅客施設の移動円滑化整備ガイドライン」（2001年）では、視距離ごとの文字の大きさの目安を、表6-7のように示している。

④時間（動き）

ある程度以上の時間をかけて注視しなくては、対象を知覚することはできないことは、体験的に明らかである。視対象に動きがある場合、1秒間に何度動いたかという角速度に見やすさは依存する。『建築設計資料集成』には、対象を凝視して認知できる限界の視距離と、ひと目で容易に認知できる視距離とを比較すると、ほぼ倍の差があること、また見る人あるいは対象が移動している状況では、近距離では角速度が大きくなるので視力が著しく低下することが述べられている(30)。

車窓から見る遠くの山がゆっくり動くのは、山までの距離が非常に大きいので、わずかな時間に動く列車の角速度がとても小さくなるからである。また窓近くの電柱が飛ぶように後ろに流れるのは、電柱までの距離が小さいので、わずかな時間でも角速度がとても大きくなるからである。

近江によれば、日常生活における視覚表示の見やすさは、視認性、可読性、明視性、識別性、誘目性、ヴィジランスなどの概念で評価される(31)［図6-17］。

「視認性」とは、視対象を注視した場合の存在の知覚のしやすさをいう。造形分野で、モノや形として見られる部分を〝図〟、それ以外の背景の部分を〝地〟というが、図の視認性は、地との対比関係で議論される。「可読性」とは、文字や記号が指示している内容の認知のしやすさをいう。必ずしも形態の細部構造が把握されなくとも、推理によって判別が可能である。「明視性」とは、形態の細部構造の知覚のしやすさをいう。例えば〝鳥〟と〝烏〟の読み分けやすさなどの問題は、明視性の議論である。

「識別性」とは、複数の図同士の関係として、ほかの図との区別のしやすさをいう。「誘目性」とは、図同士における選択的知覚のしやすさで、いわゆる目立ちやすさ、目の引きやすさである。〝ヴィジランス〟vigilance（用心、警戒の意）とは、視認者の覚醒状態を指す概念である。例えば中央制御室で、一定の労働時間を超えるとヴィジランスが低下する、などの言い方で用いられる。サイン計画で、ノイズを排除したり、繰り返し掲出したりするなど、視認効果を高める方策は、一定のヴィジランスを保つ観点からも説明できる。

［表6-7］文字の大きさの選択の目安

視距離	和文文字高	英文文字高
30mの場合	120mm以上	90mm以上
20mの場合	80mm以上	60mm以上
10mの場合	40mm以上	30mm以上
4〜5mの場合	20mm以上	15mm以上
1〜2mの場合	9mm以上	7mm以上

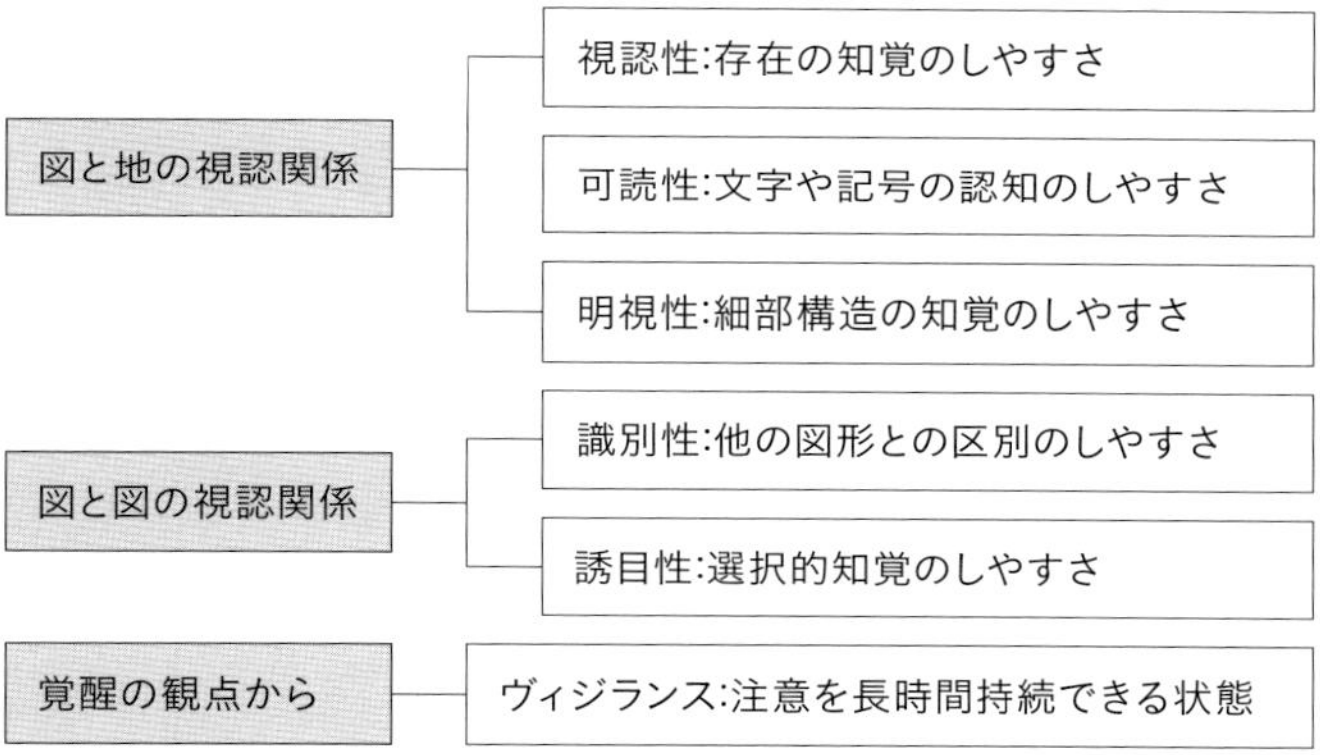

［**図6-17**］見やすさの評価尺度（『造形心理学』を参照して作図）

4……交通弱者の情報受容

移動制約者の属性と情報ニーズ

筆者らが実施した移動制約者の鉄道利用における情報ニーズに関する調査（1996年）では、身体障害者連合会の協力を得て、視覚障害、聴覚障害、肢体不自由の障害を持つ6名の参加者によるトリップ実験およびヒアリングを行った(32)。それによれば視覚障害者、聴覚障害者、車いす使用者の情報受容の特徴と情報ニーズは以下のようなものであった。

①視覚障害者

視覚障害者の場合、視覚器官からの情報受容ができないから、それを除くあらゆる感覚を総動員して状況を理解している。例えば人びとのざわめきやコインを出し入れする音、つり銭の音などから切符売り場の位置を知り、人びとの動き、靴音の変化、空気の流れ、温度の変化、自然光の気配などから地上ホームに至る階段の位置を知る。かつては臭気からトイレの位置はすぐにわかったが、最近はトイレがきれいになって、かえってわかりづらくなったという。

重度の視覚障害者の介助のない単独歩行は、一歩誤ればホームから線路へ転落したり、階段から転げ落ちたりと、多くの危険と隣り合わせであるから、何度も練習をしたのちに重大な決心をしてはじめて実行に移されている。命がけで行動しているのだから、初めての駅にはめったに一人では出かけない。

また予備知識が絶対に必要だから、事前情報をできるだけ多く集めるようにする。駅に出かけてから、どこに行こうかなどと悠長に思うことは考えにくく、トイレですらどこにあるかと探すことはめったにしないという。できるだけ早く危険から逃れるために、あらかじめ決めた経路を一直線に進む。

一般に視覚障害者は、二次元・三次元的な空間把握が苦手とされている。手掛かりとするのはポイントごとに右か左か、いくつのポイントを越えるかなど、ポイントごとの場所情報で、その積み重ねによって、行動を形成していく。

そうしたニーズから、長年、誘導チャイムを設置する場所と音色についての統一的な基準が求められていたが、ようやく2002年に国土交通省がガイドラインを定め、全国同一に、駅の改札口と地下鉄入り口、ホーム階段を表す誘導チャイムの整備が少しずつ進んでいる。

視覚障害者が最も期待しているのは、音声案内の幅が広がることである。通常行われている「今度の発車は～番線から～行き」などの列車案内放送は、視覚障害者にとっても貴重な情報源である。さらに、ホーム上と車内を共通の案内にしてほしい、明瞭で正確な音声にしてほしい、途中停車駅も案内してほしい、追い越しや通過待ちなどの運行状況も伝えてほしい、乗り換え案内も聞こえるようにしてほしい、などの声が出されている。

視覚案内を補完する放送だけではなく、利用者ごとに、その場その場で音声案内を聞けるようなシステムが、最も期待されている方法である。

②聴覚障害者

聴覚障害者の場合、音が聴こえないので、情報として機能するあらゆる視覚的な手掛かり、例えばいつもと違う列車の入線の仕方とか、群集の動きの変化などを、常に見逃さないように注意して行動している。また全ろう者の場合、外見上は障害が判別できないので、無言で筆談を頼もうとする様子に相手が戸惑うことも多く、なかなか人に聞くことができない。

全ろう者が特に困るのは、緊急時にも電話ができないことである。ファックスがない場所やメールのできない人の場合、強引に筆談を人に頼むか、覚悟して目的地に向かうしかない。

一般の人が異常な状況を知るのは、大声やサイレン、ブレーキ音、爆発音など、聴覚からの情報による場合が多い。また緊急度の高い案内も、放送で行われるのが一般的である。聴覚障害者の場合、これらの聴覚情報を得ることができないので、すべての情報をなんらかの視覚的なメディアに置き換えてほしいと強く願っていると聞いた。

近年増えている車内の情報表示装置の評価は高く、列車情報は、行き先、停車駅ばかりでなく、乗り換え路線案内、接続待ち、通過待ち、追い越し状況など、できるだけ詳しいほうがよいとされる。さらに詳しい列車情報が、改札口にもホームにも掲出されることが望まれている。

車内放送が聞こえない聴覚障害者からすると、ホームの駅名標の数は極端に少ない。また駅構内で方向指示サインが途中から見えなくなると、気軽に人に尋ねられないので、不安になる度合いが大きい。大規模なターミナル駅で改札口を間違えると、自分一人で行き先を探すことになるので、目的のルートを回復するのが大変である。

この調査では参加者から、路線図式の運賃表や駅周辺案内図などの図解サインに対して、とても高い評価が示された。これは、人に聞けないような状況で自立的に判断して行動するとき、全体的な関係性を把握できる表現方法が、とりわけ貴重な情報源になっていることを示しているように思われる。

③車いす使用者

交通バリアフリー法施行（２０００年）から10年余りが経過してエレベーターの設置がかなり進み、近年では鉄道駅を利用する車いす使用者を多く見かけるようになった。１９９６年の調査当時、家から駅までの間に障害が多くて車いすでは駅に近づけない、鉄道を利用するには事前連絡が必要だからとても面倒である、駅職員らによって階段を担ぎ上げられるのはとても怖い、などから鉄道を使いたくない人が多いと聞いた。

今日、エレベーターの設置により直接担ぎ上げられることは次第に減ってきているが、列車とホームの間隙や段差を解消するのには時間がかかるため、事前連絡は今でも必要な状況である。

車いす使用者の場合、平均的に立っている人より40cmほど視点が低い。また視点が低いことによって視野が狭くなっている。周囲に大勢の人がいる場合、それらの人びとによってかなり視界が妨げられる。良好な視野を得るために機敏に移動することは難しく、特に近距離の視対象を見上げる姿勢はとりにくい、などの視認上の制約も多い。

車いすは視点が低いので誤解されがちだが、通路につり下げられている遠方から視認するためのサインは、人影に隠れないように、できるだけ高い位置に掲出することが望まれている。また車いすは簡単に横に移動できないから、高い位置にある横長型の運賃表などの視認はとても見づらい。したがって目線の位置に、首を動かすだけで見える大きさが適当である。

そのほかエレベーターの案内について、どこにあるかだけではなく、自分も利用できるものであることを確認するために、どことどこを結ぶエレベーターであるかを示してほしい、駅構内で矢印を用いたサインで施設の方向を示すとき、その指示対象は車いす使用者を含むものにしてほしい、車いす使用者が使えない階段などでは、車いす使用者に適した移動方向を指示するサインを必ず掲出してほしいなどのニーズがある。

高齢者の属性と情報ニーズ

『図説エルゴノミクス』(33)と日本建築学会『高齢者のための建築環境』(34)には、高齢者の情報受容の特徴と情報ニーズが以下のように示されている。

まず、高齢者の身体機能は、特に体力の回復力、感覚機能、平衡機能、運動能力、記憶力などに著しい低下がみられる。体力の回復力では、夜勤後の体重回復力や疾病からの回復力などの低下が著しい。感覚機能では、視力、眼の薄明順応、聴覚、皮膚感覚などの低下が、運動能力では、特に脚力の衰えが大きい。

脚力の衰えと関連して駅の案内について、エレベーター・エスカレーターの位置を知りたい、上り下りの少ない経路を知りたい、短い歩行距離ですむ経路を知りたい、タクシーやバスに早く乗れる経路を知りたい、すいている車両の位置を知りたいなど、楽に利用できるための情報ニーズが高い。

高齢者の視覚の衰えは、視力の低下と白内障化の二つが典型的とされている。視力の低下は40歳ないし50歳ごろから始まり、60歳を越えると急激な低下が起こって、70歳代では20歳代における最高視力のおよそ2分の1になるという。

白内障化は、眼の水晶体が長年紫外線にさらされてきたことにより、成分質のたんぱく質の分解が進み、透明から黄色、さらに褐色になる症状である。50歳代から始まり、70歳代では80％強の人に白内障化がみられるという。黄変化した水晶体によって、本来の色に黄色味を混ぜたように網膜に映ることから、黄色は白っぽく、青はくすんで黒っぽく感じてしまう。

視覚の衰えと関連して駅の案内等について、文字が小さいと読みにくい、明度対比が弱くても読みにくい、黒と青の対比も見づらい、表示面が暗いと見えにくい、内照式の器具はまぶしい、一般照明の直接光源がまぶしい、などの指摘がある。

高齢者の聴覚機能の衰えは、一般に50歳から55歳ごろに顕著になり始めるといわれ、典型的な症状には、可聴範囲の減少と聴力損失の拡大の二つがある。

可聴範囲の減少とは、聴こえる音の周波数域が狭くなることである。特に高音域が聴こえにくくなって、例えば「リリリーン」という電話音は「ゴロゴログー」のように聴こえるという。

聴力損失の拡大とは、聴こえるために必要な音の強さが大きくなることである。高齢者の多くは「40cm以上の距離で発声された会話語を理解できない」レベルに達していて、こうした症状について特に「老人性難聴」と定義づけられている。

聴覚の衰えと関連して、駅の案内について、構内放送が反響音や周囲騒音で聞きづらい、肉声の放送は声や話し方で聞きやすさの違いが大きい、補聴器を使用していると駅では衝撃音が多くて不愉快などの指摘がみられる。

（１）交通バリアフリー政策研究会『わかりやすい交通バリアフリー法の解説』、54-55頁、大成出版社、２０００

（２）鉄道事業法研究会『逐条解説鉄道事業法』、22頁、第一法規、１９８８

（３）http://www.houko.com　鉄道事業法、２００５

（４）萩野芳夫「公共の福祉」、『世界大百科事典』、日立デジタル平凡社、１９９８。（以下本文収録外の部分の要約）「公共の福祉とは、社会全体の利益、社会全員の共存共栄、配分的正義の理念、個々の利益が調和したところに成立する全体の利益、人権相互の衝突を調整する原理としての実質的公平の原理などと定義づけられる。古代ギリシャ以来、法と国家にかかわる根本問題の一つとされてきたテーマである。歴史的には、アメリカではバージニア権利章典３条（１７７６年）の中で『共同の利益common benefit』が、合衆国憲法前文（１７８７年）では『一般の福祉general welfare』が謳われ、またフランスでは人権宣言前文（１７８９年）で『全体の幸福bonheur de tous』が、フランス憲法（１７９３年）に付された人権宣言で「共同の幸福bonheur commun」が謳われてきた」

（５）経済学者の宮本憲一は、「公共性」について次のように述べている（宮本憲一『公共政策のすすめ―現代的公共性とは何か』、88頁、有斐閣、１９９８）。「私は、（公共政策における公共性の解釈が）伝統的な公共性論である権力的な公共性から、現代的な公共性論である基本的人権の公共性へ変化していると考えています。（従来）公共性のもっとも高いものは、軍事〈国防〉や司法とされてきました。これにたいして、現代的な公共性論が主張する基本的人権は、自由権としての所有権もありますが、それ以外に社会権といわれている生命と健康の保持、思想の自由などの人格の尊厳に基づく生活権、労働権、アメニティ権や環境権などがその内容になっています。…今日において公権力の任務というのは抽象的な国益ではなく、このような基本的人権を守ることにあるのではないでしょうか（81-83頁）。社会資本は他の商品と違って、１世紀、場合によっては古代ローマの建築物のように何千年も生命をもちつづけます。社会資本は現世代の利益だけを考えず、後世代のことを考えて、街並み、景観やコミュニティを育てる〝サステイナブル〟なものでなければならないのです」

（６）阿部齊「公共」、『世界大百科事典』、日立デジタル平凡社、１９９８。（以下本文収録外の部分の要約）「公共という語は、英語のpublicの訳語として用いられ始めた。この意味での公共は、公的領域を指し、私的領域と対立する。ドイツ出身の哲学者H・アレント（１９０６-７５）は、万人に見られ、開かれ、かつ評価される存在を「公的なもの」と呼んでいる。したがって公共とは、公開性あるいは参加可能性と共通性とによって構築された世界であって、人びとの参加行動を可能にする共有空間を含んでいる必要がある」

（７）『広辞苑』によれば、「福祉」とは、幸福、あるいは公的扶助やサービスによる生活の安定、充足。日本国憲法第13条の「公共の福祉」の英訳には、「The public welfare」があてられる。welfareは、幸福、繁栄、福利の意味で、健康・快適な生活なども含めた意味での幸福のこと。

（8）http://kotsu.city.osaka.jp　大阪市の地下鉄新線整備計画、2005
（9）http://www.mlit.go.jp　交通関連の支援施策、2005
（10）NC State University‚ The Center for Universal Design（HP、2005）：THE PRINCIPLES OF UNIVERSAL DESIGN
（11）定義の原文は以下のとおり。UNIVERSAL DESIGN: The design of products and environments to be usable by all people, to the greatest extent possible, without the need for adaptation or specialized design.
（12）古瀬敏（HP、2005）：ユニバーサルデザインの7原則。古瀬によれば、ロナルド・メイスは障害者の権利獲得運動に長くかかわり、その影響を強く受けながら、〝障害者を特別扱いしないデザイン〟の必要性を強く感じ、住宅を手掛かりにその開発に尽力した人であったという。
（13）MCDecaux Inc. HP、2011。MCDecaux はフランスを本社とする JCDecaux と三菱商事の合弁会社である。
（14）交通エコロジー・モビリティ財団「アメニティターミナルにおける旅客案内サインの研究 平成8年度報告書」、19-33頁、1997。この報告書の草稿は、筆者が執筆した。
（15）運輸政策研究機構「鉄道整備等基礎調査　グローバリゼーションに対応した都市鉄道サービスの提供に関する調査報告書」、5-15、93-110頁、2004。
（以下JICAの協力により実施された「外国人の都市鉄道利用アンケート」調査概要）
実施時期・2004年1～2月、有効回答数・110件、出身国・アジア、アフリカ、中南アメリカの発展途上国が中心（38か国）、言語・母国語の次に使用できる言語が英語である比率87%、日本滞在期間・1か月未満21%、1～3か月40%、3～6か月16%、6～12か月8%、訪日回数・初めて78%、母国での鉄道利用経験：ほとんどない44%、たまに利用32%、ほぼ毎日利用23%
（16）帝都高速度交通営団営業部・運転部『地下鉄運輸50年史』、7、巻頭写真22頁、1981
（17）欧州地下鉄における省力化と旅客サービスに関する調査団「欧州地下鉄のインフォメーション・システムと身障者サービス1980」、27・40・51・56頁、1980
（18）日本建築学会『高齢者のための建築環境』、84頁、彰国社、1994
（19）日本建築学会編『建築設計資料集成 3 単位空間Ⅰ』、41頁、丸善、1980
（20）ランドルト環は1909年の国際眼科学会で視力の標準指標と定められ、太さと切れ目の幅が外径の5分の1と規定されている。
（21）佐藤泰正編『視覚障害学入門』、21頁、学芸図書、1991
（22）野呂影勇編『図説エルゴノミクス』、290頁、日本規格協会、1990
（23）前掲（19）、41頁
（24）前掲（19）、42頁
（25）前掲（22）、292頁
（26）近江源太郎『造形心理学』、86-90頁、福村出版、1984

(27) 前掲(22)、290頁

(28) 交通エコロジー・モビリティ財団「アメニティターミナルにおける旅客案内サインの研究　平成9年度報告書資料集」、35-41頁、1998。(以下「視覚案内の視認性の実験」概要)実施日・1997年10月、実施場所・横浜市営地下鉄横浜駅コンコース、参加者：65歳以上の高齢者20名、平均年齢75・2歳、平均両眼矯正視力0・69

(29) 前掲(26)、90-91頁

(30) 前掲(19)、41頁

(31) 前掲(26)、89-98頁

(32) 前掲(14)、133-168頁、1997。調査期間・1996年8月21日~10月23日　調査ルート・東京駅・丸の内南口↓(JR東海道線)↓JR横浜駅↓(徒歩)↓地下鉄横浜駅↓(横浜市営地下鉄)↓桜木町駅↓(徒歩)↓ランドマークタワーまたはブリーズベイホテル　被験者・A=視覚障害(全盲/1級)後天性/男性/41歳、B=視覚障害(弱視/1級)先天性/男性/55歳、C=視覚障害(弱視/4級)先天性/男性/50代、D=聴覚障害(全ろう/1級)先天性/男性/68歳、E=聴覚障害(難聴/2級)後天性/女性/41歳、F=肢体不自由(手動式車いす使用)後天性/男性/55歳

(33) 前掲(22)、324頁

(34) 前掲(18)、72-74、87-91頁

第7章 計画設計論

1……先行課題

快適さを確保する条件

サインシステムを計画する目的は、サインを空間上に掲出するということではなく、計画対象とする空間自体を、利用者が総合的な評価として快適だと感じられるように図ることである。サインシステムがなくとも、すでに快適に利用できる空間であるなら、わざわざサインを設置するまでもない。

JR東日本は、民営化して間もない1991年に発行した図書(1)の中で、そのデザインへの取り組みを紹介し、自分たちは、単なる基本機能の充足を脱した〝個性〟と〝文化〟と〝アメニティ〟にあふれた駅を目指す、と書いた。

この〝アメニティ〟amenity（心地よさ、感じのよさ、快適性）という語は、JR東日本に限らず、わが国のほとんどの鉄道が掲げている事業理念である。実際、アメニティが公共空間整備の重要なデザインコンセプトであることは論をまたない。先に触れたJR東日本の図書の中に、オランダ国鉄のアムステルダム・スロッテルディジック駅の開業時に、ある新聞が「30分待たされたとしても、ここで待つのは快適だ。ここから電車で旅行に出るのは、本当にうれしく楽しいことだ」と書いたことも紹介されている。このような第三者からの評価こそ、アメニティ・コンセプトの目標水準と考えるべきであろう。

筆者自身の国内外の鉄道駅の観察から判断すると、駅空間を広範な利用者がほんとうに快適だと感じられるようにするには、次のような階層的な整備水準のすべてが満たされていることが必要である(2)。

すなわち、その第1のレベルは、命を保てる、ケガをしない、安心感を持てるなど、安全性が確保されていること。第2のレベルは、移動しやすい、わかりやすい、使いやすいなど、利便性が確保されていること。第3のレベルは、空間的なゆとりを感じる、空間に落ち着きを感じる、居心地がよいと感じるなど、居住性が確保されていること。そして最後の第4のレベルは、美しくやさしいと感じられる環境・施設であり、歴史や文化、新しい技術の存在を感じられるといったユーザー満足度が確保されていることである［図7-1］。

それらの具体例は、表7-1〜7-4のように示すことができる。

ここで海外の代表的なターミナル駅を見ると、例えばワシントンのユニオン駅［図7-2-1］、ニューヨークのグランド・セントラル駅［図7-2-2］、ロンドンのキングス・クロス駅［図7-2-

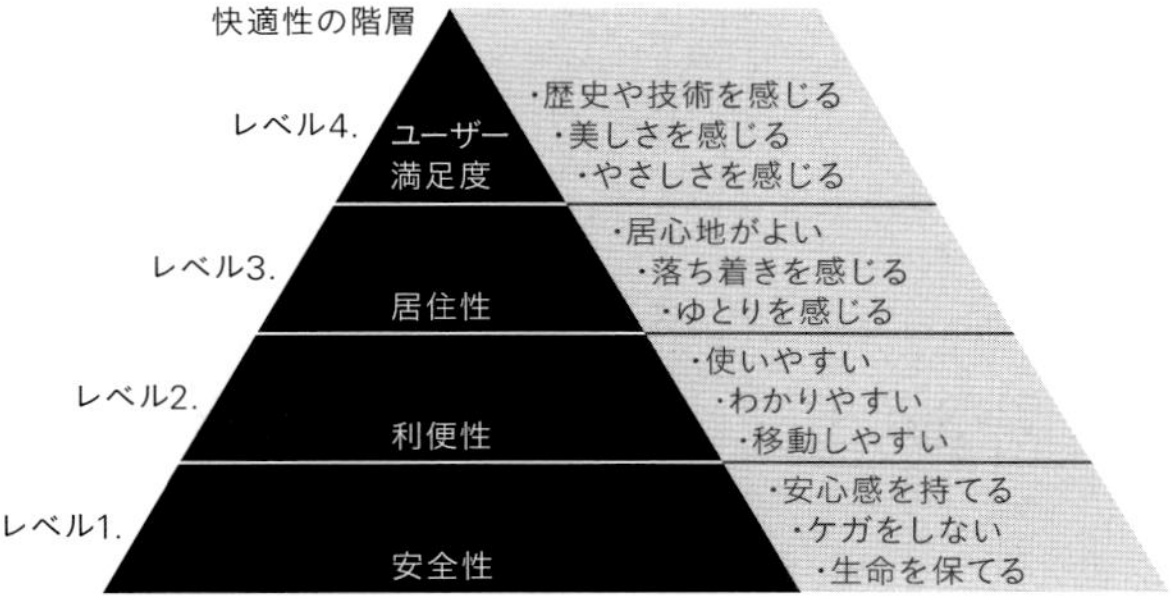

［**図7-1**］快適性の階層（作図:筆者）

［表7-1］第1レベルの「安全性」を確保する条件

項目	具体例
①命を保てる	ホームから落ちることがない／風雨から身を守れる／人に襲われることがない
②ケガをしない	壁面等に突起物がない／床が滑りにくい
③安心感を持てる	十分に明るい／他人と接触しない広さがある／身を休める場所がある／衆目を避ける場所がある／緊急時の連絡手段がある

［表7-2］第2レベルの「利便性」を確保する条件

項目	具体例
①移動しやすい	歩行距離が短い／移動が平坦ですむ／昇降移動が少ない／歩行経路に障害物が置かれていない
②わかりやすい	移動する先がよく見える／施設配置がわかりやすい／視覚情報がわかりやすい／聴覚情報がわかりやすい
③使いやすい	カフェや売店、トイレなど、移動時に必要な施設が設けられている／公共窓口や託児所など､生活に必要な施設が設けられている／券売機や改札機などの設備類が使いやすい／あちこちに休憩する場所がある

［表7-3］第3レベルの「居住性」を確保する条件

項目	具体例
①空間的なゆとりを感じる	十分な広さがある／十分な天井高さがある／見通しがある／滞留スペースが広い／休憩スペースが広い
②空間に落ち着きを感じる	視覚的なしつらえのバランスや調和、リズムが整えられている／音環境が静かである／滞留スペースと流動スペース、休憩スペースが区分されている
③居心地がよいと感じる	清潔感がある／空気がきれいである／温度・湿度が適切である／自然光や水、緑、風などを身近に感じることができる／眺望がある

3］、ウォータールー駅、パリの北駅、リヨン駅、コペンハーゲンの国鉄中央駅［図7-2-4］など、いずれの駅もそれぞれの個性を保ちつつ、居住性とユーザー満足度への配慮が行き届いているレベルまで達しているように思われる。

空間計画の方法

計画する空間全体を、利用者が総合的な評価として快適だと感じられるようにするためには、その空間をトータルにデザインすることが必要である(3)(4)(5)。鉄道駅には、駅出入り口空間、改札外コンコース空間、きっぷ売り場回り空間、改札内コンコース空間、ホーム空間などの単位空間があるが、空間をトータルにデザインしようとする場合、各単位空間を横断して貫くデザイン計画の細目を設定し［図7-3］、同時に、それらの計画全体をカバーするデザインコンセプトを定めるプロセスが不可欠である。

デザイン計画の細目には、空間構成計画、採光・照明計画、色彩計画、サインシステムおよび情報ディスプレイ計画、商業広告計画、営業設備計画、休憩・利便設備計画などがある。

①空間構成計画

空間構成計画は、単位空間相互の連続関係をつくり出す計画で、一般的な建築物で平面・立面・断面から空間を構成していくような、いわゆる建築計画的な内容を指している。各単位空間を必要なエレメントにより構成し、順次、駅空間全体を構成していく。この際、土木構造が空間の大きさや動線を決定づけるので、土木構造計画と建築計画を一体的に進めることが望ましい。わが国の鉄道建設では、土木構造計画と建築計画を分離して行うことが一般的になってしまっているが、少なくとも駅部の土木構造計画は、ていねいな空間構成計画とともに進めなければ、望ましい空間は得られないと考えなければならない。

駅の骨格をつくるうえで重要な改札口、きっぷ売り場、駅務室、移動設備、利便設備、休憩設備などの配置のほか、それらを結びつけるコンコースのありよう、管理にかかわる施設の配置、空間機能を支える空調設備、給排水設備なども含めて、できるだけ多くの計画を、このプロセスの中で横断的に検討する。床・壁・天井だけからなる原型空間が決定された後に、設備類を付加していくのではなく、空間にかかわる諸々のエレメントを織り込みながら、常に最終的な全体像をイメージして検討を進めることが重要である。

②採光・照明・色彩計画

採光・照明計画は、全体的な空間の光環境についての計画である。ものの形や色彩、材質感は光によって表現されるの

[表7-4] 第4レベルの「ユーザー満足度」を確保する条件

項目	具体例
①施設をやさしいと感じる	設備類の扱いがとても簡単である／人の触れる部位に柔らかな素材が用いられている／視覚環境や音環境に温かみを感じる／照明が目にやさしい
②環境を美しいと感じる	生き生きとした雰囲気がある／空間的なしつらえが美的で魅力にあふれている／音環境が美しい／興味をそそるような展示物がある
③歴史や文化、新しい技術などを感じる	駅そのものが歴史を経ている／その街の歴史や文化がわかるしつらえがある／駅構造が革新的な技術でできている／駅を誇りに思える何かがある

3

1

4

2

[**図7-2**]快適な駅空間（1:ワシントン、ユニオン駅、2000、2:ニューヨーク、グランド・セントラル駅、2000、3:ロンドン、キングス・クロス駅、1997、4:コペンハーゲン、国鉄中央駅、1991、撮影:4点とも筆者）

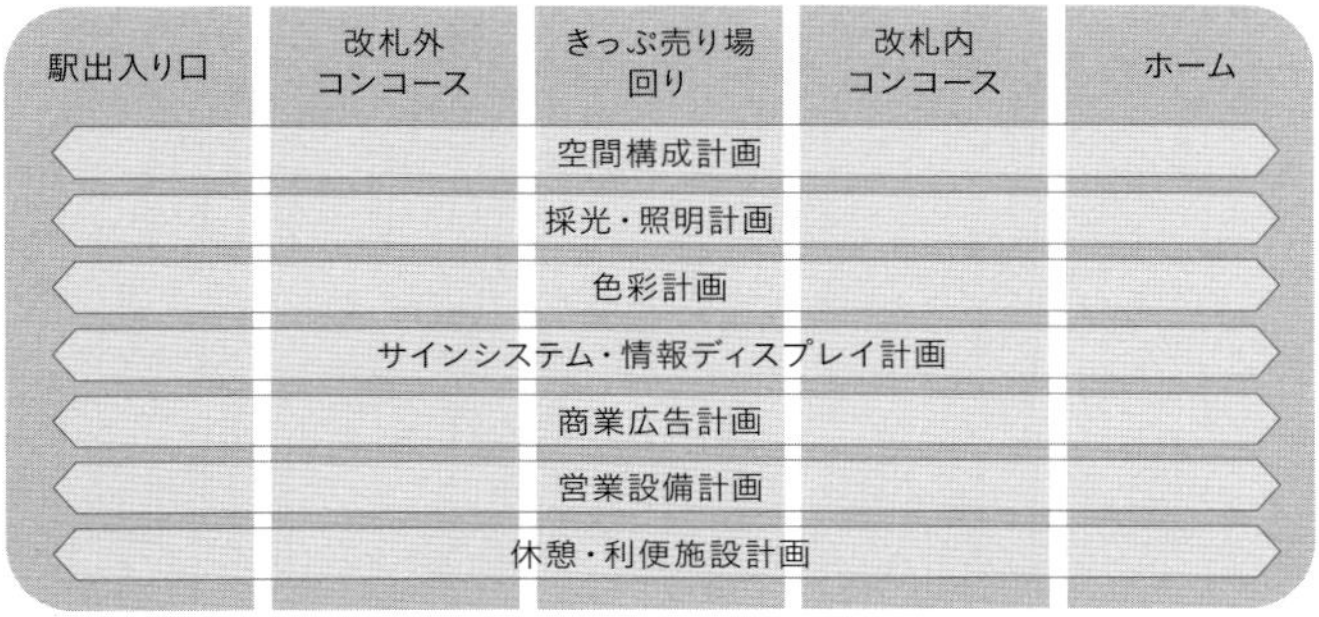

[**図7-3**]トータルデザインのイメージ（作図:筆者）

で、光の当て方によっても、光の色によっても、見え方は著しく異なる。照明の役割には、ものを見るための物理的な照度機能のほかに、見る人に感覚的、あるいは感情的な反応をうながす演出機能もあるので、空間に与えたい性質によって、この二つの機能のウエイトバランスを調節する必要がある。

色彩計画は、全体的な空間のありようを色彩の面から検討提案しようとする計画である。ここでいう色彩計画には、素材感も含めて検討を進めることが望ましいため、このデザイン課題は、内外装にわたる仕上げ計画と考えるほうが適切かもしれない。

色彩によって、さまざまな感情を呼び起こすことが知られている。暖色と寒色、興奮色と沈静色、派手な色と地味な色、膨張色と収縮色、軽い色と重い色、柔らかな色とかたい色などがこれである。このような効果を知ったうえで、各単位空間に、ほどよい変化をつけて単調さを防ぎ、空間自体の活性を引き出すことが求められる。

駅空間の仕上げ材には、石や金属など塗色によらない材質も多い。これらは表面色と透過色が混成する複雑な色彩によって成り立っているから、色に深みを感じさせることができる。

③サインシステムほかの設備計画

サインシステムおよび情報ディスプレイ計画は、全体的な空間を円滑かつ快適に利用できるように、情報提供の面から支援しようとする計画である。したがって先に述べた安全性の確保から満足度の確保に至るまでの快適さの条件は、すべてこの計画の目的になる。計画内容は後に詳しく述べるのでここでは省略するが、広範な利用者が求める情報を、望まれる位置に受け入れやすい方法で提供するのが、この計画の一義的な目的である。

商業広告計画は今日の駅施設計画では、全体的な空間に、どのような種類の広告枠をどんな数量で準備するかを指し、具体的な広告の掲出は、開業後に、広告代理店の手に委ねられることが一般的である。したがって、トータルな空間イメージに能動的に機能できる商業広告計画をつくることは大変難しい。また商業広告は事業者に広告収入をもたらすので、一層複雑な判断基準が交ざることになる。

公共交通空間における商業広告の取り扱いについては、交通事業者が責任を持って宣伝情報の提供方法や掲出基準、料金体系などを見直して、代理店まかせではなく、公共空間にふさわしい、新しく質の高い計画手法を開発すれば、批判されがちな広告掲出を改善することができると思われる。

営業設備計画は、券売機や改札機などのデザイン計画である。それぞれを単位空間の中で、周囲のしつらえと適度な対比関係を保ちつつ、調和するようにデザインを進める。券売機も改札機も、操作が必要な機器なので、操作性の面からインタフェースデザインを検討することも重要なテーマである。

休憩設備・利便設備の計画は、ベンチや休憩室、コインロッカー、トイレ、売店、構内店舗などのデザイン計画である。これらが周囲の空間構成エレメントと無縁なデザインで空間の中に入り込むと、空間全体がとてもちぐはぐな感じになるので、注意を要する。またそれぞれのアイテムは、個別に生理学的・心理学的なデザイン検討課題があるので、利用者のトータルなイメージ評価に与える影響が大きい。

④デザインコンセプト

駅空間は、〝ヴォイド〟void（空）なものとして知覚されるが、その中には床、壁、開口部、天井、照明、サインシステム、そのほか諸々の設備類があって、これらの空間構成エレメントは、いずれも〝ソリッド〟solid（固形）なものとして知覚されている。そうしたソリッドなエレメントには、それぞれ形、大きさ、材質、色彩、位置どりなどのデザイン項目があり、どのようなエレメントを採用するか、またどのような技法を用いて表現するかが、具体的な計画設計の内容になる。具体的には、以下の要素などを総合的に判断しながら進めていく。

1　空間やエレメントの持つ機能や性能
2　材料と工法、構造などの特性
3　空間の背景にある文化的、風土的、社会的条件
4　計画設計者の意図やつくり出したいイメージ

その際、当該の計画設計において判断のよりどころとする基本的な考え方が、デザインコンセプトである。

鉄道駅のデザインコンセプトには、公共交通空間としてどの駅にも共通する普遍的なコンセプトと、駅ごとに異なる個別なコンセプトがある。普遍的なコンセプトには、先にあげた安全性、利便性、居住性、ユーザー満足度のそれぞれを確保するという、快適さをつくり出すための四つのレベルの条件がある。また駅ごとの固有の空間デザイン計画では、以下のコンセプトを設定する例などがみられる。

1　先進的な空間を目指すなど、文化的な提言を行う
2　建設地の地形的条件に沿ったテーマを表現する
3　建設地の都市環境的条件に沿ったテーマを表現する
4　建設地の歴史的条件に沿ったテーマを表現する
5　特定の造形モチーフや様式などを採用する

このとき「地域性の表現」とのコンセプトが掲げられる場合がよくあるが、駅によっては、それが表しにくい場合もあ

るので、よく吟味する必要がある。中味のないものを無理に表そうとすると、興ざめなものができてしまうからである。このような場合、駅空間の場所ごとに変化のある空間構成がなされれば、それによっても結果的に特徴的な駅空間が得られるので、そうした手法もあることを念頭に置いておきたい。

空間自体の記号化

アメリカの都市計画家ケヴィン・リンチ（1918-1984）が『都市のイメージ』（1960年）(6)の中で、〝レジビリティ〟legibility（わかりやすさ）という言葉を用いて、都市構造の視覚化を主張したことはよく知られている。それは次のように説明された。

「この本では、アメリカの市民が彼らの都市に対して心に描いているイメージを調べることによって、アメリカの都市の視覚的な特質について考えてみよう。そしてこの視覚的特質の中でも、特に都市の眺めの外見の明瞭さ、あるいはわかりやすさということに焦点をしぼることにしよう」

「明瞭さとわかりやすさは、決して美しい都市のためのただ一つの重要な特性ではないが、空間、時間、複雑さの点で都市のスケールを持つ環境について考える場合に、それは特に重要である」

リンチはこの著書の主要な課題を、〝イメージアビリティ〟imageability といっている。これについて訳者の富田は、「イメージされる度合い」とか「印象度」と訳してよいか、と解説している(7)。

「これは物体にそなわる特質であって、これがあるためにその物体があらゆる観察者に強烈なイメージを呼び起こさせる可能性が高くなる、というものである。それは、鮮やかなアイデンティティーと強力なストラクチャーをそなえた、色や形や配置などである」

リンチは、鮮明な印象を与えるものであれば、レジビリティもイメージアビリティと見なし得るとして、ヴェニス、マンハッタン、ボストンなどの一部を、イメージアビリティに優れた都市の例にあげている。

国内では、槇文彦がいち早くリンチの主張に注目し、1968年当時建設中であった立正大学熊谷校舎の建築計画において、〝レジビリティ〟を建築と建築群の構成における主要なテーマとした。

この概念は、広く世界の建築家に強い影響を与えて、ニコラス・グリムショウによるウォータールー・インターナショナル駅（イギリス・ロンドン、1993年竣工）〔図7-4-1〕、レム・コールハースのマスタープランでフランス国鉄設計チームが設計したリール・ヨーロッパ駅（フランス・リール、1994年竣工）［図7-4-2］、ノーマン・フォスターによるビルバオ地下鉄アバンド駅およびサリコ駅（スペイン・ビルバオ、1995年竣工）などでは、軽快な構造による内部空間の視覚的なわかりやすさが建築デザインの重要なテーマになっている。

このように、空間そのもののわかりやすさに配慮する計画手法を、ここでは「記号論的空間計画」と呼びたい。空間そのもののわかりやすさを追求するとは、あらゆる空間構成エレメントの記号性、そしてその集合としての空間自体が持つ記号性について着目するということだからである。

筆者らは1982年に仙台市地下鉄の建築デザイン検討の中で、次のような記号論的空間計画の提案を行っている。

まず旭ヶ丘駅の検討では、東側住宅街区と西側50haの台原森林公園の境界崖地に沿って建設される地下鉄駅の住宅地側を、埋め戻さずに昇り庭として、地下に建設される駅の外壁

1

2

［図7-4］レジビリティの優れた駅空間
（1:ウォータールー・インターナショナル駅、
2:リール・ヨーロッパ駅、撮影:2点とも筆者、1997、口絵5-3）

第7章　計画設計論

を現す計画案を提示した（8）［図7-5］。この案は、実際に移動する先が見えるようにするための計画で、現れている壁面と地下に誘う階段・エスカレーターの空間的なしつらえが、駅の出入り口であることを明瞭に示すというものであった。

また勾当台公園駅の検討では、地下にある改札広間と地上の公園を結びつけるために、大規模なドライエリアを設けて、地下にいながら地上の様子が感じられる計画案を提示した（9）［図7-6］。この案は、外部眺望を確保するための計画で、地下から公園の樹木や空が見え、季節、天候、時間の変化や街の喧騒などを体感できるように意図したものであった。

旭ヶ丘駅の案も勾当台公園駅の案も、時期尚早として実現にはいたらなかったが、空間や風景が持つ記号性に着目して、今日の世界的な潮流になっている空間自体のわかりやすさを確保するコンセプトを先取りしていた提案であった。

後に筆者らは、国会議事堂前駅出入り口で、こうしたコンセプトに連なる作例を実現した［図7-7］。それは仙台市地下鉄の検討例などを知った営団地下鉄が、そのような考え方に基づく出入り口建物のデザインを依頼してきたことによってできたものである。7年を費やして設計を進めた結果、「地下に光を！」という仙台で掲げたコンセプトが、発案から14年後の1996年に東京で形になって現れた。内空に壁面を設けない開放的なデザインによって、入り口や窓から入る自然光は地下のコンコースにまで達し、人工照明の数百倍という圧倒的な光量によって、コンコースを歩く人びとに、〝地上までもうすぐ〟という、安全上極めて重要なメッセージを伝えている。

5章の考察から明らかになったように、たとえ星であっても樹々であっても、目に見える実体が人間とのかかわりの中で記号化され情報として意味を持つ場合、それらすべてをサインと呼ぶことができる。したがって空間のあり方自体の記号性に着目してデザインをすれば、通常われわれが経験する以上に、〝意味がわかる〟空間をつくり上げることができるはずである。

このような記号論的空間計画の手法を改めて整理すると、外部眺望を確保する、実際に移動する先を見えるようにする、見通しを確保する、空間の質の違いを表現する、駅の個性化を図るなどの具体的な方法が考えられる。

①外部眺望の確保と移動先の視覚化

地下駅がとてもわかりにくい根本的な原因のひとつは、風景が見えないことである。地上でごく普通に見られる風景、例えば空や樹木、建物、看板、電柱、信号、自動車、行き交う人びとなどの総体には、多量の情報が内在していて、それら

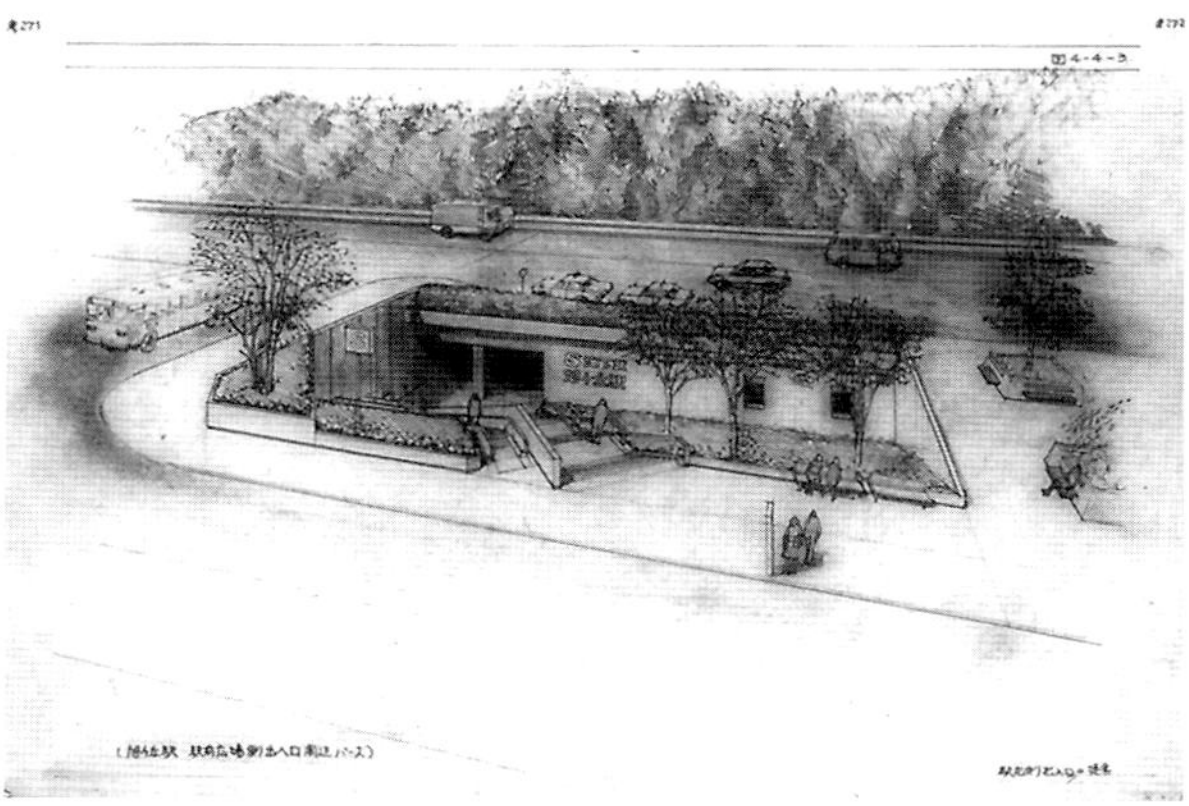

［**図7-5**］旭ヶ丘駅の昇り庭の提案
（デザイン:黎デザイン総合計画研究所、1982）

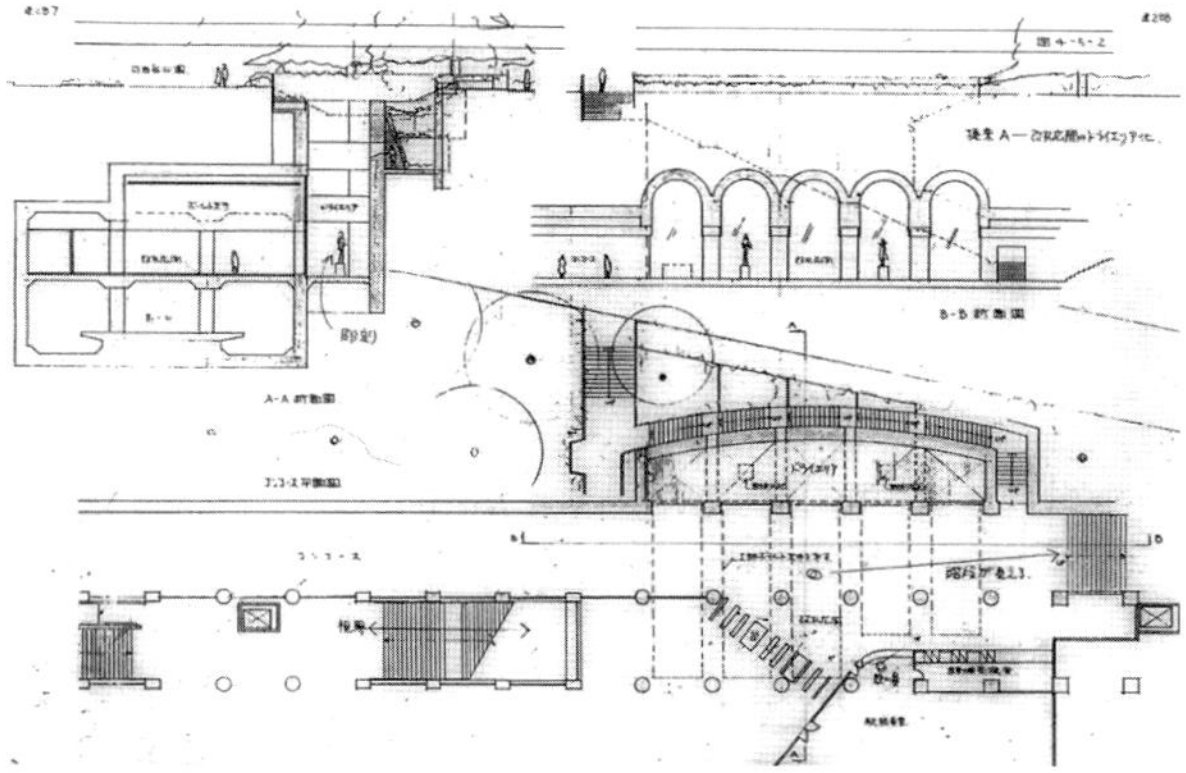

［**図7-6**］勾当台公園駅のドライエリアの提案
（デザイン:黎デザイン総合計画研究所、1982）

2　　1

［**図7-7**］国会議事堂前駅出入り口建物（1:外観、2:内観、デザイン:黎デザイン総合計画研究所、1996、口絵5-2）

によって人はそこがどこであるか、今、目前で何が起きているかを理解している。

またそれらは、季節感や時間の移り変わり、天候の様子など、自然界の基本的な情報を提供したり、社会の全体的な雰囲気を伝えたりする機能も持っている。そうした風景が見えるように、外部眺望を確保することは、わかりやすい駅づくりの基本的事項になる。

また駅入り口から改札口がすぐに見える、改札口を入るとホームに行く階段がすぐに見える、ホームに下り立つとコンコースに連続する階段がすぐに見えるなど、実際に移動する先が見えるように空間をデザインすることも重要な手法になる［図7-8］。上下階を結ぶ階段の両脇が側壁で覆われていると、上からも下からも移動する先が見えないから、こうした側壁を除去して、上下を相互に見やすくする工夫も必要である。

近年ガラス材を用いてシースルー化したエレベーターが増えているが、このデザインであれば、動くカゴが実際によく見えるので、エレベーターであることがとてもわかりやすい。

②見通しの確保

コンコースやホームで、独立柱が少なければ、それだけ見通しはよくなる。独立柱の存在が不可欠な場合、化粧材で膨らますことをできるだけ避けて、必要最小限の太さで仕上げることによっても、相当見通しを広げることができる。そのほか、天井をできる限り高くする、壁を設けない、視界をふさぐような設備配置を避けることなどによっても、見通しを確保することが可能である［図7-9］。

ちなみに、屋外で、高い空、広い海辺など、広々とした景観は、多くの人びとにとって気持ちよく、感動を覚えるものである。屋外での雑踏と地下空間での雑踏を比較すると、屋外のほうが、はるかに圧迫感は小さいように感じられる。多人数が集散する駅空間では、できるだけアウトスケール（屋外空間のスケール）に近づけた大きな空間を確保することが、快適性をつくり出すことにつながるのである。

③質の違いと個性の表現

駅空間は利用者の行動区分から、駅出入り口や改札広間、ホームなどの〝人だまり空間〟、通路部分の〝水平移動空間〟、階段回りなどの〝昇降移動空間〟に大別できるが、これらの単位空間ごとの空間スケールや素材、色彩、照明などの仕上げを変化させることによって、空間の質の違いを明瞭にできる。質の違いが明瞭になれば、利用者は場の違いを体感できるので、わかりやすく感じる。逆に統一性が強調されすぎると、むしろ圧迫感を感じたり退屈になったりしやすい。

駅の個性化とは、コンセプトに基づいて固有の雰囲気を持つ空間をつくり出すことである。駅が個性的であれば、おのずと駅ごとの識別性を保つことができる。空間構成エレメントには多種多様なものがあるので、これらをうまくコーディネートすることによって、空間にさまざまな表情を与えることが可能である。

例えば色彩計画だけでは、駅の個性化を図ることは難しいと考えなければならない。個性化を図る手段は、トータルな空間デザイン計画によらなければ実現不可能で、部分的では人びとが感じ取るまでにいたらないのである。

ヨーロッパの地下鉄には、駅全体の内装計画で個性化が図られている例を数多く見ることができる。例えばスウェーデン・ストックホルム地下鉄には、ダイナマイトでくり抜かれた岩盤が、そのまま仕上げに利用されている駅もある［**図7-10-1**］。またドイツ・ミュンヘンには、ホーム上から線路側の壁までを一体的な壁面で構成して、大空間につくり上げた駅もある［**図7-10-2**］。

1

2

［**図7-8**］移動先が見える昇降部
（1:パリ、シャルルル・ド・ゴール空港駅、1997、
2:ワシントン、地下鉄デュポン・サークル駅、2000、
撮影:2点とも筆者、口絵5-5）

1

2

［**図7-9**］見通しのある空間（1、2とも:パリ、シャルルル・ド・ゴール空港駅、撮影:2点とも筆者、1997、口絵5-4）

2……計画のスタート

計画の位置づけ

かつて表札や表示板などは、建物の竣工直前に後づけするのが一般的であった。また情報通信端末や放送設備などは設備工事の範疇で、表示板とはかかわりなく設備されるのが一般的であった。しかし情報に関する認識が広まった今日、後づけでは、照明方式や設置形式など、意図したデザインのサインにすることができないことがわかってきた。また表示のシステムと通信端末や放送などは、互いに関係し合っていることも見えてきた。

サインが伝える情報は、建築表現とも、土木構造とも、街の広がりともかかわり、さらに空間性を超越して、組織の運営ともかかわっている。サインシステム計画の位置づけは根本からとらえ直されて、次第に、事業活動の最前線で利用者と接する、極めて重要なコミュニケーションメディアであると認識されるようになった。

交通施設においてもその他の都市施設においても、事業主体が利用者と接する方法には、直接的なサービスの供与のほかに、空間デザインによる方法と情報メディアによる方法、それに人対人による方法の三つがある。空間デザインとは、さまざまな施設・設備のしつらえを工夫することであり、情報メディアとは、紙や画像、映像などで情報を提供することであり、人対人とは、いうまでもなく、係員などによる人的対応のことである。

そうした中でサインシステムは、ハードな空間建設体系とソフトなコミュニケーション体系の交点に存在するテーマであるから、その計画は、空間デザインによるコミュニケーションと、情報メディアによるコミュニケーションの中間に位置する、空間的情報メディアによるコミュニケーション計画とみることができる(10)［図7-11］。このとらえ方において、情報ディスプレイはサインシステムの中に含まれる。そしてこのようなサインシステムの新しい位置づけは、鉄道駅の場合に限られるのではなく、どのような施設においても共通する原則なのである。

計画の手順

5章で述べたように、サインの計画要素には、情報内容、表現様式、空間上の位置の三つがあり、さらに情報内容はコンテンツとコードに、表現様式はモードとスタイルに、空間上の位置はロケーションとポジションに分析できる。

ここでコンテンツとは「表示項目」のことであり、コードとは「用語など、社会的に意味づけられた記号」、モードとは「表現方法、方式」、スタイルとは「外観、姿型」、ロケーションとは「計測的な位置、すなわち掲出高さと表示面の向き」、ポジションとは「相関的な位置、すなわち建築平面上の配置位置と配置間隔」のことである［図7-12］。

これらを統合的に計画する手順は、図7-13のように示すことができる。すなわち、〝調査分析〟survey and analysis、〝コ

1
2

［**図7-10**］個性的な内装の駅（1:ストックホルム、地下鉄王立公園駅、1991、2:ミュンヘン、地下鉄マリエンプラッツ駅、1990、撮影:2点とも筆者、口絵5-6）

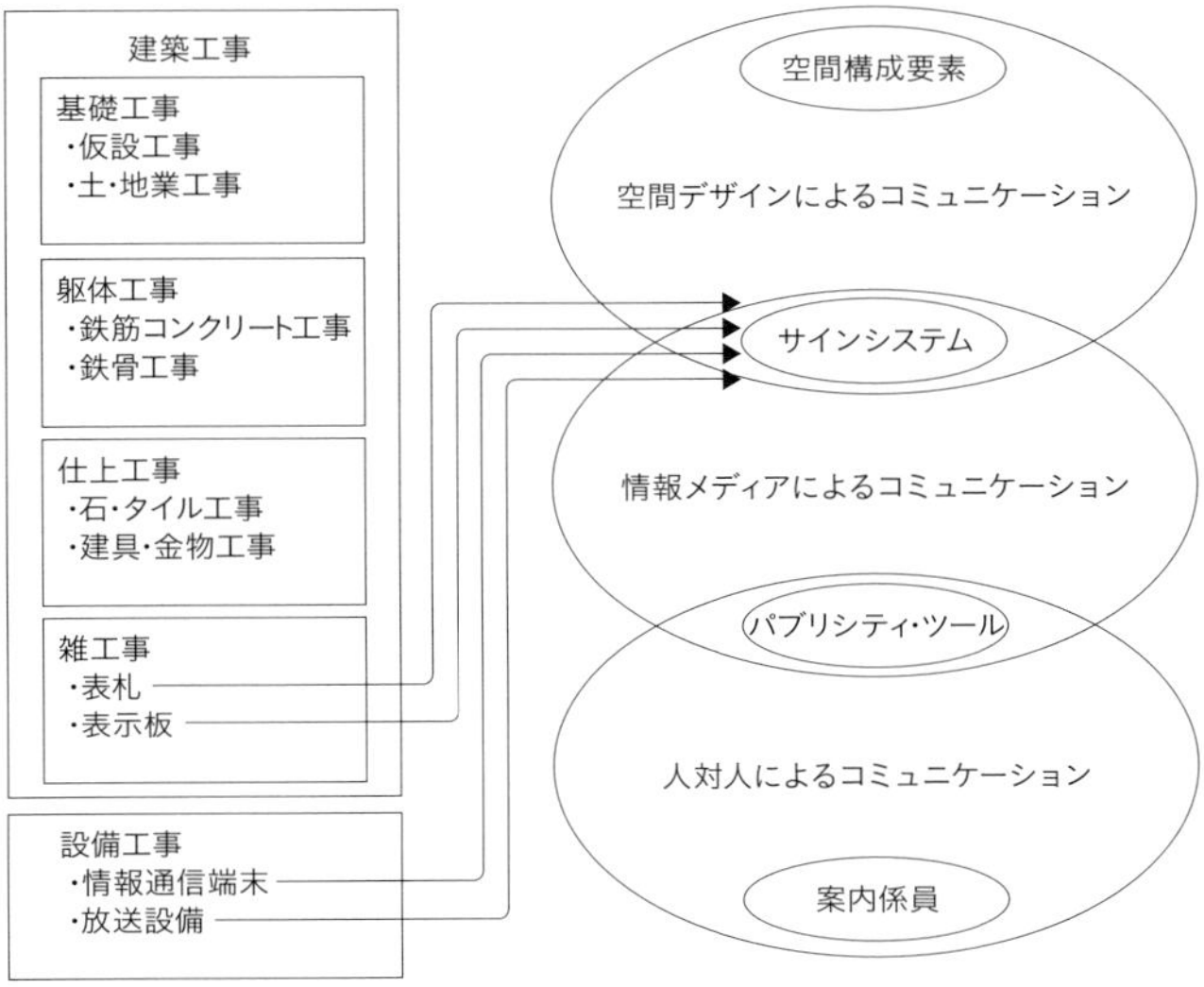

［**図7-11**］サインシステム計画の位置づけ（作図:筆者、初出『交通拠点のサインシステム計画ガイドブック』）

ードプランニング〟code planning、〝配置計画〟signage placement、〝グラフィック&プロダクトデザイン〟graphic and product designの順に進める。

ここでコンテンツとコードを決める計画プロセスが「コードプランニング」、ロケーションとポジションを決める計画プロセスが「配置計画」、モードとスタイルを決める設計プロセスが「グラフィック&プロダクトデザイン」である。

この計画フロー図も、サインメディアの属性から発想した計画法なので、鉄道施設ばかりでなく、あらゆる施設のサインシステム計画に応用することが可能である。

計画に入る前に、計画対象はどのような施設で、人びとはどのように行動するか、またどのような情報を求めているか、さらにその空間はどのような特性を持っているかを、あらかじめ調査分析する必要があるのは当然である。これらをその順に、「計画対象調査」「動線分析」「情報ニーズ分析」「空間条件分析」と呼ぶ。

さて、サインシステムのわかりやすさを決定づけるのは、コードの適否である。まず表示項目リストを作成し、それに沿って表示する用語、表現記号を計画する。このプロセスを「コードプランニング」という。この計画によって選ばれたコードが受け手と共有されなければ、情報は伝わりようがない。コードプランニングは、論文や演説文の作成時の〝推敲〟にあたるから、最も神経を払うべき計画プロセスである。このような〝言い方〟の見定めは、立場ごとに主張があるのは当然である。計画設計者は、公共案内の立脚点を見失わないように十分留意し、時として、クライアントと徹底的に議論することも辞さない覚悟で計画を進める必要がある。

コードは位置と形をもって表される。この位置と形が見やすさと印象に決定的な影響を与える。空間上の掲出位置に関する計画が「配置計画」で、サイン一つひとつに平面的な形を与えるのが「グラフィックデザイン」、立体的な形を与えるのが「プロダクトデザイン」である。立体的な形を検討するのに先立ってモードの検討を行う。サインのモードには、表示方式や照明方式の違いによって、いくつかの種類がある。またグラフィックデザインは、サイン器具の形状に大きな影響を受けるので、グラフィックデザインとプロダクトデザインは同時進行的に計画することが望ましい。

コードプランニングと配置計画、グラフィック&プロダクトデザインは相互に関係しているから、それらを何度も繰り返し検討し、スパイラルアップ状に練り上げていく工程を踏まないと、優れて効果的な結果は得られない［図7-14］。

調査と分析

計画対象調査では、次に行う分析に備えて、計画対象施設の施設概要と利用状況を把握する。鉄道駅の場合、それを進めるのに、次のような留意点がある。

まず、駅構内にある施設、設備と、駅周辺にある施設を調査対象とする。駅構内の施設、設備は、鉄道事業者の別やサービス内容の別にかかわらず、不特定多数が利用するすべての施設、設備をチェックして、調査の結果は、大多数の人び

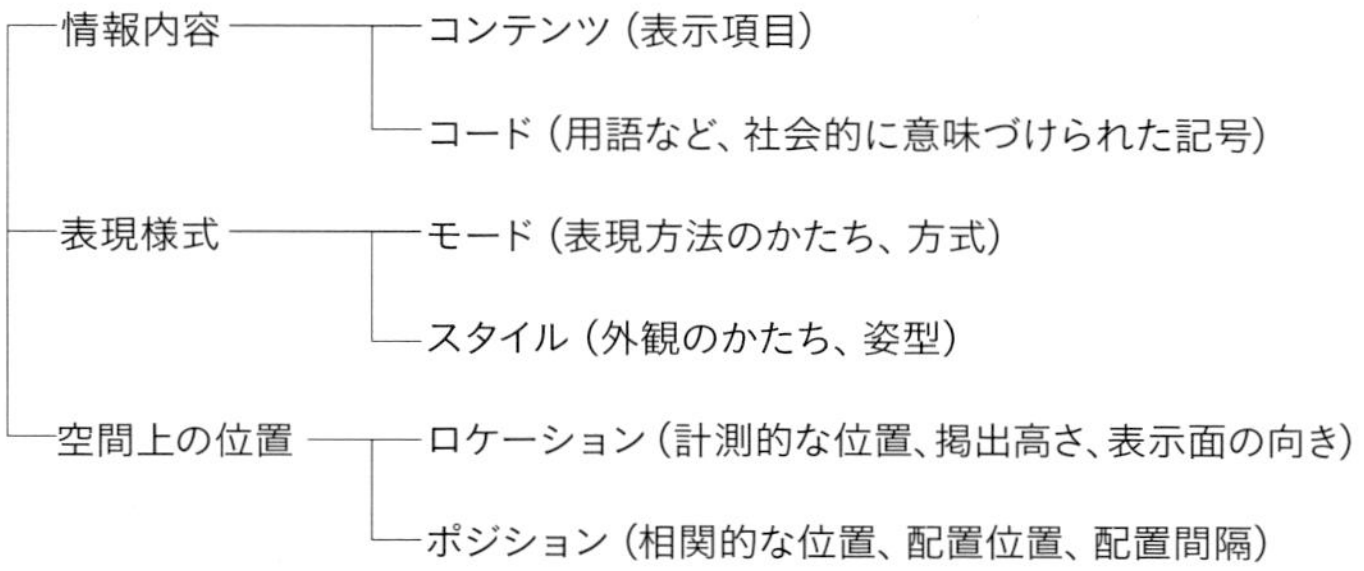

［**図7-12**］サインの計画要素（作図:筆者）

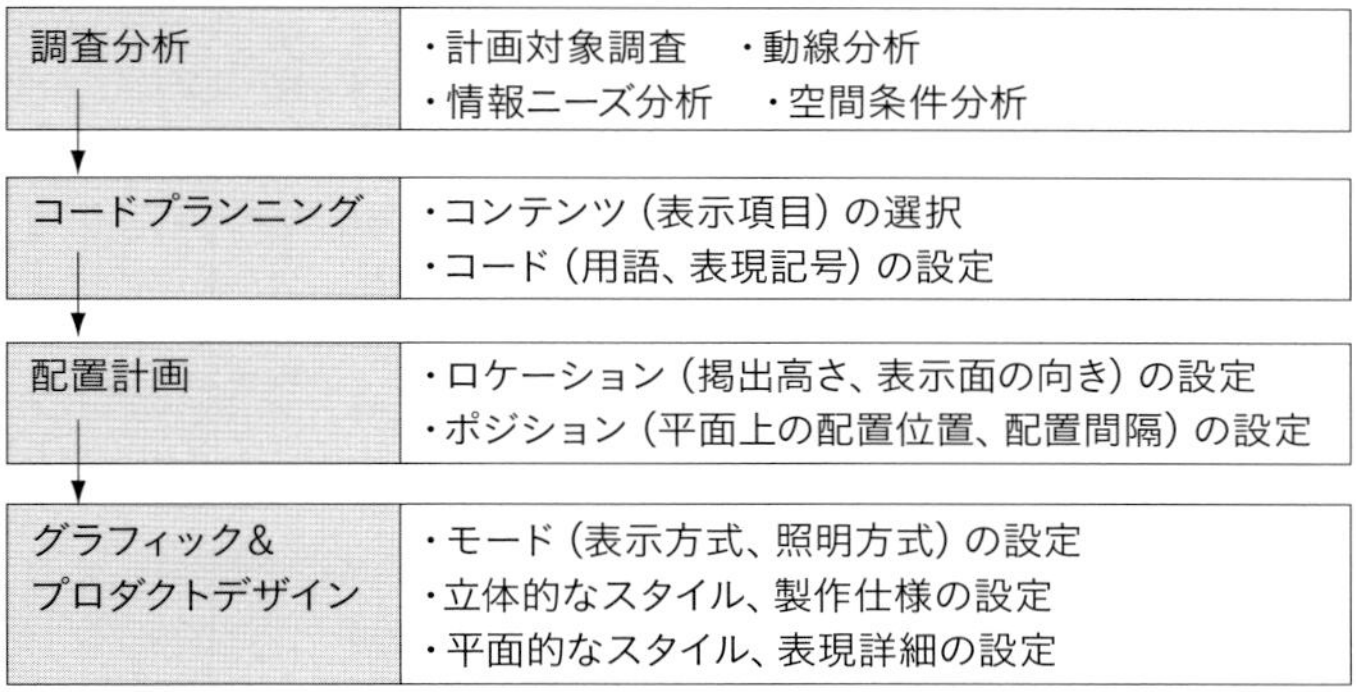

［**図7-13**］サインシステム計画フロー図（作図:筆者）

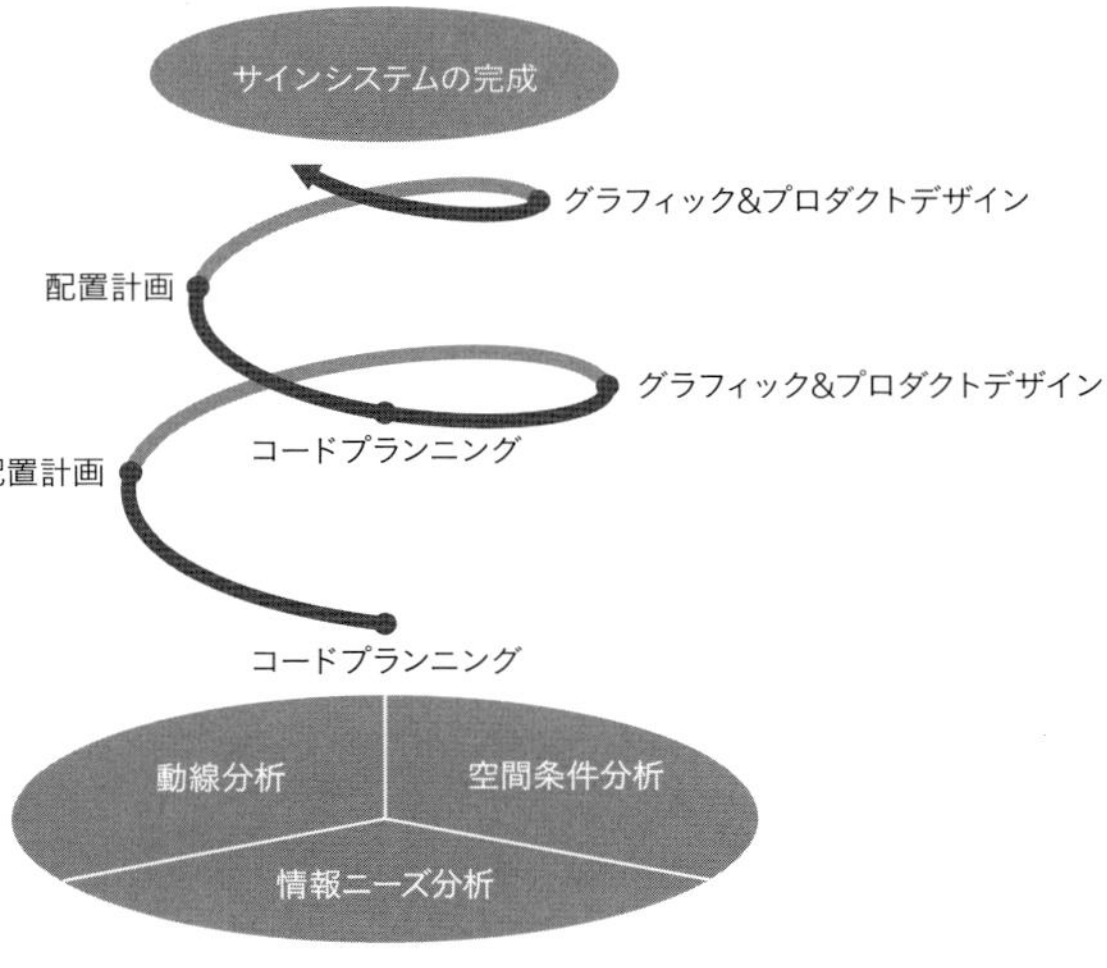

［**図7-14**］サインシステム計画工程イメージ図（作図:筆者）

とが利用するか、限定的な人びとが利用するかに区別して整理する。

駅周辺の施設は、多数の人びとが〝実際に訪れる〟施設と、移動する際に〝目標にしている〟施設に区別して整理する。目標施設には広大な施設や有名な施設などが該当する場合が多い。この際、公共施設であるか商業施設であるかの別は、あまり重要ではない。実際に多人数に利用されているかどうかがポイントなので、それを選択の基準とする。

この作業のために、正確な建築施設図と最新の都市地図を準備し、実際に現地を歩き、関係者にヒアリングするプロセスが必要である。

①動線分析

利用者の移動経路を集約的にとらえた流動の形が「動線」である。大規模ターミナル駅を例にあげると、その動線は入場動線、出場動線、付帯動線の3種に大別できる。さらに入場動線は乗車系動線と鉄道乗り換え系動線に、出場動線は降車系動線とアクセス交通乗り継ぎ系動線、通過系動線に、付帯動線は構内施設利用系動線と隣接施設利用系動線に、それぞれ分類できる(11)［図7-15］。

ここではターミナル駅全体の計画視点から、鉄道乗り換え系動線を同じ駅構内にある他鉄道への入場動線とみなしている。またバスやタクシーなどへのアクセス交通乗り継ぎ系動線は、一般的に駅を出て乗り継ぐと想定して、ここでは出場動線に含めて考えている。

入場動線と出場動線が鉄道駅における主動線であり、鉄道利用に伴って付帯的に発生する動線が付帯動線である。

動線分析は人びとの自然な流動について行うもので、意図的な計画動線とは区別して考える。その手順と留意点について、以下のように示すことができる。

まず、上述の動線各種を、駅出入り口、鉄道改札口、複合施設出入り口をそれぞれ起終点として、平面図上に記入して把握する。次に、主動線である入場動線と出場動線を、同一平面図上に重ねて表現する。これによって人びとが交錯する主動線の分岐点と、流動の骨格が視覚的に浮かび上がる。それが動線分析の結果である。このような図が得られると、同時に主要なサインの配置位置を想定することが可能になる［図7-16］。

主動線が分岐するということは、まさにそこが分岐先にある主要施設の方向を指し示すことが必要な場所であることを示している。その位置に配置する指示サインは、主動線と対面する向きに掲出したほうが視野にとらえられやすい。また当面の行動転換点である駅出入り口、鉄道改札口、複合施設

- 入場動線
  - 乗車系動線
  - 鉄道乗り換え系動線
- 出場動線
  - 降車系動線
  - アクセス交通乗り継ぎ系動線
  - 通過系動線
- 付帯動線
  - 構内施設利用系動線
  - 隣接施設利用系動線

［**図7-15**］鉄道駅の利用者動線の種類
（作図:筆者、初出『公共交通機関旅客施設のサインシステムガイドブック』）

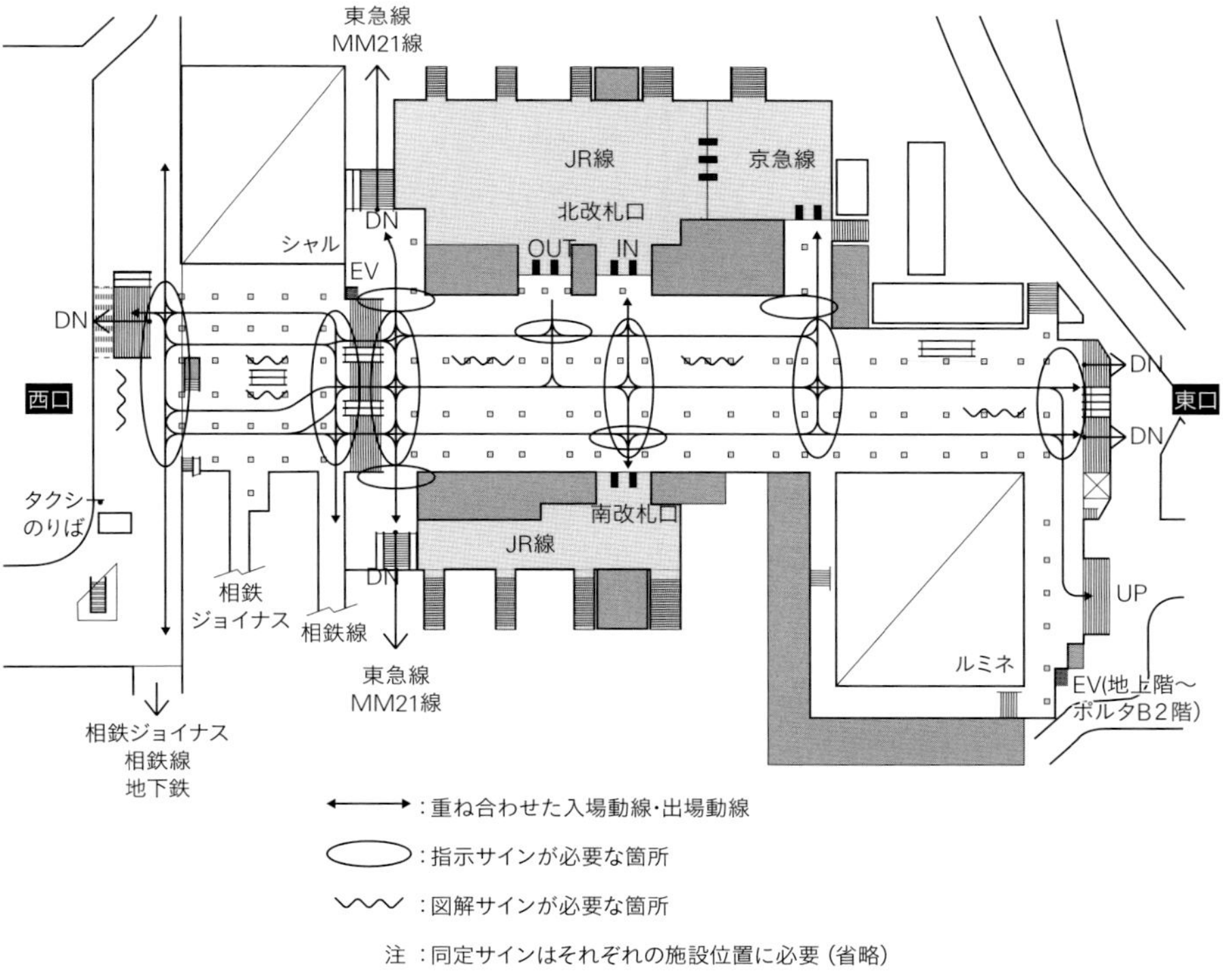

［**図7-16**］横浜駅を例にとった主要サイン配置位置想定図
（作図:筆者、初出『交通拠点のサインシステム計画ガイドブック』）

出入り口が同定サインを必要とする場所である。同定サインの掲出向きも、主動線と対面する向きが効果的である。

さらに、移動を開始する前の地点、すなわち駅出入り口、鉄道改札口、複合施設出入り口付近が、構内案内図や駅周辺案内図などの図解サインを必要とする場所である。これらの案内図も主動線から対面視できる向きが望ましいが、こうした場所は人の密集度が高いので、流動を妨げないように、主動線と平行する向きを選択せざるを得ない場合も多い(12)。

②情報ニーズ分析

動線に沿って、利用者からどのような情報ニーズが発生するかを分析することが、情報ニーズ分析である。鉄道駅の例では、前章で整理したように、どの駅でも共通して、経路選択にかかわる情報と、交通手段にかかわる情報の二つに大別できるニーズがあった。

個別のプロジェクトにおいては、一般例を念頭に置いたうえで、それぞれの動線で、どのような選択肢が発生するかを想定する。例えば改札内コンコースからホームにいたる階段付近では、乗降場が一つに集まっている島式ホームの駅の場合、停車駅情報へのニーズはさほど高くないが、それが二つに分かれている相対式ホームの駅になると、下車駅に適したホームが違うので、この情報へのニーズは高くなる。こうしたニーズをプロジェクトごとに、丹念に拾い出す必要があるのである。

なお一般施設のサインシステム計画を行う場合、利用者の行動観察調査や関係者への聞き取り調査によって、情報ニーズを把握する方法をとる場合もある。

また、主にこの情報ニーズ分析の結果から、ニーズに対応するための表示方式や照明方式の種類が導き出される(13)［図7-17］。

常設されている施設への方向指示情報は、多くの場合固定表示方式で問題はないが、例えば、時間帯によって運行方向が異なるエスカレーターの上り下り表示は、LEDなどを用いた可変表示方式のほうが適しているなどのことがここで判断される。

照明方式は、例えば視認時間が比較的短くてすみ、誘目性を高めたい情報源には内照式を選択し、内容が細かく丹念に読む必要がある情報源には外照式を選択するなどと判断される。

③空間条件分析

計画対象の空間の特徴を平面、断面、展開別に分析して、サインの種類ごとの基本的な設置形式を想定する工程が空間条件分析である。

空間の平面上の特徴は、施設の構成や動線上の特徴のほかに、独立柱の有無に現れる。これが太く列柱として並ぶと、パースペクティブには壁があるのと同じことになる。すなわち視界はふさがれてしまい、列柱の向こう側は見えなくなる。つまり独立柱で隔てられた通路は、通行者の視野から見れば二本の通路が並んでいるのと同じであり、各々の通路に同じサインを、いわば二重系に掲出する必要が生じる。

断面上の特徴は、天井の高さに現れる。これがとても高いときにつり下げ型で掲出するには、その方法にさまざまな工夫が必要になる。逆に天井がとても低い場合、器具の天地寸法が直接的な制約を受ける。

- 表示方式
  - 固定表示方式
  - 可変表示方式
  - 点滅表示方式
  - 直接描写方式
- 照明方式
  - 内照式
  - 外照式
  - 無灯式

［**図7-17**］サインモードの種類（作図：筆者）

展開上の特徴は、壁の有無に現れる。壁がなければ見通しを確保できて望ましいが、一方で壁づけ型の器具は使えず、自立型などの方法を工夫することになる。

サインシステムに用いる器具の設置形式には、一般につり下げ型、突き出し型、壁づけ型、ボーダー型、自立型、可搬型などの種類がある[14]［**表7-5**、**図7-18**］。

サインシステム計画の標準的な進め方においては、まずこれらの種類の中から適切な設置形式を選択する。ただしサインは記号や合図として機能すればよいので、器具を用いずに、文字やシンボルなどを直接建築の壁面に描いたり、光で知らせたりする方法をとったほうがよい場合もあることは、念頭に置いておく必要がある。

3 コードプランニング

言語

コードプランニングの対象には、言語、グラフィカルシンボル、色彩、表示項目などがある。まずコードの基本である言語に関連するコードプランニングを行うとき、わかりやすいサインシステムを得るために、次のような原則が指摘できる。

①日常語の使用

東京電力は東電、通信販売は通販、パーソナルコンピューターはパソコンなど、日本語は会話語を中心に、短縮形が多用される言語である。このように短縮形が多用されるのは、母音の多さが原因であるといわれている。言語を発する場合、母音の数が少ないほど省力的に発音できるから、多くの人ができるだけ短い言い方ですませたいと考える。わが国ではいつの時代も、若者が自分たちの間だけで通用する省略的隠語を多用している。

翻って何かの名称を定める場合、できるだけ短い名称であることが、第三者から呼ばれやすく、覚えられやすい重要なポイントになる。ちなみに英語は、スペルが長いわりに語中の母音は少ないから、省略形はあまり使われないと考えられる。

このことは鉄道関係の表示においてもあてはまる。鉄道分野では正式名称による表示を守ろうとする傾向が強いが、案内表示や案内放送は公式書類ではないので、日常語を使用するほうが適していると思われる。

東日本旅客鉄道線や東京急行電鉄線などというより、ＪＲ線とか東急線と呼ぶほうが圧倒的に言いやすく聞きやすい。つまりコードとして機能しやすく、結果的にわかりやすいのである。ランドマークの表示においても同様で、例えば日本郵船氷川丸や横浜港大さん橋国際客船ターミナルなどというより、簡単に氷川丸とか大桟橋と呼ぶほうが圧倒的にわかりやすいのである。

利用者が日常的に言い習わしている範囲内で、できるだけ簡潔な表現とすることがわかりやすさを確保する原則である。

②少音節語の使用

東京、京都、大阪、名古屋などの地名は、ローマ字でつづってみるとすぐにわかるように、音節数が非常に少ない。音節とは、母音あるいは母音の前後に1または複数個の子音を伴って構成される発声するときの最小単位のことで、Tokyoは音節2、Kyoto・2、Osaka・3、Nagoya・3などとなる。47都道府県の県庁所在地のうち、4音節を超えているのは宇都宮Utsunomiyaのみで、わずかに1都市である。

名称が5音節を超えるようになると、読みにくく言いにくく、つまり覚えにくくなるから、歴史的な地名は短くてもわかるように、長い年月をかけて純一化されてきたものと思われる。この点、二つの町名を合成して最近命名された「小竹向原」や「元町・中華街」などの駅名は、かなりわかりにくい部類に入ってしまう。

［表7-5］設置形式の種類

設置形式の種類	仕様の違い
つり下げ型	天井や梁などからつり下げる形式　天井直づけ型・パイプペンダント型などに区分する方法もある
突き出し型	壁や柱などから広間や通路方向に突き出して設置する形式
壁づけ型	壁や柱に平づける形式　壁埋め込み型・半埋め込み型・外づけ型などに区分する方法もある
ボーダー型	開口上部や垂れ壁に、横に長くつり下げるまたは平づける形式
自立型	床面や舗床面にアンカーを打って自立させる形式
可搬型	器具に脚部を設けて自立させ、必要時に持ち出して使用する形式。仮設サインの掲出に多く使われる

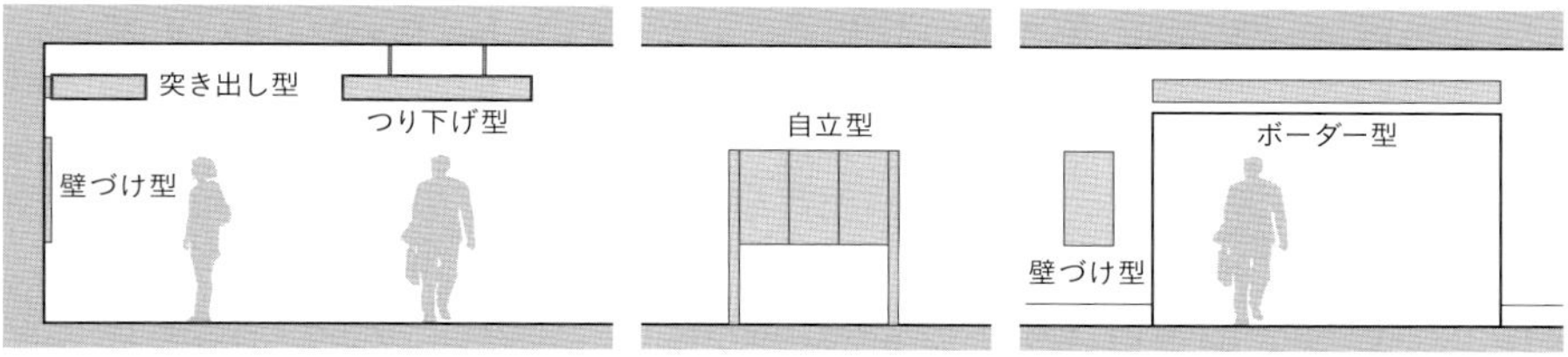

［**図7-18**］設置形式の一般例（作図：筆者、初出『公共交通機関旅客施設のサインシステムガイドブック』）

新しい名称を考案する場合、できるだけ音節数が少ないものを採用することが望ましい。

③ナンバリングの活用

東京や大阪の地下鉄駅のように、出入り口が非常に多い場合、おのおのに名称をつける工夫をするより、〝ナンバリング〟numberingするほうが、多くの人にとってわかりやすくなる。

アラビア数字を用いたナンバリングの利点は、言語の壁を越えて、世界中の人びとが知っている数字記号だということである。序列的に番号を振ることで、誰でも位置関係などの法則性が読み取りやすくなる。ただし飛び番など、本来序列があるはずの内容に対して規則性を崩して数字が使われると、むしろ混乱が増大することになりかねないので注意を要する。

近年、わが国の多くの鉄道の駅名がナンバリングされている。ソウルの地下鉄では早くから駅名に番号がつけられ［**図7-19**］、その便利さが日本にも紹介されて、2002年のFIFAワールドカップ開催を契機に、その導入を進めた事業者が増えた。ソウルの地下鉄の場合、駅名標はハングル（朝鮮語の表音文字）とローマ字が併記されているが、ハングルを発音できない日本人にとっては、ローマ字表示であっても読みにくいので、ナンバリングされた駅名はとてもわかりやすい。特に便利なのは、数字が増えるか減るかで列車の進行方向が理解できることとである。

この例から推測して、外国人に対する駅番号表示のサービスは、一定の効果を発揮しているものと思われる。

ただし多くの日本人にとっては、いまだに頼りにするのは「浅草」や「銀座」など、長年使われてきた駅名である。日本人には駅番号を使わなければならない積極的な理由はないから、ノイズとして作用しないよう、駅番号表示のレイアウトには注意が必要である。

④歴史的地名の活用

東京や大阪の地下鉄の出入り口をナンバリングするもうひとつの理由に、固有名称を工夫したくとも、識別できる用語を見いだせないという現実がある。

ヨーロッパの主要な都市では、どんな小さな道でも必ず道路名が定められていて、地下鉄駅からの出口案内はその通り名に基づいて行っているのが一般的である［図7-20］。ところが日本の道路には名称がないところが多いから、情報として使いにくい。それに代わるものとして住居表示が使われることが多いが、これは駅からの出口案内にあまり向いているとはいえない。

1962年から導入された住居表示は、町名と街区番号、住居番号で構成されている。ほとんどの都市では従来からあった町名を統合して、代表地名と数字を組み合わせたシンプルな表記になった。例えば東京の赤坂地区では、青山権田原町、青山六軒町、一ッ木町、榎坂町、表町、新町、新坂町、台町、谷町、田町、溜池町などが、すべて「赤坂○丁目」と表示されることになった。

このためシンプルにはなったが、それが表すエリアが広すぎて、どこを指しているのかわかりにくいのである。どの出入り口からも同じ街区に出てしまう駅も多い。さらに丁目の数号の違いでは、町の性格的な違いまでをイメージさせることはできないので、「権田原」と「一ッ木町」の違いのような、明確な識別性を示してくれることもない。

もし歴史的な町名が現在も生きていれば、ヨーロッパにおける道路名のように、地下鉄駅から街に向かうピンポイントの方角情報として、有効に利用できたのではないかと悔やまれる。

本来、駅出口の名称や案内には「八重洲口」や「丸の内口」などの例があるように、多くの人びとが方向感覚を回復できるような、歴史的な地名を活用することが望まれる。歴史的な地名は、全国的に広く知られている可能性が高い用語なのである。

⑤意味が通じる用語の設定

かつての鉄道駅は、駅の入り口を入るとすぐ目の前に改札口があって、その先にホームまで見えるような構造が一般的であった。ところが都市にさまざまな施設が集積して次第に複合化してくると、電車に乗るために必要なそれぞれの施設が、どこにあるのかわからなくなってしまった。地下鉄では、駅出入り口からホームを望めることはなく、ターミナル駅では、駅出入り口から何十mも歩かないと改札口にたどり着けない状況にある。

駅の構造は改修が重ねられてきたにもかかわらず、名称だけは従来からのものを改めることもなく、そのまま使われている例は意外と多い。このため改札口も駅出入り口も、同じように「出口」と呼ばれたり、「南口」の南側に「新南口」ができてしまったり、「南口はあちら」と指す矢印が北方向を示

[図7-19]ソウル地下鉄の駅ナンバー表示(撮影:筆者、1997)

[図7-20]ミュンヘン地下鉄の出口案内(撮影:筆者、1990)
Str.が「通り」の意。

していたりということなどが起きている。

「新南」などという概念のない語は意味が失われて、記憶と親和しにくい符号になってしまっている。また北方向を南と示すことなどによって、一層理解しづらい空間を生み出す原因になっている。施設や場所の名称は、改修された空間の規模や構造に応じて、できるだけ多くの人が意味として理解できる用語に、そのつど設定し直さなければならないのである。

⑥愛称表現の意味を通じさせる工夫

JR京都駅の中央口から新幹線や八条口方面に向かう通路上の方向指示サインに、「新幹線」とほぼ対等な扱いで「ハートプラザKYOTO」と長い間示されていた。またJR札幌駅のサインには、「ツインクルプラザ」の表示があった。一般旅行者にとって、この「ハートプラザ」や「ツインクルプラザ」が何を意味するのかは全くわからないし、コミュニケーションコードとして成り立っていない用語といえるだろう。

日本全国の駅ビルや駅構内のサービス施設が、思い思いの名称を用いているのは、周知のとおりである。その多くが外来者にとって何のことかわからず、その概念や種別すら見当のつかないものも多い。それがときには、その場の状況理解を妨げるノイズになってしまっている。

前述した京都駅のそれは、京都府、京都市が設立した障害者のための授産センターの店舗名で、隣接する百貨店の9階に店舗がある。自治体が京都駅のパブリックサインに表示を頼んだものと思われるが、国内外の観光客でごった返すこの位置に、しかも「新幹線」と等価に表示する必要がある情報なのかどうか、冷静な判断が求められるところである。

また札幌駅のそれは、JR北海道が運営する旅行センターのことである。それについては駅全体の案内サインを改善する際に、愛称の前に「旅行センター」を表示して理解度を高めた経緯がある［図7-21］。このような愛称は、公共空間に出すべき情報であるかどうかをよく吟味したうえで、どうしても必要な場合、社会の中でコードとして認知されている普通名詞を併記するなどの工夫が求められる。

⑦ローマ字と英語の併用

サインシステムで用いる日本語には、「のりば」「出口」「お手洗」などのように〈普通名詞による用語〉、「山手線」「大手町駅」「神田方面改札口」などのように〈固有名詞と普通名詞に分解できる用語〉、「隅田川」「後楽園」「青山通り」などのようにもとは前述のように命名されたが、長い年月の間に言い古されて〈全体がほぼ固有名詞化している用語〉、「赤坂」「新橋」などのように、前述と同じ経緯をたどって固有名詞化したが、今では「坂」や「橋」などの普通名詞部分の実態は見えなくなり、疑いようもなく〈固有名詞として理解される用語〉など、構造の違いによる種別がある。このような用語種別があることは鉄道駅に限らず、多くの施設で共通する。

日本語の英訳にあたって、上述の固有名詞部分にはローマ字つづりを用いて、普通名詞部分は英語で表示するのが原則である。外国語表示では、その言語を用いる人が〝音〟ばかりでなく〝意味〟を理解できるように、固有名詞のローマ字つづりの後に〜Riverや〜Bridgeなど、意味が伝わる英語を補足することが望ましい。例えば「隅田川」の英訳は、「Sumida-gawa River」と表記する。ただし明らかな固有名詞である「赤坂」を「Akasaka Hill」とは言わない。

同様な考えから、例えば「〜大学」との駅名は〈固有名詞と普通名詞に分解できる用語〉なので、その英文表示は「〜Daigaku」とローマ字でつづるより、「〜University」と表すほうが、多くの外国人が理解できるようになる。

しかしわが国の鉄道分野では、1946年に運輸省が「駅名標にはローマ字を併記する」(15)と定めて以来、ローマ字のみが用いられてきた。これは道路分野でも全く同様で(16)、全国的に「〜shiyakusho-mae」などの標識が数多く見られる。

みなとみらい線の開業時に、「元町・中華街駅」の英文表記を、「Motomachi / Chinatown」とすれば多くの人に理解されやすいと提案したことがあるが、ローマ字表示が原則として受け入れられなかった。「Chukagai」の表記に対して、近年、外国人から疑問の声が出されているようである。ソウルの地下鉄には「City Hall」「Soul Station」「Karak Market」などの表示が見られて、断然わかりやすい。

利用者側に立って考えると、「ローマ字のみ」の基準は、急いで見直さなければならない事項である。

［図7-21］JR北海道札幌駅の窓口表示（2002年改修時）

⑧ローマ字のヘボン式表記

日本でいうローマ字は、国際的にはラテン文字と呼ばれる。ラテン文字は、もちろんローマ帝国の共通語、カトリック教会の公用語であったラテン語をつづる文字であり、そこからイタリア語、フランス語、英語などにも、共通な字形が用いられるようになった。ラテン文字やヘブライ文字、アラビア文字などのように文字が音素を表す文字体系のことをアルファベットという。

ローマ字つづりとは、ラテン文字アルファベットを用いて日本語を表した表記法のことである。このつづり方の国内規格は、1954年に内閣告示された訓令式であるが、社会一般では、明治中ごろから使われ始めたヘボン式が広く流通しており、人名・社名の表示や案内表示などでは、これが多く用いられている。訓令式は音素を秩序だてて整理したので、例えばタ行を「ta、ti、tu、te、to」と表し、ヘボン式は語音を英語式につづる考え方でつくられたので、「ta、chi、tsu、te、to」と表す(17)(18)。

公共空間では、鉄道分野でも道路・都市分野でも、ほとんどの場合、ローマ字つづりはヘボン式によると定められている。しかし必ずしも統一的な表記法がとられているのではなく、特に長音符標のつけ方に大きな違いがみられる。長音符標というのは、日本語にある五つの長母音「あー、いー、うー、えー、おー」を、「Ā、Ī、Ū、Ē、Ō」と表すための〝-〟（マクロン）などの記号のことで、鉄道分野ではそれを用い、道路・都市分野ではそれを用いないのが原則となっている(19)(20)。例えば「大阪」を、鉄道分野ではŌsakaと表し、道路・都市分野ではOsakaと表す。

この長音符標は、実はヘボン式が整備された当初から用いられている［図7-22］。日本語と同じように短母音と長母音のあるラテン語では、〝しるしをつける〟の意味をsignōと表記するなど、マクロンを用いた表記法があったので、これを応用したものと思われる。したがって厳密には、道路・都市分野の方式はヘボン式とはいえないことになる。ちなみに、内閣告示された訓令式でも、同様に長音符標を用いることが定められている。

「鳥」と「通り」、「踊り」と「大通り」、「古都」と「江東」、「御池」と「大池」、「小山」と「大山」、「湖北」と「港北」、「小野」と「大野」など、日本語には、長短の母音を読み分けないと、その語が示している意味内容にたどり着けない単語が多く存在する。そのことから、長音符標を用いるか、あるいは新たに読み分けられる表記方法を工夫するかしないと、ローマ字で、正しく日本語を表記できないのは明らかである。

⑨ハイフンによる区切り書き

筆者らが、高速道路案内標識の視認性改善検討の中で行った、外国人を対象としたローマ字表記の読みやすさ調査(21)で、日本語地名のローマ字つづりでは、長い地名の場合には、次のようにハイフンで区切ったほうが読みやすいことがわかった。

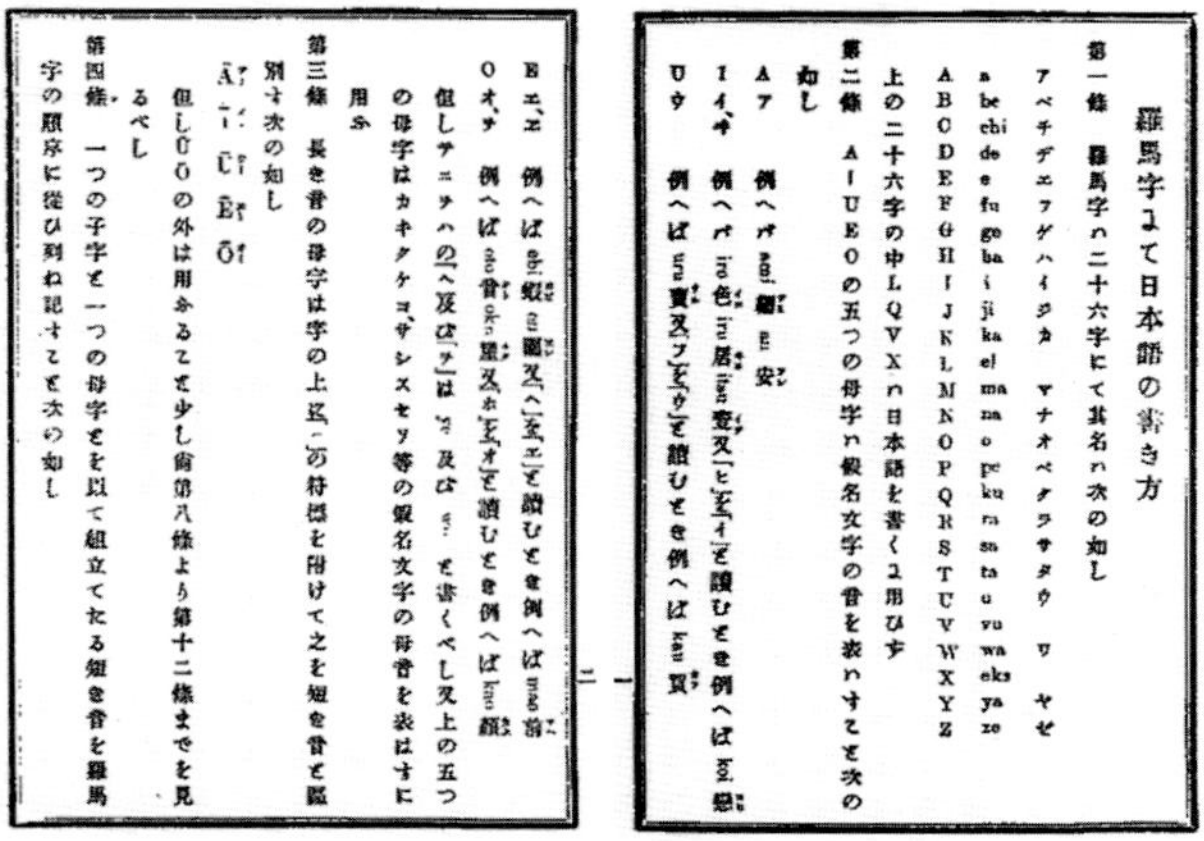
羅馬字にて日本語の書き方

第一條　羅馬字は二十六字にて其名は次の如し

ア ベ チ デ エ フ ゲ ハ イ ジ カ　マ ナ オ ペ ク ラ サ タ ウ　ワ　ヤ ゼ

a be chi de e fu ge ha i ji ka el ma na o pe ku ra sa ta u vu wa eks ya ze

A B C D E F G H I J K L M N O P Q R S T U V W X Y Z

上の二十六字の中L Q V Xは日本語を書くに用ひず

第二條　A I U E O の五つの母字は假名文字の音を表はすことを次の如し

A ア　例へば asi 脚 an 安

I イ、ヰ　例へば iro 色 iru 居 isu 椅子又「ヒ」「ヰ」を讀むとき例へば koi 戀

U ウ　例へば uru 賣 又「フ」「ウ」を讀むとき例へば kau 買

E エ、ヱ　例へば ebi 蝦 en 園 又「ヘ」「ヱ」を讀むとき例へば mae 前

O オ、ヲ　例へば oto 音 oka 岡 又「ホ」「ヲ」を讀むとき例へば kao 顔

但しヂヅヘの「ヘ」及び「ヲ」は je 及び wo を書くべし又上の五つの母字はカキクケコサシスセソ等の假名文字の母音を表はすに用ふ

第三條　長き音の母字は字の上に「ー」の符標を附けて之を短き音と區別す次の如し

Ā Ī Ū Ē Ō

但しŪ Ōの外は用ふることも少し尚第八條より第十二條までを見るべし

第四條　一つの子字と一つの母字とを以て組立てたる短き音を羅馬字の順序に從ひ列ね記すことを次の如し

［**図7-22**］羅馬字会による羅馬字の書き方、1885
（大阪大学岡島昭浩教授の2001年ごろのHP）

飯田橋Iida-bashi、霞ヶ関Kasumiga-seki、山科東野Yamashina-higashinoなど、5音節から8音節の語では、ハイフンを1か所入れた2パーツ表記が読みやすい。また9音節の烏丸丸太町の場合、Karasuma-maruta-machiと、ハイフンを2か所入れて、3パーツに表記するのが読みやすい。

またHorikawagojoは、この実験に参加した中国や韓国系の人には、全くなじみのない地名だったので、Horikawag-ojoなのか、Horikawa-gojoなのか、ハイフンを入れないと読み方そのものがわからなかった。

「-g」で終わる語は、中国語にも韓国語にも多数あるが、日本語には存在せず、かつ日本人には発音できないつづりであるだけに、この調査によって、新しい検討要素が発見された。

ローマ字の区切り書きについて、鉄道分野も道路・都市分野も、わが国ではいまだ明確な表記基準を持っていない。より多くの外国人を迎えることが望まれるわが国にあって、できるだけ早く基準化を進めたい課題の一つである。

上述の調査は、対象が留学生に限られ、また実験参加者が少なかったため、音節数と区切り方の関係を断定的に結論づけることはできなかったが、選択率の差が大きいことからみると、外国人にとって音節数の多い語は、ハイフンで区切るほうが読みやすくなることは、間違いないといえそうである。

⑩外国語表示の基本形

交通環境のサインシステムで使う用語はかなりな数にのぼる。そのシステムを、一定のコミュニケーションコードによって保証する観点から考えると、多くの言語を用いて、用語のすべてを表示するのは不可能で、日本社会の母語である日本語と外国人に対応する国際語としての英語、それに言語の障壁を越えるための視覚言語であるピクトグラムの3種の言語を用いて表示するのが基本になる。

日本政府観光局の発表によれば、2010年の訪日外客数は約861万人で、国・地域別にみると、1位韓国28％、2位中国16％、3位台湾15％、4位アメリカ8％、5位香港6％であった(22)。こうした背景もあって、わが国の交通施設や観光地のサインには、韓国語や中国語を日本語、英語に追記した多国語表示が急速に広まっている。観光地や商業施設などでこれらの言語を表記することに異論はないが、交通施設における多言語表示は、やりすぎではないかと思われる。

サインシステムは空間上に掲出するメディアである。そして公共交通空間に掲出するサインは、〝みんなが使える〟ものでなければならない。〝みんなが使える〟ようにするには、サインの見やすさが徹底的に追求され、なおかつユニバーサルデザインの原則に示されているとおり、特定ユーザーに向けた特別設計をせずに、できるだけ多くの人が共通に利用できるようにデザインされていることがとりわけ重要である。

心理学的にみると、一つの画面内の情報が増えれば増えるほど、ノイズは増すことになる。誰にとっても自分が見たい情報以外の表示内容は、不要なものだからである。

また空間には制約があって、サインの器具形状を自由に大きくすることはできないから、多くの情報を入れようとすると、各表示要素はおのずと小さく表示しなければならなくなる。大きさはものの見え方の重要な要素だから、表示言語を追加するほど、視認性能は落ちて読みづらくなるのは自明なことである。

図7-23は4章で紹介した横浜駅コモンサインを多言語化した結果である。横浜市は関東運輸局からの多言語化要請に対して疑問を出し続けていたが、ＡＰＥＣが開催される2010年にいたり、ついに要請を受け入れざるを得ないことになった。図の1と2を比較すると、追記した中国語と韓国語は小さくて読みにくく、さらに英語の視認性までも落ちていることがわかる。

視認性を犠牲にしてまで多言語表示を行うことは、果たして賢明な方法といえるのであろうか。

サインシステムが伝える情報内容の多くは、普通名詞と線名、地名等の固有名詞で構成され、その普通名詞部分は比較的簡単なものである。加えてその内容は、空間性が意味伝達をサポートする場合が多いから、実際には多くの外国人は、英語とピクトグラムによる表示で十分理解できていると考えられる。

⑪言語表記のユニバーサル基準

現在よく来ていただくお得意様に対して特別サービスを行うということは、顧客動向に沿ってサービス内容を加減するということである。今後インドからの来訪者が増えればヒンディー語を書き足し、ベトナムからの来訪者が増えればベトナム語を書き足すという考え方である。逆にもし来訪者が減少すれば、その言語表示はやめるということになる。実際、すでに、中国語表記を繁体字から簡体字に切り替える動きが、各地で起きている。

いうまでもなく、繁体字は台湾や香港の使用文字で、簡体字は大陸中国のそれである。台湾では繁体字こそ正字との思いが強く、政治的な思惑もあって簡体字の教育は全く行われていない。したがって当然簡体字は読めない。文字ばかりでなく慣用句や名詞、外来語なども、大陸中国語と台湾中国語はかなり違うという。つまり、特に若い世代の訪日者では、その双方は互いに通じないと考えなければならない。そのような中で繁体字から簡体字に切り替えると、日本人の関心が台湾から大陸中国に移ったように見える。台湾の人びとからすると、気持ちのよい出来事ではないに違いない。このような公共の福祉を当然とする場で、一部の顧客におもねるような振る舞いは、厳に慎まなければならないのである。

サインシステムを、多人数が集散する施設の、人びとの流動を情報面から支えるソフトなインフラストラクチャーと位置づける限り、表示される情報は、公平な使用に耐え得るユ

1

2

［**図7-23**］情報量に影響される表示面の読みやすさ
（1:2004年の施工、2:2010年の施工、横浜駅同一箇所）

ニバーサルなものでなければならない。英語、韓国語、中国語の国際性を比較したとき、少なくとも今後しばらくの間は、英語が最もユニバーサルな言語であることに疑問の余地はない。すなわち現代の日本において、母語のほかに、英語とピクトグラムを表示するという考え方のほうが、ユニバーサルデザインの規範に適していると言えるのである。

⑫ハンディな配布物の活用

外国人がほんとうに各々の母語でないと理解しにくいのは、訪問地特有の交通施設の利用の仕方や、交通システムのありよう、また観光地の歴史や文化的な特徴など、複雑な事象や抽象的な概念にかかわる内容である。これらの情報は、空間上に掲示するサインより、パンフレットやリーフレットなどのほうがはるかに伝達しやすい。これらは、情報量を自由に設定することができるし、また地域ごとの来訪者特性を踏まえて、必要な言語の種類をいくつでも用意することができるからである。

図7-24は、ロンドン地下鉄の主要駅に置かれていたリーフレットである。こうしたメディアは、何よりも自由に携行でき、必要な情報を必要なときに取り出せるという利点を持っている。さらに今後は、携帯情報端末という軽便なデバイスが、外国人の個人的なニーズに応えられるようになる可能性もある。

シンボル

グラフィックデザインの分野で、なんらかの意味を図形表現した記号のことを〝グラフィカルシンボル〟graphical symbolと呼ぶ。グラフィカルシンボルには、現実にある具体的な対象物を単純化して図形表現した〝ピクトグラム〟pictogram（絵で描いたもの、絵文字）や、企業の活動理念等を図形に象徴的に表現した〝企業マーク〟corporate mark、なんらかのサービス内容を図形に象徴的に表現した〝サービスマーク〟service mark、そのほかさまざまな概念を文字記号や図形記号に表した〝シンボル〟symbol一般などの別がある。

わが国では、案内や規制、操作指示、安全表示、学術表記などの目的で用いるピクトグラムと一部シンボルを合わせて、「図記号」と呼ぶ場合が多いが、本来、図記号とは、グラフィカルシンボル全般を包括的に意味する訳語である。

グラフィカルシンボルに関連するコードプランニングを行うとき、わかりやすいサインシステムを得るために、次のような原則が指摘できる。

①ピクトグラムの具象的表現

1964年に開催された東京オリンピックでは、20種類の

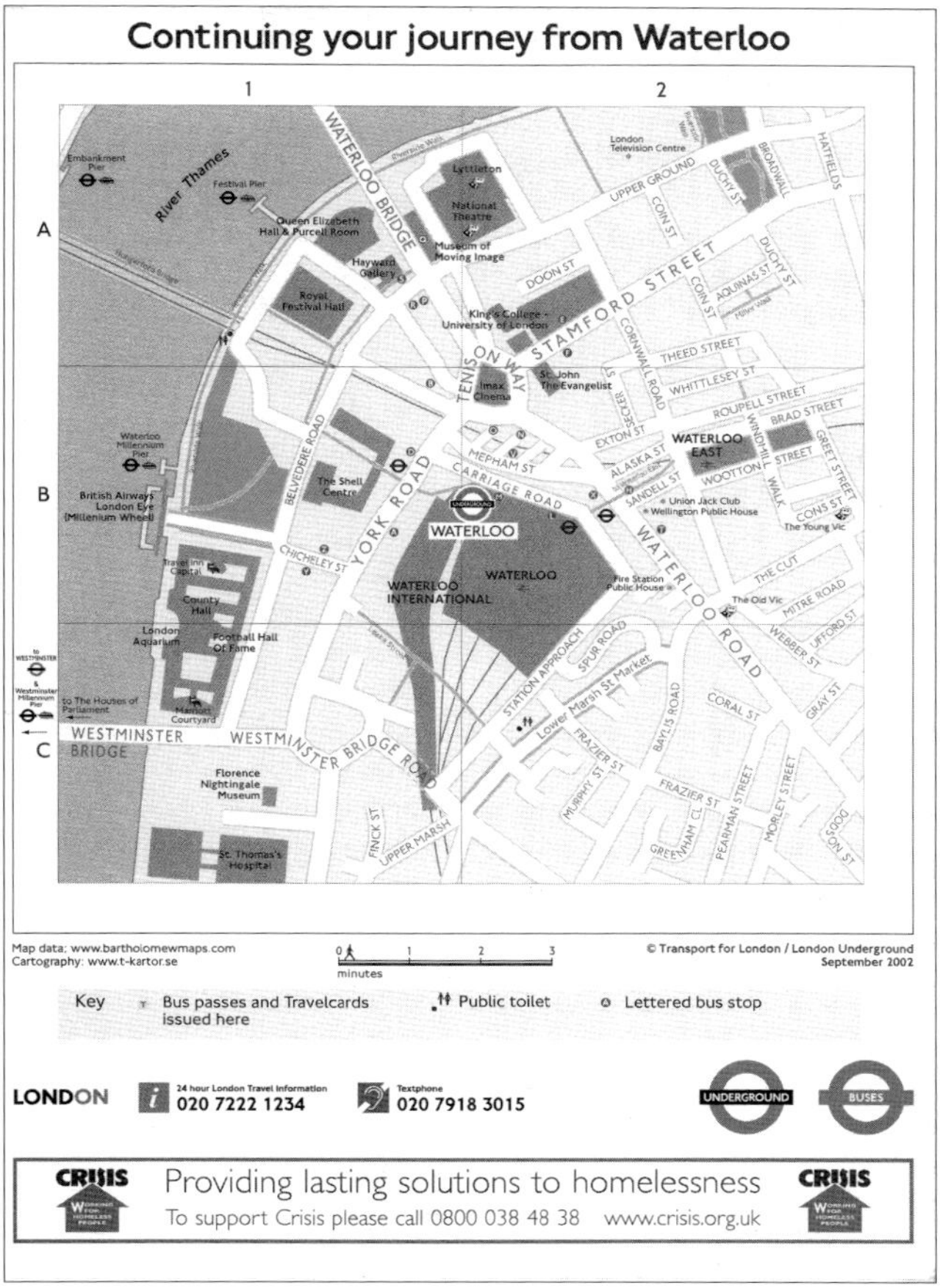

[図7-24]ロンドン地下鉄の駅周辺案内リーフレット
(A5判、発行2002)

競技シンボルが用いられた。このシンボルは入場券やパンフレット、各競技会場の案内サインなどに用いられ、とてもわかりやすい手法として国際的に高い評価を得た。その後この手法はメキシコ、ミュンヘンと次々にリレーされ、2008年夏の北京オリンピックでも競技シンボルがつくられた。

一方1970年に開催された大阪万博で施設シンボルがつくられたが、これはあまり役に立たず、万博が閉幕するまでの半年間、各施設で混乱を繰り返した。

なぜ東京オリンピックの競技シンボルは成功して、大阪万博の施設シンボルは失敗したのか。これを考えるのに、パースによる記号分類を思い起こす必要がある。

東京オリンピックの競技シンボルは、シンボルと呼ばれてはいるが、記号論的に整理すると「アイコン記号」であった。すなわち指示する対象物を忠実になぞった形を保っている。5章で触れたように、多様なイメージが伝わるような造形的工夫を加えているが、作者は「それぞれの競技が持つ決定的な特徴を表現すること」を意識し、アイコン記号としての機能を保つように配慮されていた。したがってその競技を知る人は誰でも、ひと目見て内容を理解することができたのである。

一方の大阪万博の施設シンボルは、男の人型で男性を表そうとするところまではアイコン記号であったが、与えられた表示事項に「男の人型で〝男子トイレ〟を表す」という、抽象概念設定が含まれていた。その側面からみると、これは「シンボル記号」であった。今ここで、任意に×印がトイレの記号だと定めても、誰にも理解されないように、シンボル記号の場合、記号表現と記号内容の関連づけを学習しなければ、意味を理解することはできない。この時代に、誰もが学習する機会のないままシンボルを使われても、理解できないのは当然であった。

では指示する対象物を忠実になぞりさえすれば、いつでも有効なピクトグラムが得られるかというと、必ずしもそうとは言い切れない。例えば名古屋市の『歩行者系サインマニュアル』（２００２年）には「公会堂」「市民会館」「商工会議所」などのピクトグラムが、各々のビルの外観をなぞって定められている(23)。ところが他都市から訪れる人は、それぞれの建物形状など知らないから、これらのピクトグラムは全く役に立たない。ピクトグラムとして有効なものにするには、ほとんどの人が知っている具体的な対象を、具象的に表現する必要があるのである。

一方で１９７０年の大阪万博で失敗した人型によるトイレのピクトグラムが、現在なお有効に機能しないかというと、必ずしもそうではない。交通エコロジー・モビリティ財団が標準案内用図記号を策定する際に行った理解度調査（２０００年）では、男女の人型で描いた「お手洗い」の評価点は、１００点満点中92・1点であった(24)。調査の参加者が9割以上の確率で、ピクトグラムの意味を言い当てたことになる。30年間の普及活動とその継続的な使用が人びとに学習の機会を与えて、ついに社会コード化したのである。このことは、抽象的なシンボルであっても、念入りな学習プロセスを経ればコードとなり得ることを示している。

②シンボルの純一的表現

筆者が造形した営団地下鉄の路線シンボルと、現在東京メトロで用いられている路線シンボルを比較してみると、かつてのシンボルのよさが失われたように感じられる［図7-25］。

営団型の場合、その路線シンボルは路線色を純粋に表すシンボルとして考案された。文字による路線名表示と常に一体的に表示するルールを守ったから、それは１００mを超える視認性能があった。文字だけでは、この程度のスケールの場合、20mから40m程度の視距離しか確保できない。またその造形上の特徴は高い純一性（必要な内容を失わずにシンプルであること、ピュアであること）にあったから、長期間不要なノイズとして退けられることはなかった。

東京メトロの場合、まず白地の四角があって、その四角の中に路線色の丸があり、さらにその中にアルファベット記号を置くという、三段重ねのシンボルになっている。その結果、表示要素が干渉し合って、メッセージの輪郭があいまいになっている。ゆえにシンボルとしてのインパクトが消え、視認

1

2

［図7-25］路線シンボル（1:営団型、2:東京メトロ型）

性能も大きく落ちている。アルファベット記号を加えたのは色覚障害者への配慮と説明されているが、もともとそのような場合に備えて、シンボルには必ず文字が併記されていた。

ナンバリングの項でも触れたように、大多数の利用者である日本人は、路線の名称でこの対象を認識するから、このシンボルのアルファベット記号は、多くの人にとって意味のない表示要素になっている。なかにはその記号をたどる人もいるであろうが、その場合、その人の意識から色彩要素は消えているはずである。

東京メトロがこのように路線シンボル表現を変更したのは、民営化に際して決定した企業マークの紺色を、サインの地色に用いると決めたことに起因している(25)。それまでの東京の地下鉄は、１９７０年に営団と東京都間で決めた12の路線色を用いて案内していたので、各々の色を識別しやすく表現するには、白地の背景が必要であった。一般に識別できる色数は5色程度が限界ともいわれ、それ以上になると色相差のほかに明度差も利用せざるを得なくなる。紺地も使うし路線色も使うということから、複雑な図形にならざるを得なかったのである。

色彩

鉄道駅のサインシステムで、コードとして用いられる色彩には安全色、動線別情報源の識別色、鉄道会社の企業色、路線ごとの路線色、駅ごとの識別色、国際リハビリテーション協会が定める身障者用設備シンボルの表示色、トイレ図記号の表示色、男女トイレの識別色、その他図記号の表示色などがある。

色彩に関連するコードプランニングを行うとき、わかりやすく、同時に環境秩序を乱さないサインシステムを得るために、次のような原則が指摘できる。

①規格色の使用

規格色の代表例に、ＩＳＯおよびＪＩＳで定めている安全色がある。ＪＩＳでは、禁止や高度の危険を表す「赤」、危険を表す「黄赤」、注意を表す「黄」、安全や避難を表す「緑」、指示や誘導を表す「青」、放射能を表す「赤紫」の6色を、安全色として定めている。またこの規定の中で、「駅舎・改札口・ホーム等の出口表示には、明示の意味で〝黄〟を用いる」と示されている(26)（JIS Z 9103：1995）。安全にかかわるような表示内容に色彩を用いる場合、規格に定められている色彩を用いることが基本である。

②用途に応じた色面使用

色彩をコードとして利用するとき、大きな面に使用したほうが効果的な場合と、ワンポイント的に使用したほうが効果的な場合がある。情報源の存在を環境の中で際立たせたいとき、すなわち誘目性の確保に力点があるときは、色彩を面的に使用する。またコミュニケーションコードの意味伝達を補強したいとき、すなわち視認性の確保に力点があるときは、ワンポイント的に使用するのが基本的な考え方である。

そうした考え方に従えば、入場系や出場系の動線別情報源の識別色には面的な使用が、安全色や図記号によるシンボル表示にはワンポイント的使用が適切である。鉄道会社の企業色、路線色、駅識別色などの使い方はさまざまである。

③空間バランスに配慮した色面使用

先に見たように、鉄道駅の利用者動線には、入場動線、出場動線、付帯動線の3種がある。これらの動線別情報源の色彩を面的に使用する場合、近年わが国では、入場動線用に紺を、出場動線用に黄色を用いる例が増えている。付帯動線用サインの表示面地色は、場合によりさまざまである。

入場動線用サインに紺を用いる方式が増えているのは、『公共交通機関旅客施設のサインシステムガイドブック』(2002年)の図例で、紺地が示された影響もあるように思われる(27)。

わが国の鉄道駅の内装は、白からアイボリー、ベージュにいたる白系か、シルバー、グレーなどの無彩色の仕上げ材が多いので、誘目性を高めるためには紺地が適当として図示されている。背景と明度比が大きいことが選択理由である。

ここで留意したいのは、先の『ガイドブック』にも書かれているが、入場動線用サインは、使い方次第で白地でも問題ないということである。掲出位置が適切で、サインが自然に目に入るように設計されていれば、サイン自体の誘目性をむやみに高める必要性はないのである。また乗り換え駅などで活用できる路線色があるなら、それを引き立てるには、白地のほうが適しているといえる。さらに白系の駅の中で紺色はかなり目立つので、上手に使わないと、空間全体が騒然とした印象になってしまう。

出場動線用には、わが国ではほとんどの場合、黄色が用いられている。すでにJISで定められているからであるが、ここで留意したいのは、サイン表示面に無配慮に黄色を用いると、駅によっては、空間全体が黄色に染まってしまうということである。出場系の情報があることを伝えるために、必要以上に黄色の色彩を強調しなければならない理由はない。先に、色彩には感情効果があることに触れたが、黄色はにぎわい感をつくり出す効果があり、もともと目立つ色なので、使い方に細心の注意を要する。

情報伝達に注目するばかりでなく、総合的な観点から、バランスの優れた色彩環境を実現し、落ち着きがあって居心地のよい公共空間を保つことは、原則的に重要なことである［図7-26］。

表示項目

個々のサインに、どのようなコンテンツを載せるかの判断が、表示項目の課題である。表示項目に関連するコードプランニングを行うとき、わかりやすいサインシステムを得るために、次のような原則が指摘できる。

①メイン情報とサブ情報の使い分け

鉄道駅の指示サインに表示する情報のうち最も重要なものは、駅入り口からホームにいたる入場動線を顕在化する情報と、ホームから駅出口にいたる出場動線を顕在化する情報である。具体的な基本形として、入場系ではまず「改札口」の方向を示し、改札口通過後「ホーム」の方向を示す。また出場系ではまず「改札出口」の方向を示し、改札出口通過後「駅出口」の方向を示す。これらが主動線を顕在化するメイン情報である。

これらの情報によって、当該駅に初めて訪れた利用者の基本的なニーズと、緊急時に対応するための最小限のニーズに応えることができる。同時にこれらによって移動空間の骨格を見せられたことになる。

またこれらの主動線情報は、車いす使用者がたどってもスムーズに移動できるものでなければならないので、エレベーターの設置位置が主動線から外れるときは、その位置がエレベーターへの指示情報を掲出すべき箇所になる。

さらに、ある位置から目的方向に二つの経路がある場合、利用者はそのどちらが適切かを判断する必要があるので、一方の推奨できる経路を示すか、あるいはこれらの経路の違いに何があるかを示す情報を加えなければならない。

トイレ、案内所、救護所の方向を示す情報は、サブ的な情報であるが、ニーズが構内のどこででも発生する可能性があるから、主動線情報に付随させるようにして、すなわちサイズは小さくとも同じ掲出箇所に表示する。

また主動線から分岐するきっぷ売り場やエスカレーターなどへの方向指示情報は、サブ情報とみなして、主動線に沿って移動したのち、当該施設に近づいてから表示を開始する。

駅に複合している種々の商業施設の場合、ランドマーク化しているもの以外は道案内の対象外の情報とみなし、主動線の顕在化を妨げないように、改札口付近に設置する構内案内図などで図解する方法をとるのが妥当と思われる。

②詳細情報と抜粋情報の使い分け

鉄道駅特有の情報に停車駅案内がある。この情報は表記すべき量が多いため、その示し方は意外と難しく、結果的に停車駅、降車駅がわかりにくい鉄道も多い。多くの鉄道が採用しているのは、詳細な情報を表示する停車駅案内図と、その中から抜粋した情報を表示する番線方面標の2種類のサインで表示する方法である。

番線方面標は、ホーム上で「○番線~方面」と表示するサインで、通常どこからでも見やすいように、ホームの横断方向につり下げ型で掲出される。このため情報掲載量が限られ、停車駅の中から適宜抜粋して表示することになる。その際、例えば1番線の表示は「渋谷方面」「永田町・渋谷方面」「永田町・表参道・渋谷方面」のどれが適当かとの判断が迫られる。

一般的に、都市鉄道の停車駅数は20から30ほどあり、一方で不慣れな利用者は、自分が下車する駅名だけが頼りなので、

［**図7-26**］必要性から割り出した色彩量
（営団地下鉄、撮影:掛谷和男、1989）

［**図7-27**］対向壁に掲出した停車駅案内図
（仙台市地下鉄、撮影:掛谷和男、1987）

いくら主要駅数を多く表示しても、番線方面標だけではわからない人が残ってしまう。

その問題を解決するには、2種のサインの配置位置を関連づけて対応する。すなわち番線方面標を掲出するとき、同時に視認できる位置に、停車駅案内図を掲出することにする。図7-27で示した仙台市地下鉄では、コンコースからホームに下りた位置に番線方面標を配置し、その線路側の壁に停車駅案内図を掲出して、両者をほぼ同時に視認できるような関係をつくった(28)。このようにすれば、番線方面標は中間主要駅と終点駅を示す程度で、分担する機能を十分に発揮できるようになる。

③誰にでも役立つランドマーク情報

地下鉄駅は地上駅と違って風景が見えないから、地上の様子は全くわからない。このような弱点を克服するため、営団型システムでは出口案内に際して、駅出口ごとにランドマーク情報を選んで掲出することにした。すなわち、地上の方角がわかる地物と多人数が集散する施設を「ランドマーク情報」と呼び、駅出口ごとにそれらの情報を集約して掲示した(29)。ランドマーク情報であれば、実際にはそこに行かない人でも、概略的な方角を理解することができる。このように生み出された出口案内方式は、全国の地下鉄や地上鉄道の駅に急速に普及していった。

ところが近年、この出口案内情報が大幅に増えて、どの駅にも、必ずしもランドマークとはいえないような、駅付近にある企業や店舗の名称が多数羅列されるようになった。出口案内が、いつの間にか広告表示に変質してしまったものと思われる。

実際、駅でよく観察してみると、施設名が多数表示されている出口案内を見ている人は極めて少ない。多すぎて自分が必要とする情報を探し出すのが大変だからである。

２００８年に実施した横浜市営地下鉄のサイン改良に際しては、出口案内に示されていた数多くの施設名称を駅周辺案内図に移すこととし、出口案内には、ランドマーク情報を数少なく絞り込み、それらを大きく表示することにした(30)［**図7-28**］。

この改善例では、駅付近によく知られているランドマークがあったこともあり、見やすい量の情報を比較的容易に選択できた。その結果、人びとは一瞬このサインに目をやったのち、すぐさま進行方向を定めて行動に移っている。

④直観的にわかる運行情報

図7-29は、シンガポールの地下鉄で見られた運行情報表示盤である。各駅にこの装置が設置されていて、この図の例で

は「2番線、Boon Lay方面、Boon Lay行、あと1分」と表示されている。参考になるのは「あと1分」の表示である。

日本では「間もなくきます」や「前々駅発車、前駅発車」などの表示はあるが、利用者が最も欲しい「あと何分」の情報は掲出されていない。「あと何分」のほうが「間もなく」よりはるかに端的だから、シンガポールの例は利用者のニーズにより近い情報と評価できる。

ちなみに、ロンドンの地下鉄では1990年代から、このような運行情報表示盤に「あと3分」「あと2分」「あと1分」の表示がされていた(31)。また本節の最初の項で紹介した同地下鉄の駅周辺案内リーフレットでは(232ページ参照)、長さ単位の距離凡例の代わりに、1分、2分、3分間に移動できる距離を凡例に示していた。いわば時間距離凡例ともいえるもので、あくまでも人間の感覚に近い表現を追求した優れた事例であった。

［**図7-28**］情報量を絞った出口案内
（横浜市営地下鉄、撮影:後藤充、2009）

［**図7-29**］端的な運行情報表示盤
（シンガポール地下鉄、撮影:筆者、2001）

4 配置計画

配置方式

鉄道駅で出現したサインシステムの典型的な配置方式をたどってみると、2章で整理したように、1972年に国鉄東京駅で用いられた十字型、同じ1972年に横浜市営地下鉄1期開業で用いられたリニア型、翌1973年に営団地下鉄で用いられた横断型および平行型がある。

これら新しい配置方式の提案は1970年代初期に集中していて、その後、鉄道分野で抜本的に見直しを迫るような新しい方式は登場していない。ここでは、海外で見られるもの、他の歩行空間で見られるものを合わせて、サインの配置方式を概観する。

①十字型

国鉄の十字型カラー掲示器は、駅構内の主要動線の交差部に1台1情報の電気掲示ユニットを十字型につり下げて、四方の施設方向を指し示した方式で、これを交差部ごとに配置して情報をつなごうというものであった。同一方向に複数の施設がある場合、段重ねして情報を掲出する。表示面を商業広告と差別化するために黒地とし、カラー化したピクトグラムを多用したことから、この方式のサインはカラー掲示器と呼ばれた［図7-30］。

これが基準化されたのは試行から10年後の1982年のことである。その後国鉄は1987年に民営化されてサインシステムは一新されてしまうので、全国の国鉄駅でこの配置方式が実際に用いられたのは、それほど長い期間ではなかった。この方式を採用したのは主要な国鉄駅に限られていたようである。

この配置方式は器具ユニットの構成とグラフィックによって、掲出ポイントで前後左右の四方向を指示するのに適していたので、東京駅のように、十字交差部が連なる空間構成の駅では一定の効果を発揮した。一方、国鉄でも私鉄でも大部分の駅は、改札口前の小広間が公共通路に接する地平型か、改札口と通路が線路の上または下にある橋上型または高架型の駅構造が多く、十字に示す必然性が少なかったため、わが国ではあまり普及しなかった。

②リニア型

リニア型サインとは、出入り口からコンコースを経てホームにいたるまでの天井に、箱型断面のサインを〝ひとすじの線〟状に連続させて設置する方式のもので、それをたどれば簡単に出入り口・ホーム間を移動できるという発想によるも

［図7-30］国鉄の十字型サイン（新陽社『50年のあゆみ』）

［図7-31］横浜市営地下鉄のリニア型サイン（撮影：筆者、1982）

のであった。文字情報はサインが始まる位置の側面に書かれている。これを導入した横浜市営地下鉄では、筐体をオフィシャルカラーであるビビッドブルーに塗色した［図7-31］。

　リニア型サインに対して開業後すぐにその効果を疑問視する声があがり、3年後には再検討が始まった。まず、一度情報を拾えば、あとは一本の筋をたどるだけと設計者は考えたが、利用者は必ずしも一度得た情報をずっと記憶して移動を続けているわけではなかった。したがって必要なときに肝心の情報内容が見えなかった。

　また現実には、ホームへの移動経路が二つに分かれる相対式ホームの駅や、駅出入り口が始終端に複数設けられている駅があって、一本の筋どころか、多数の筋が複雑に張り巡らされることになってしまった。加えてリニア型サインは硬いスチール製の筐体で、中空に描く〝ひとすじの線〟と呼べるような、軽快なものにはならなかった。

　1976年に開業した横浜駅や関内駅では、リニア型サイ

第7章　計画設計論

ンの設置箇所は大幅に削減され、動線分岐点では動線と対面する向きにサインが掲出されることになった。

このリニア型は、始点、終点が明確で、途中に分岐が入らないような場所であれば使えないこともないが、目的地が複数に分かれたり、途中から合流する動線が生じたりする鉄道駅には成立しない方式であった。

③横断型

横断型とは、通路の横断方向で利用者が移動しながら対面視できる位置に、サインを配置する方式である。営団地下鉄のサインシステムでは、乗り場への指示サイン、改札出口への指示サイン、ホームの同定サイン、駅出口の同定サインなどを、内照式器具を用いて、通路を横断する方向に配置した［図7-32］。

横断型の利点は、遠くから情報源の存在がわかること、遠くから情報内容を視認できること、立ち止まらなくとも接近しながらいつでも見られること、次のサインと相関的に見て判断ができることなどがある。わが国の駅空間は、天井が低いことが多いので、情報を横に並べるレイアウトを工夫すれば、かなりの量の情報を表示できることも利点になる。

ただし複数の横断型サインを近づけすぎて配置すると、手前のサインによって奥のサインが見えなくなることがあるので、その点に注意する必要がある。

この横断型の配置方式はサイン掲示の基本形ともいえ、今日では全国のほぼすべての鉄道で採用されている。また海外の鉄道駅でも、最も多くみられる方式である。さらに道路標識の領域をみても、この横断型が世界の標準的な方式になっている［図7-33］。

④平行型

営団地下鉄のサインシステムでは、交通案内図、停車駅案内図、周辺地域地上地下関連図、乗り換え案内標、出口案内標などを、パネル式器具を用いて、動線と平行する壁面位置に配置した。これらはできるだけ集約して掲出し、営団が提供している情報の全体像を示すとともに、必要な情報をそこに留まってじっくり見られるように図ったものである［図7-34］。

このように動線と平行する位置に配置する方式が、平行型である。情報の発見のしやすさからみれば、動線上対面視できる位置のほうが望ましいが、空間的な制約から壁などに沿って置かざるを得ない場合も多いので、この方式を活用する。発見しづらい欠点を補い誘目性を高めるためにも、集約的掲出の配慮が欠かせない。

営団地下鉄のように、横断型サインと平行型サインを組み合わせてシステムとして案内する方式も、今日ではわが国の鉄道駅サイン共通の基本的な方式になっている。図7-35に示したみなとみらい線では、情報源を発見しやすくするために、サインの上部に、この位置に情報があることを示す「i」マークを掲出している。

同じ交通機関の中では空港は、かつては横断型サインのみを用いている例が多かったが、近年では平行型サインによる図解情報の提供が増えている。またバスターミナルは逆に、これまで平行型サインばかりが目立ったが、近年次第に横断型サインが充実し始めている。

⑤四面型

図7-36はロンドンのウォータールー駅で、天井高が10m近いコンコース中央の、高所に掲出されていた指示サインである。ここではこの配置方式を、四面型と呼んでいる。このサインのグラフィックは最近入れ替わっているが、なお同じ方式のサインが、英国鉄道の各ターミナル駅で用いられている。

この四面型サインの最大の利点は、コンコースのどの位置からでも確認できることである。情報量が多いので文字は比

[**図7-32**]営団地下鉄の横断型サイン
(撮影:掛谷和男、1989、口絵1-4)

[**図7-33**]高速道路の横断型サイン
(撮影:筆者、2009、口絵3-1)

[**図7-34**]営団地下鉄の平行型サイン
(撮影:大川彪、1973、口絵1-2)

[**図7-35**]みなとみらい線の平行型サイン
(撮影:富田眞一、2004、口絵3-2)

較的小さく、どこからでも読めるというわけにはいかないが、必要に応じて読める位置まで近づけばいいので、コンコースにいて迷う不安感は全くない。

この方式を可能にしているのは、天井の高さである。わかりやすさと快適性を確保するために、わが国においても特に利用者数の多い大規模ターミナル駅では、このような大空間を持つことが理想である。

この四面型は、先に述べた十字型の発展形とも見なすことができる。すなわち、ともに動線交差部に配置し四方向を指示するが、十字型では接近しながら向こう側にある面の情報を読むことはできなかったのに対し、四面型では手前の面にレイアウトすることが可能なので、必要な情報が、すべて読みやすい面に掲出されている。

実は、かつての東京駅にもこのままの形で設置可能だった。もし東京駅でこのような四面型が出現していれば大空間のわかりやすさが実感できたので、日本の駅空間のありようは違ったものになっていったかもしれない。

なお、図に示したウォータールー駅のコンコースは視界が十分に開けているので、きっぷ売り場やタクシー乗り場連絡口、連絡鉄道乗り換え口などの位置を示す同定サインを、この大型の指示サインの真下から認めることができる。

⑥並列型

図7-37はスウェーデン・ストックホルムの地下鉄のホーム駅名表示、出口方向指示、乗り換え方向指示のサインである。相対式ホームでは線路と平行する壁面に、また島式ホームではホーム中央位置に、掲出されている。駅名標をこの位置に掲出する方法は、わが国でも一般的であるが、この地下鉄ではホーム上で必要な同定サインと指示サインのユニット化を図り、共通な器具システムを並列的に展開している点に特徴がある。その点に着目して、ここではこの配置方式を並列型と呼んだ。

この地下鉄の場合、表示面の各ユニットの外側に照明器具が設けられていて、視認者の目に光源が入ることなく、視認に必要な明るさが確保できるよう配慮されている。この方式であれば、蛍光灯の交換も簡単である。駅名表示は黒地白文字、そのほかの指示サインは白地黒文字と、強いコントラストで表示されているので、とても見やすく、同時にわれわれ外国人にも表示のシステムがすぐに理解できる。

また同地下鉄の番線方面標や「i」マークによる情報掲出位置の同定サインにも同じユニットが用いられ、対面視しやすいように、ホームを横断する方向に掲出されている。

なお同地下鉄の図解サインは、集約されて動線と平行する位置に配置されている［図7-38］。図解サインを平行型に配置する方式も世界各地の鉄道駅でみられ、国際的にみて、平行型が図解サインの配置方式として最も一般的だということができる。

⑦幕板型

図7-39は、フランス国鉄サンラザール駅のコンコースから出口にいたる開口部に設けられた幕板型サインである。ここで幕板とは建築計画上の無目（鴨居と同じ位置にある溝のない横木）にあたる部分のことを指し、そこに配置する方式を幕板型と呼んだ。

イギリスやフランスの地上鉄道のターミナル駅は、東京駅丸の内口のような大架構を持った例が多く、その開口部の無目の位置に、幕板型のサインが一般的にみられる。

図に示した幕板型サインには、出口の同定情報や乗り継ぎ交通機関の方向などが示されている。この幕板型のサインは、動線上、必ずしも対面視できる位置にないが、建築的な架構

［**図7-36**］英国鉄道ウォータールー駅の四面型サイン
（撮影:筆者、1997、口絵3-6）

［**図7-37**］ストックホルム地下鉄の並列型サイン
（撮影:筆者、1991、口絵3-3）

［**図7-38**］ストックホルム地下鉄の平行型サイン
（撮影:筆者、1991）

第7章 計画設計論

のありようが開口部の位置を明瞭に伝えているので、近寄りつつ情報内容を確認できて、迷ったり不安に感じたりすることはない。

なおフランス国鉄駅のコンコースに掲出する乗り継ぎ路線や接続バス乗り場、駅出口などへの指示サインは、標準的には、遠方から見やすいように横断型に配置されている。図7-40は、フランス国鉄リール駅の、TGVおよび地下鉄への連絡通路に下りるエスカレーター前に設置された横断型サインである。

⑧矢羽根型

図7-41はフィンランド・ヘルシンキから100kmほど離れたハメーンリンナ市の中央広場に設置されていた矢羽根型サインである。「ローマまで2270キロ」など、世界の主要都市の方角と距離が示されている。このように、中心から放射状に周囲の方向を指し示す方式のサインが矢羽根型である。

歴史的な経緯を示すため本項の最初に紹介した十字型も、この矢羽根型の一種ということができよう。ハメーンリンナ市と類型的なものは、国内外の広場や観光地、登山道などで見ることができるが、われわれはこの方式を六本木ヒルズの街区案内に応用した［図7-42］。

竣工したのち、土曜日、日曜日になると、30万もの人びとが押し寄せる観光名所となった六本木ヒルズは、地形的な起伏と人工地盤を絡ませた複雑な街区構成のため、来街者から「わからない、わからない…」とのクレームが相次いだ。そこで、人びとが目的とする商業街区と、帰路にある鉄道駅の方角案内のために計画したのが、この矢羽根型サインである。この矢羽根型は、45度刻みに8方向を指し示すことができる。このサインの設置によって、ようやく来街者の〝わからない、わからない〟騒ぎを鎮静化することができた(32)。

実際に目的地が見えるようになったわけではないが、このサインの設置で、街のコンテクスト、つまり施設の成り立ちをつかめるようになったのである。すなわち来街者が感じていた不安を、この先の期待感に置き換えることができたのではないかと思われる。

この配置方式は、中心的な場所で四方にある目標地の方向を示すとき、そして空間的にも時間的にも余裕のある状況で見られるとき、掲出場所が屋外のときなどに向いている。一方、天井が低い通路に掲出するときや、利用者を直線的に誘導したいときなどには不向きである。十字型と同様に、この方式では接近時に裏側に書かれた情報は見えないからである。この方式は、わが国の一般的な鉄道駅の空間には不向きだが、開かれた空間で選択肢の一つになる。

［図7-40］フランス国鉄リール駅の
横断型サイン（撮影:筆者、1997）

［図7-39］フランス国鉄サンラザール駅の幕板型サイン
（撮影:筆者、1990、口絵3-7）

［図7-42］六本木ヒルズの矢羽根型サイン
（デザイン:黎デザイン総合計画研究所、
2006、口絵3-5）

［図7-41］ハメーンリンナ市の矢羽根型サイン
（撮影:筆者、1991）

⑨**道標型**

屋外空間で示すサインの配置方式に、古くから道標型がある。京都などで見かける道標は、石に文字を彫りつけたものが多く、路傍で進行方向の目標地などを示していた(33)［図7-43］。わが国では古くから伊勢参りなどの庶民信仰が盛んで、江戸時代になると伊勢路ばかりでなく、相当数の人びとが道標を頼りに、全国のあちこちの街道を歩いていたようである(34)。

現代でも歩行空間に道標型のサインが多数存在する。人通りを妨げない道の傍らで左右方向などを案内する方式のものである。筆者もこの方式のサインを、六本木ヒルズの歩行者案内のために補助的なサインとして活用した［図7-44］。このような補助的なサインは、情報が伝わらなければ存在意義を失うが、景観に配慮して、さりげなく存在させることが一般的な配慮事項である。

わが国の交通施設は通行量が多く、かつ空間にゆとりがない場合が多いから、この方式もあまり向いていないが、散策を楽しむ観光地などで用いることは可能である。

指示・同定サインの配置

わが国の駅空間で指示サインや同定サインの配置計画を行うとき、そのサインを発見しやすく見やすいものとするために、次のような原則が指摘できる。

①**掲出位置**

世界で広く用いられている配置方式などから見て、指示サイン・同定サインは、動線と対面する横断型を掲出するのが基本である。このようにすれば、利用者の視軸と表示面が90度の関係になるので表示内容が読みやすく、かつ利用者は移動しながら情報を得られるようになる。

人間工学の分野では、これを視方角90度の状態という(35)。普通には90度付近が最も読みやすく、視方角が45度以下になると読みにくくなって、表示されている内容を判断できなくなるといわれている。この条件を満たすために、通路の横断方向につり下げ型や突き出し型、ボーダー型などの形式を用いて、サインを設置する。

②**掲出高さ**

人が普通に歩いているとき、一定の高さ以上にあるものは視野に入りにくい。人間工学の文献に基づくと、仰角10度より下が、視野に入りやすいと考えるのが適当である(36)。また交通施設では、視認者の前方に、視界を遮るほかの通行者がいると考えるべきで、その通行者の頭より上が、見やすい範囲になる。

車いす使用者の視点は立っている人より40cmほど低く、車いす使用者の前にも視界を遮る通行者はいるので一定の高さにあるサインを移動しながら視認できる距離（視認時間）は、かなり小さくなってしまう(37)［図7-45］。このことから、車いす使用者にとって、つり下げ型サインは高い位置にあるほうが、少しでも長い時間見続けられるということは理解されなければならない。

これらから、遠くから視認する指示サインと同定サインの掲出高さは、視距離に応じた文字の大きさを確保したうえで、視認想定位置から仰角10度より下で、極力高くするのが適当と判断できる。

③昇降部・屈曲部の配置

階段の上り口や下り口では、その先に何があるのか見えないことが多いので、必ず行先方向を示すサインを配置する。その際、サインの配置位置を階段端部から離してしまうと、矢印の向きに違和感が生じるので、サインを必ず端部に置き、上り口では上向き矢印を、下り口では下向き矢印を用いる。

なお階段では踏み段を確かめるために下を向く人が多いので、階段端部のサインの裏面は目に入らないと考えるべきである。階段を上り（下り）きった箇所で伝えたい情報がある

［図7-43］江戸時代に建てられた道標
（日広連『サインズインジャパン12』）

［図7-44］六本木ヒルズの道標型サイン
（デザイン：黎デザイン総合計画研究所、2006、口絵3-8）

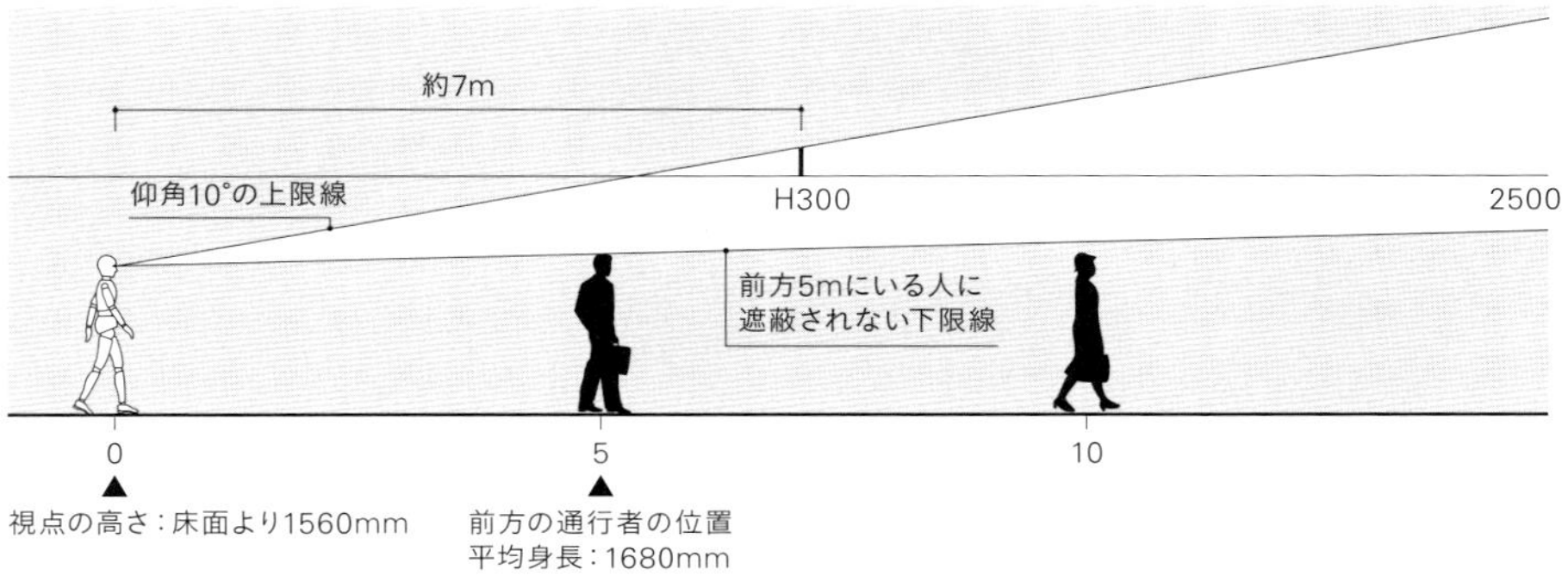

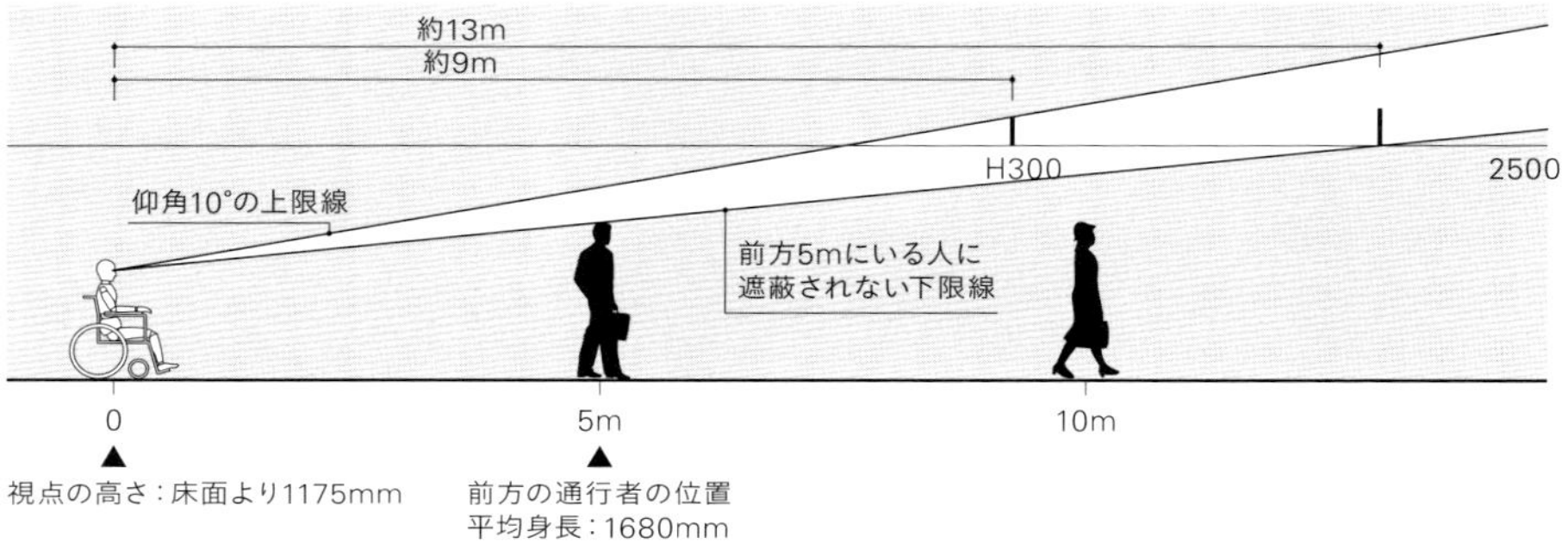

［**図7-45**］立位と椅座位の有効視野の違い
（作図:筆者、初出『公共交通機関旅客施設のサインシステムガイドブック』）
この図の想定の場合、一般歩行者は遠くから約7mの距離に近づくまでの間、
高さ2,500㎜にあるものを視認し続けられる。
一方車いすの人はわずか約13mから9mの間の距離しか視認できない。

第7章　計画設計論

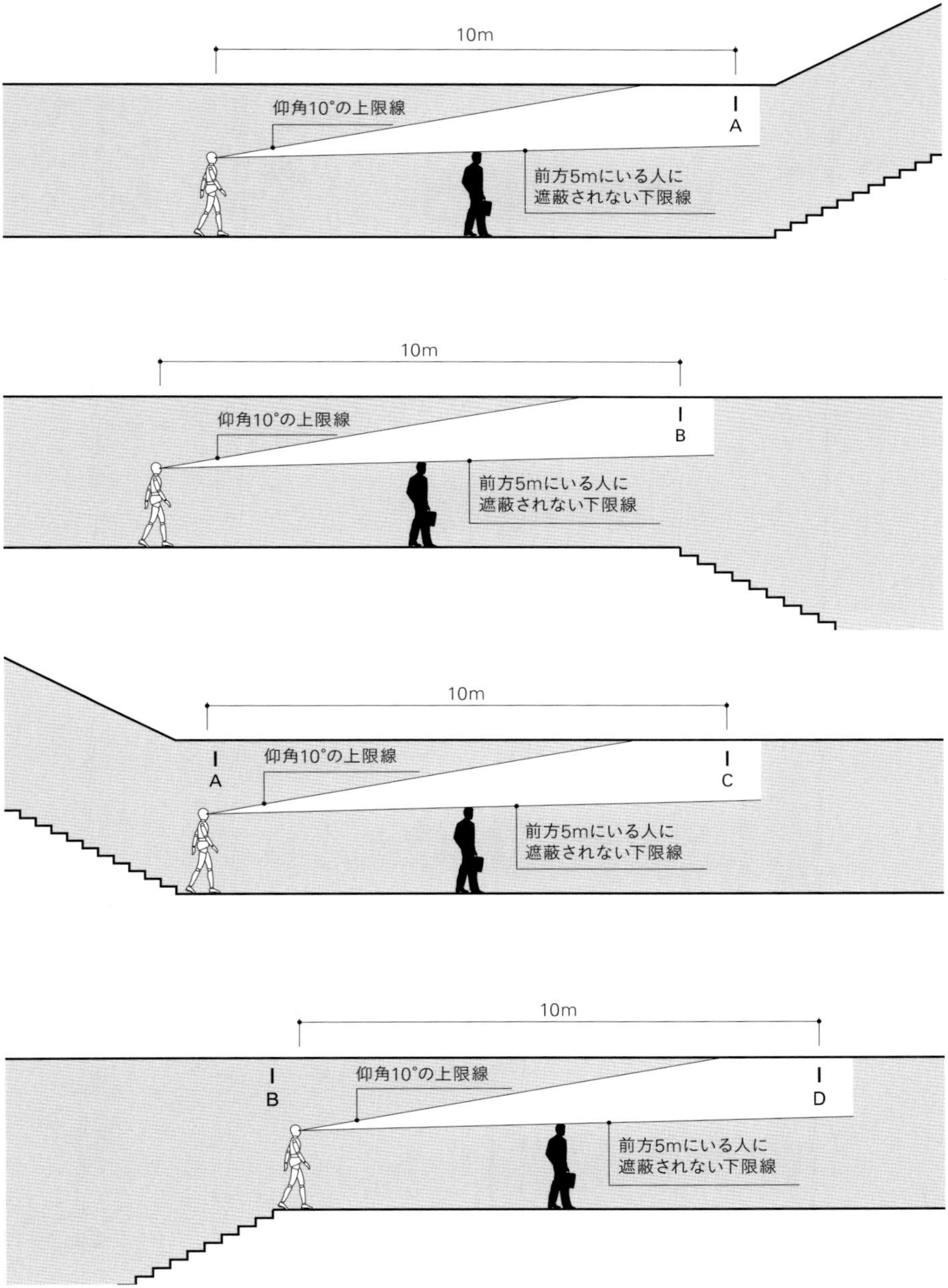

［**図7-46**］階段昇降部のサイン配置の方法
（作図:筆者、初出『公共交通機関旅客施設のサインシステムガイドブック』）

場合、階段端部のサインの裏面は利用せずに、階段端部から10mほど前方に別のサインを配置しないと、情報は伝達できない［図7-46］。このような判断は、同一平面上の通路の曲がり角でも同様に必要である。

図7-47の1～3は、欧米の鉄道駅の階段箇所に配置された指示サイン、4はロンドン地下鉄の左折箇所に配置された指示サインである。昇降部や屈曲部で、見えない先の情報を掲示する必要があることは、世界共通に認識されている。

④繰り返し配置

乗り場や出口の方向を指示するような主要なサインは、連続的にたどれるように、一定間隔で繰り返して掲出することが望ましい。ノイズにもならず、不安感も起こさせない目安として、一つのサインの下を通過したら、次のサインの存在が確認でき、半分ほど近づいたら、文字がはっきりと読める程度の配置間隔が適当と考えられる。和文文字高8cmのサインでは、その文字の有効視距離が20mほどなので、サインの配置間隔は40m程度になる。文字高を大きくすれば、サインの配置間隔はより広くとることができる。

横断型のサイン配置で2台間の配置間隔が狭くなると、手前のサインの陰に隠れて奥のサインが見えなくなる。断面図を引いてよくある例を検証すると、器具高30cmのサインを器具下2・5mの高さに掲出するときは、10m以上の間隔を確保し、また器具高40cmのサインを器具下2・7mの高さに掲出するときは、15m以上の間隔を確保すると、遠方から見ても、器具の重なりは起きにくくなることがわかる。

なお時折、床面ライン表示はどうかとのアイデアが出されるが、この方式はリニア型に似て、動線が複雑になると破たんしてしまうので注意が必要である。文字を書き添えても床面上にほかの通行者がいれば隠されてしまう。また文字を必ず斜めから見ることになり、特に視点の低い車いすからは、とても読みづらい。

札幌市地下鉄で、一時この方式を導入していたが、ラインはあるが文字の見当たらない場所では、そのラインが何を意味するのかわからず、文字の書かれた場所では、人びとに踏まれていて読み取れない状態になっていた。床面ライン表示は、駅空間には不向きな方式である。

図解サインの配置

駅空間の図解サインの配置計画を行うとき、そのサインを発見しやすく見やすいものとするために、次のような原則が指摘できる。

①掲出位置

図解サインも本来は、利用者に対面するように配置したほうが発見しやすいのは自明なことであるが、空間の大きさの制約などを勘案すると、壁面に沿って平行型を配置するのが一般的な解決策である。またこのとき、歩行者と車いす使用者が、共同に使える器具とするのが基本的な考え方である。

前項でも述べたように、車いす使用者の視点は立っている人より40cmほど低いが、立っている人がやや下方を見ることは負担が少ないので、視点位置の違いを超えて共通の器具を使用することができる。図解サインの掲出高さを、床面から図の中心まで135cm程度とすれば、立って見る人にも車いすから見る人にも、一定の見やすさを確保できる［図7-48］。

なお表示面が小さくて、より近づかないと見にくいような道路上の地図では、車いす使用者はさらに10cmほど下げた位置にするほうが読みやすいとの実験結果がある。このため道路上では、舗床面から図の中心まで、125cm程度が適当とされている[38]。

②見上げ時の掲出高さ

運賃表や精算表など、機器の上部に掲出する図解サインの

1

2

3

4

［**図7-47**］昇降部・屈曲部のサイン（1:パリ、リヨン駅、1990、2:スウェーデン、ストックホルム中央駅、1991、3:ニューヨーク地下鉄、2000、4:ロンドン地下鉄、1997、撮影:4点とも筆者）

掲出高さは、券売機等の前に並ぶ人の頭に隠れない高さ、車いす使用者の見上げ角度が極力小さくてすむ高さの2点に留意して設定する。

またその外形寸法は、表示する情報量、文字等の表示コードの大きさと有効視距離、有効視距離位置における視方角の限界（45度以下は不適とされる）などのバランスを考慮して設定する。

一般的には、床面から1・7mから2・7m程度の高さで、左右の幅が2mから4m程度の範囲内におさまると不都合が少ないと考えられる［図7-49］。

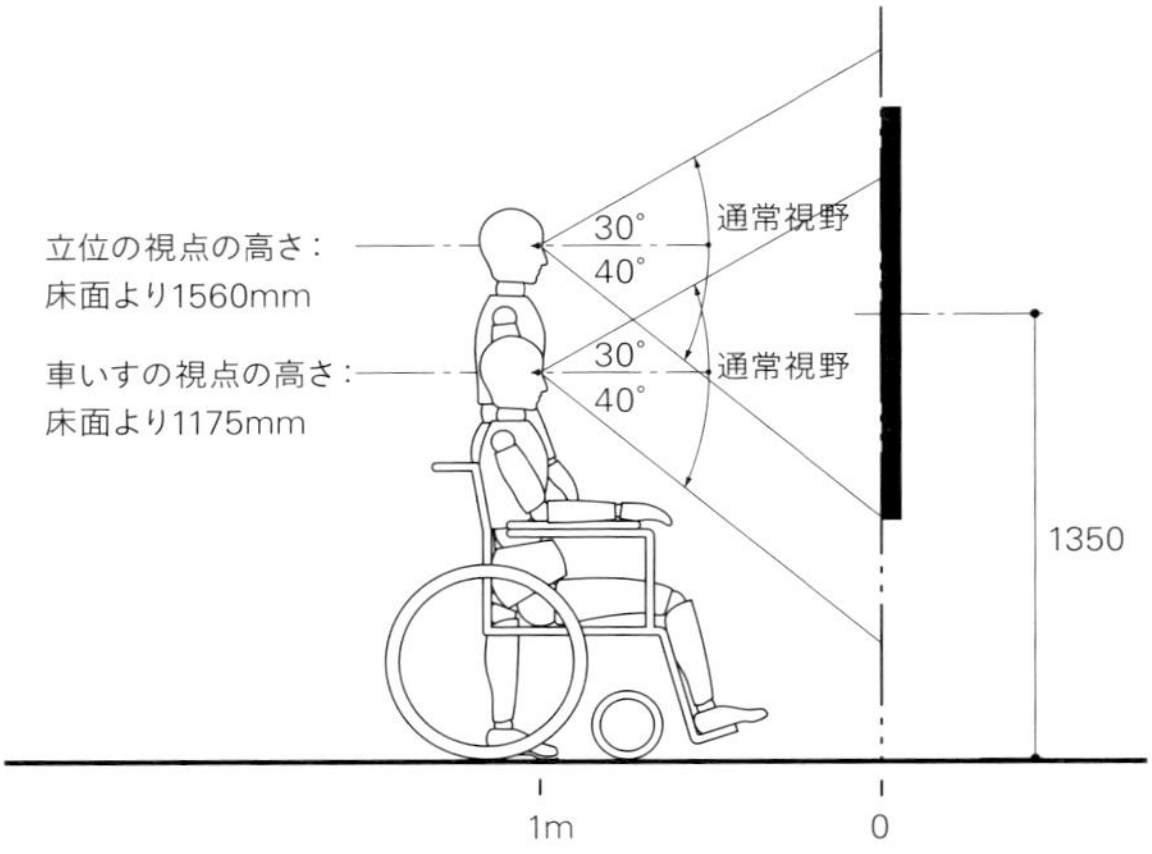

注）上図の通常視野は、日本建築学会編『建築資料集成３単位空間Ⅰ』1980（丸善）による。

［**図7-48**］近くから見るサインの掲出高さの考え方（作図：筆者、初出『公共交通機関旅客施設のサインシステムガイドブック』）

③配置の集約化と繰り返し配置

図解サインを駅構内のあちこちに配置してしまうと、利用者は提供されている情報の全体像を把握できなくなり、個々のサインも発見しにくく、環境秩序も乱れてしまう。こうした事態を避けるために、図解サインは必ず集約して配置するようにすべきである。欧米の事例をみると、システム化を図る考え方は一段と進んでいて、こうした原則が守られている［図7-50］。

長い通路では、図解サインも一定間隔で繰り返して掲出する必要があることは、指示サインの場合と同様である。営団地下鉄の地上地下関連図は、右に行くか左に行くか判断が迫られる改札口前と、上るべきか否かの判断が必要になる出口階段付近を基本的な掲出位置とし、分岐のない通路では、指示サイン2台をカバーする80m間隔を目安に配置した。30年の設置期間中に、利用者から過不足の指摘が出ることがなかったことからみると、この基準に大きな問題点はなかったように思われる。

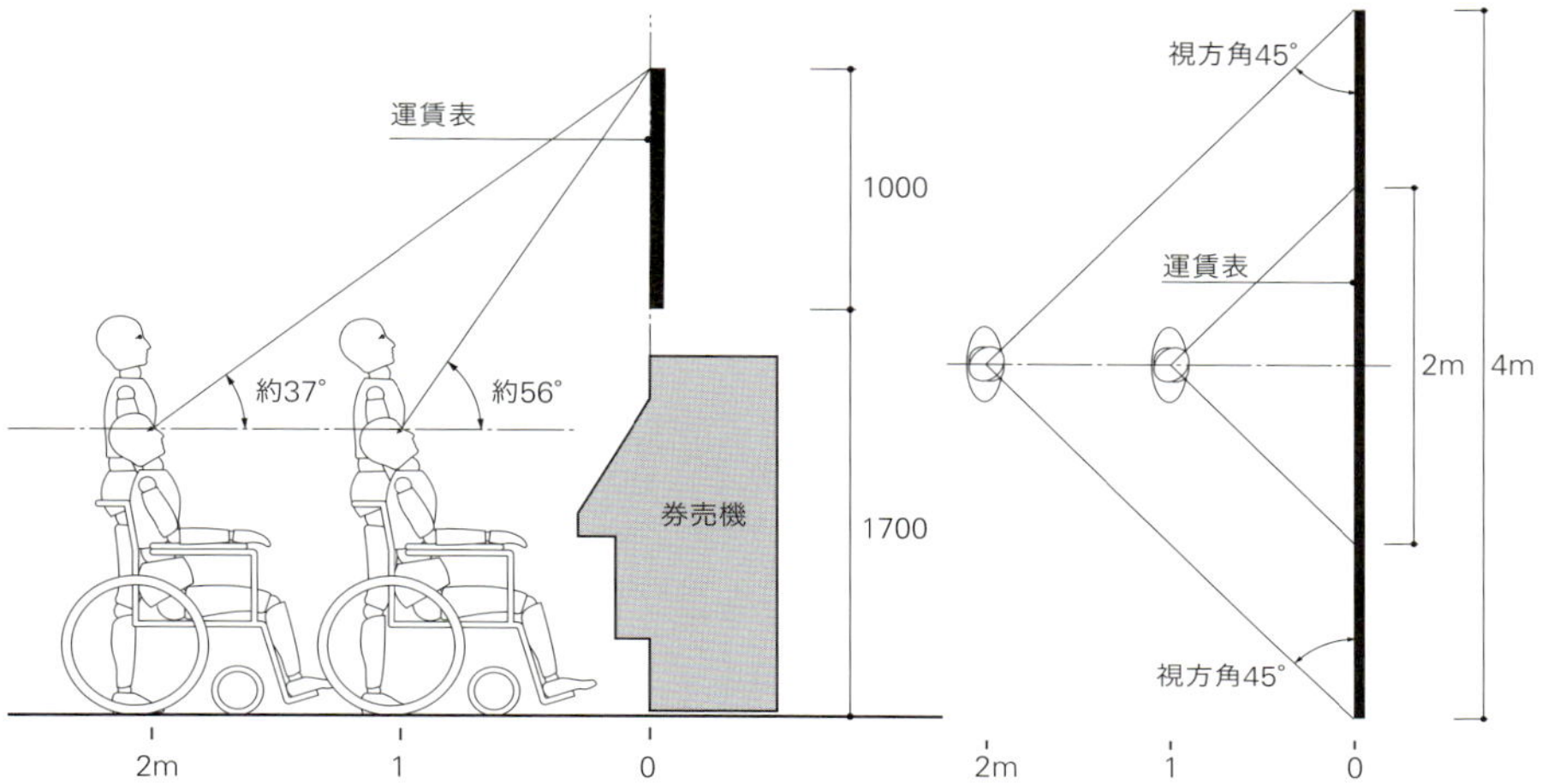

［**図7-49**］見上げ位置サインの掲出高さと寸法の目安
（作図:筆者、初出『公共交通機関旅客施設のサインシステムガイドブック』2002）

［**図7-50**］集約型図解サイン（1:ボストン地下鉄、2000、2:ニューヨーク地下鉄、2000、
3:ストックホルム地下鉄、1991、4:デンマーク国鉄、1991、撮影:4点とも筆者）

5……グラフィックデザイン

見やすさの確保

本章2節のうち「計画の手順」の項で、サインの平面的な形を与えるのがグラフィックデザインであり、立体的な形を与えるのがプロダクトデザインであると述べた。さらにグラフィックデザインとプロダクトデザインは同時進行的に進めるのがよいとも述べた。しかしサインシステムのプロダクトデザインは、個別の環境条件に大きく左右されてしまうので、原則論を示すには不向きな課題である。例えばあるマップを掲出するとき、壁づけ型、自立型などのうち、どの形式を選択するかは、設計対象施設の空間条件によることになる。また仕上げ材として何を使うかなども、運営条件や建設予算などにかかわることになる。そこでそのような個別の仕上げや製法に関する問題は除外し、ここではグラフィックデザインに絞って考察を進めることにする。

グラフィックデザインを行うとき、見やすいサインシステムを得るために、次のような原則が指摘できる。

①書体

日本字の書体は毛筆系、明朝系、ゴシック系などに大別できるが、一般にゴシック系の角ゴシック体の視認性が優れているといわれている。毛筆系は画の構成が不鮮明であるし、明朝系はヨコ画とタテ画の太さが極端に違うので、遠方からはヨコ画が見えにくくなる。視力の定義からみて視認性能上ゴシック系が有利なのは明らかである。またこれらを同じ文字高さで並べてみると角ゴシック体が一段と大きく見えることがわかる［図7-51］。

さらに道路案内標識分野の研究で、走行時にその速度や表示面輝度の関係から標識の文字画線の端部が欠けたり、入《い》り隅《すみ》部がしみ出して見えることがあるとの指摘がある(39)［図7-52］。これらを総合すると、一般的に丸ゴシック体より角ゴシック体のほうが有利であるといえるだろう。

なお新聞や書籍では、明朝体のほうが疲労が少なく読みやすいといわれている。サインシステムにおいても、視距離に応じた可読性が確保されるのであれば、必ずしも角ゴシック体に限定されるものでないことは了解しておく必要がある。

またアルファベットにもスクリプト系（日本字の毛筆系に相当）、ローマン系（同明朝系）、ゴシック系の別があるが、サイン用書体では、視認性能からみてゴシック系が有利なのは日本字の場合と同様である。

②文字の大きさ

文字の大きさは視距離に基づいて設定することが、サインのレイアウトにおける最も基本的な原則である。新聞や書籍など一般的な文章の文字の大きさは、版形や文章量、読者層の傾向、印刷物の用途などから判断され、視距離が意識されることはあまりないが、サインをレイアウトする場合、そのサインはどこから見られるかという視距離に基づいて大きさを設定することが鉄則になる。なお文字の大きさは、通常、文字の天地寸法である文字高で議論される。

[**図7-51**]書体の種類(左から毛筆系書体、明朝系書体、丸ゴシック体、角ゴシック体、作図:筆者)

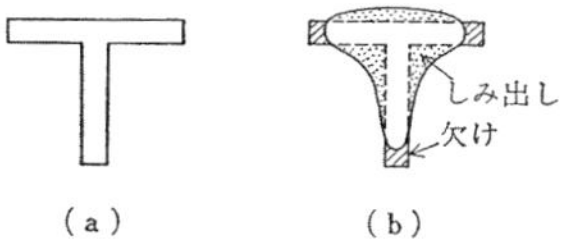

[**図7-52**]走行視認時の欠けやしみ出し(『現代人間工学概論』)走行時に(a)の形が(b)のように見えることがある。

筆者らが地下鉄駅構内で行った横断型サインの視認性実験によれば、文字高10cmの「急東線」というつづりを視力0・5の人は、約25m離れた位置から視認できた(40)（内照式、外照式、白地黒文字表記、黒地白文字表記の総合評価）。また視力が0・5以上ある人は実験参加者31名中30名（平均年齢61・5歳）であった。視力の定義から、一定の範囲内では、視対象の大きさとそれを弁別できる視距離は正比例の関係にあると考えてよいので、上述の結果、視距離10mでは文字高4cm、視距離20mでは文字高8cm以上を確保すれば、大多数の人にとって問題は生じないと判断した。

英文字について、スネレン試視力表(41)で用いられる文字〝E〟の大きさに安全係数2・0を掛けて判断すると、視距離10mでは文字高3cm、視距離20mでは文字高6cm程度が必要との結果が得られた。和文字に対する大きさ比率は75%であった。

これらの検討結果が、適切な文字の大きさ選択の目安として、交通エコロジー・モビリティ財団発行『交通拠点のサインシステム計画ガイドブック』（1998年・42）に示され、また国土交通省策定の「公共交通機関旅客施設の移動円滑化整備ガイドライン」（2001年・43）に収録されている。

和文に英文を併記する場合でも、基本的には、英文も和文と同じ位置から視認できるように設計する必要がある。ただしアルファベットは字画がシンプルなため、漢字より小さく描いても同様な視認性は確保しやすい。前述の検証では英文の文字高は和文の75%程度が必要と判断された。

図7-53は筆者らが行った高速道路案内標識の視認性改善のための検討資料（2009年）である。上が現行サイズ、下が同スケールにおける改善案である(44)。図7-54に示すドイツのアウトバーンの案内標識などを参考に検討すると、英文に和文と同等の視認性能を与えるには、現行の文字高を図のように拡大し、かつもっと視認性に優れた書体に入れ替えて、スペーシング（字配り）も広くとってつづる必要があることがわかる（この案の英文の対和文文字高比は70%であった）。ただしこの改善案は、表示面寸法の拡大を伴うため、コスト面などの理由から除外されている。

③明度差・色相差

造形分野で〝モノ〟や〝形〟として見られる部分を「図」、それ以外の背景の部分を「地」という(45)。図の色と地の色の間に一定以上の明度差があることが、見やすさを確保する基本条件である。経験的には、明度スケールで5段階以上の明度差を確保していると批判が出ることはほとんどなかった。日本規格協会『JIS Z 8210: 2002案内用図記号』の解説にも、「有彩色または灰色を用いる場合は、図と地色のコントラストが明確になるように明度差を5以上にする」と示されている(46)。

高齢者に多い白内障に配慮するなら、青と黒、黄と白の配色は用いるべきではない。また警告用の黄色は識別しにくくなるので、色面だけでなく、文字や図形による意味情報を添えることが必要である。さらに淡い明度差の表現は避ける必要がある［図7-55］。

色覚障害の大半を占める赤緑色覚障害では、赤とその補色である青緑色の区別がつかないか、つきにくい状態になっている(47)。例えば緑地の中に赤い現在地マークを描くと、判別できないことが起こり得る。このようなことを避けるために、赤と緑の色面が隣接する組み合わせはできるだけ避けることが望ましい。

近年では、色覚障害者にとって問題がないかをチェックするための専用ソフトもあるが、簡便にはカラーの図版をグレースケールのプリンターで出力してみると、明度差だけで必要な情報が識別できるかどうかある程度判断できる。一般に色覚障害者は、明度差には鋭敏といわれている。

④余白

表示面の中で文字や図形が描かれていない部分が余白であ

る。高速道路を走行中の道路標識の見方は、瞬間的に標識を見てすぐ路上に目を移してしばらく走行し、また瞬間的に標識を見て再び路上に目を戻すことを繰り返していて、この瞬間視視認の繰り返しの中で、情報内容を理解するといわれている。公共空間を歩行中にサインを見る場合も、これと同様な判断過程が行われているはずである。瞬間視視認を行う場合、余白が大きく読み取り対象の情報が少ないほど効率よく情報受容ができる。

図7-56は新宿駅南口の小田急エリアのサインである。新宿駅の乗降人員は1日あたり350万人といわれ、図に示したあたりも、終日絶え間なく混雑が続いている。そのような箇所に設置するサインは、できる限り直観的に理解できるグラフィックデザインの工夫が不可欠で、表示面に十分な余白を確保することが必須な技法の一つである。

図7-57はロンドン地下鉄の標準的なホーム景観で、線路側の壁面に大きな停車駅案内図が掲出されている（図左端の縦

［**図7-53**］英文つづりの視認性改善案
（上:現行標識、下:改善案）

［**図7-54**］ドイツ・アウトバーンの案内標識
（撮影:鎌田経世、1997）

［**図7-55**］不適切な色彩対比（作図:筆者、
初出『公共交通機関旅客施設のサインシステムガイドブック』）

長の白い面）。こうした位置で図内容を読み取りやすくするために、十分な余白が確保されている。概して欧米のグラフィックは余白が大きく、読み取りやすいのに比べて、わが国のそれは情報が多量に詰め込まれていて、読み取りにくいものが多い。

わかりやすさの確保

グラフィックデザインを行うとき、わかりやすいサインシステムを得るために、次のような原則が指摘できる。

①画面の重心

認知科学の分野で、人が美術作品を見るとき、光景の「重心」に位置する対象に、より多くの時間が費やされることが確認されている(48)。一般に、より多くの時間を費やすとき、人は正対視するために、自然にその位置方向に体を動かすことも観察される。したがって指示サインの指示方向を左とするとき、画面の重心を左に寄せたほうが、人は自然に左方向に移動できると考えられる。つまり左折指示のサインは重心を左に寄せて、右折は重心を右に寄せてレイアウトするのが基本である［図7-58］。

また直進は重心を中心に置いてレイアウトするのが基本になり、同定サインも表示要素を表示面の中央にレイアウトしたほうが、「そこである」ことの意味が一段と明瞭になる。ただしこれらのレイアウトでないと理解できないわけではないことは了解しておく必要がある。

矢印とピクトグラムと字句の表示順序について、ＩＳＯの技術報告書には、「字句と組み合わされた方向の矢印は、その字句にごく近づけるのがよい。記号を矢印に結びつけて使用する場合には、記号は矢印と字句の間に置くのがよい。上、下、または左を指す矢印は字句の前に置くとよい。右を指す矢印は字句の後に置く」と記述されている(49)。表示要素と矢印は離さないでレイアウトするほうが指示方向を明確にでき、矢印とピクトグラムなど誘目性の高いグラフィカルシンボルは、集めて表示したほうが目の動きがスムーズになる。

４章で紹介した横浜駅コモンサイン整備では、読み間違いの起きにくい、わかりやすいレイアウトを得る目的で、ＩＳＯの推奨に従ってレイアウト基準を取り決めた［図7-59］。

②近接群化

同じ長さの細い棒６本を平行に２本ずつ近づけて置くと、多くの人は２本一組のものが３組あると判断する。このように、人が互いに近接して置かれた似た対象をまとまりとして知覚する傾向を、認知科学の分野で「近接群化」と呼ぶ(50)［図7-60］。

［**図7-57**］余白の十分ある図解サイン
（ロンドン地下鉄、撮影:筆者、1997）

［**図7-56**］余白の十分ある指示サイン
（小田急新宿駅南口、
デザイン:黎デザイン総合計画研究所、2007）

［**図7-58**］右左折レイアウトの基本形（作図:筆者、
初出『公共交通機関旅客施設のサインシステムガイドブック』）

［**図7-59**］ISO方式のレイアウト（横浜駅コモンサイン、
デザイン:黎デザイン総合計画研究所、2004）

［**図7-60**］近接群化（ロバート・L・ソルソ
『脳は絵をどのように理解するか－絵画の認知科学』）

一つの表示面で2方向以上を指示するとき、情報単位を十分離してレイアウトしないと、どの情報がどの矢印とかかわっているのかわからなくなってしまう。このように近接群化が起きて指示方向が明確でない事例は全国的に数多い。

そのような場合、1表示面1方向指示の原則を立てて、器具をシステム設計するのが望ましいが、一つの表示面に複数の方向指示情報をおさめざるを得ないときは、指示方向の違う情報単位間に、サイン器具の天地寸法以上のクリアランスを確保するのが、分離して見える一応の目安になる〔図7-61〕。クリアランスのない2情報を縦線などで区切っても、群化は免れず、一層交ざって見えることがあるので注意を要する。

③体感距離と身体座標

鉄道駅では構内案内図と駅周辺案内図の2種の図解サインを設置するのが一般的である。一方で、一つの駅に似たようなマップ類が複数掲出されていると、どれが自分に適した情報源なのか迷ってしまうことになる。この観点からは、構内案内図と駅周辺案内図を兼ねた一つの図解サインでわかりやすく案内できるのであれば、そのほうが優れているということができる。

このように考えたのが営団地下鉄の周辺地域地上地下関連図であった。図7-62は、1983年に制作した日比谷駅の周辺地域地上地下関連図である。この図を駅周辺案内図といわないで、そのように呼んだのは、この図だけで構内も駅周辺もわかるように、とりわけ地上と地下の関係性を図示することに重点をおいてデザインしたからである。

われわれは営団地下鉄のサイン計画を担当していた30年間に、数十駅の周辺地域地上地下関連図を描いたが、それらはすべて国土地理院発行の地図をかなりデフォルメして描いたものである。すなわち駅構内をわかりやすく表示し、同時に駅周辺にある施設を図中に多く取り込むために、駅部を大きく描き、駅から遠いエリアは縮小して描いた。いわば実際の地形を、魚眼レンズを通して見ているように描いたのである。

人間にとって、今いる場所から右か左に移動するには、わずか5mでも相当なエネルギーがいるが、100mも遠方にある場合の5mの差は、ここでは問題にならないほど小さな距離である。こうした感覚を、われわれは「体感距離」と呼ぶ。この体感距離に従えば、重要なところの5mは大きく描き、重要でないところの5mは小さく描いても問題ないと判断できる。このように利用者の感覚に近寄って描くことは、サインシステムのグラフィックデザインにおいて重要な技法である。

図7-62では現在地を表す矢印が下から上方向を指してい

る。つまり図を見ている人の前に実際に広がっている地形を、立てて見た向きになっている。別にいえば、図中の左右とこの図を掲出している空間の左右が同じ向きになっている。

人間にとって、とっさに認識するときの座標は、東西南北や駅の起点終点などではなく、前後左右という極めて主観的な座標であることに注目したい。こうしたとらえ方をわれわ

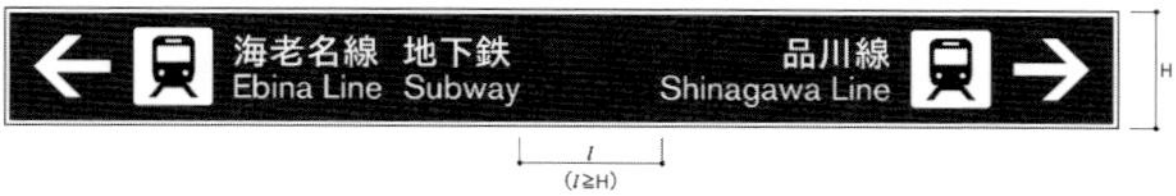

［**図7-61**］2方向指示レイアウトの基本形（作図：筆者、初出『公共交通機関旅客施設のサインシステムガイドブック』）

［**図7-62**］地上地下関連図（営団地下鉄日比谷駅、デザイン：黎デザイン総合計画研究所、1983）

れは「身体座標」と呼ぶ。サインの掲出にあたってわかりやすさを確保するために、指示サインにおいても図解サインにおいても、移動を促す情報源には、身体座標を前提とした図の向きになるグラフィックデザインを行うことが重要である。

④純一化

図7-63は世界的に有名なロンドン地下鉄の路線図である。1933年に地下鉄会社とバス会社が合併して運輸公社が発足したとき、時の副総裁がデザイン部門を担当し、運輸事業が持つさまざまなサービスアイテムのデザインディレクションを行った。その一つがハリー・ベック（1902-1974）のデザインによるこの路線図である。彼は30年間にわたり改良を重ねて、今日に連なる路線図の基本形をつくり上げたといわれている(51)(52)。

グリッド上に水平線、垂直線と45度の傾き線を使用して作図したこの路線図は、シンプルで見やすく、わかりやすいデザインとして世界中の路線図のモデルになっている。実際のロンドンの道路網は不定形なシルエットを描いているが、ロンドン市民はその下を走る地下鉄のこの路線図の形から、街の東西南北座標をイメージしているとさえいわれている。

図7-64は、われわれがデザインして1991年から2003年まで用いられた営団地下鉄路線図の1996年版

である。路線図表現で難しいのは、乗り換え駅と一般駅の描き分け、駅名の拾いやすい並べ方などである。日本語はアルファベットと違って文字の画数のばらつきが大きいので、アルファベットより大きく表示しないと判読できない。われわれが目指したのも、ロンドンにならってシンプルで見やすく、わかりやすいデザインであった。

利用者が数多くの駅名の中から、簡単に早く駅名を探し出すには、路線ごとに見分けやすく分類されていることと、駅名が一定の秩序を持って並んでいることが必要である。路線の見分けやすさのために路線色を用い、シンプルになるように線形に水平線、垂直線と45度線を用いて描いた。一方で、線形と駅記号、駅名以外の情報はまったく表現しなかったわけではない。ロンドンの路線図にテームズ川が描かれているように、東京の路線図では、都市の中核に位置する皇居と、方向感覚のよりどころとなっている山手線を描いた。

このように、シンプルであっても、そのシンプルさを生かして情報が読み取れるように十分配慮されている描き方を、われわれは〝純一化〟purifyと理解している。

魅力の創出

グラフィックデザインを行うとき、魅力をつくり出すサインシステムを得るために、次のような原則が指摘できる。

①基本的な尺度と表現技法

空間やサインの形状、グラフィックをデザインするときに用いる尺度や技法について、『インテリア大事典』ほかを参照すると、以下のようにまとめることができる(53)(54)［表7-6、7-7］。

まず空間や紙面空間の量を決定する基本的な尺度に、〝スケール〟scaleと〝プロポーション〟proportionがある。

スケールとは、空間やモノの相対的な大きさ、規模を表す言葉で、長さや幅などを絶対値として表すサイズとは別に認識される。身長や手の長さ、足の動作など、人間の諸特性に対応させた尺度でつくられた大きさを、一般にヒューマンスケールという。また空港やホール、寺院など、人間の個人的な行動範囲を超えてつくられた大きさを、スーパースケールとかモニュメンタルスケールという。屋外空間のスケールがアウトスケールである。

空間やモノのかたちを決定するうえで、最も基本的な尺度がプロポーションである。プロポーションとは部分と部分、あるいは全体と部分の数量的な比例関係をいい、視覚的な緊張感や安定感を生み出すものとして重要視されている。プロポーションは寸法のほか、面積や体積、その他の量的な比例に

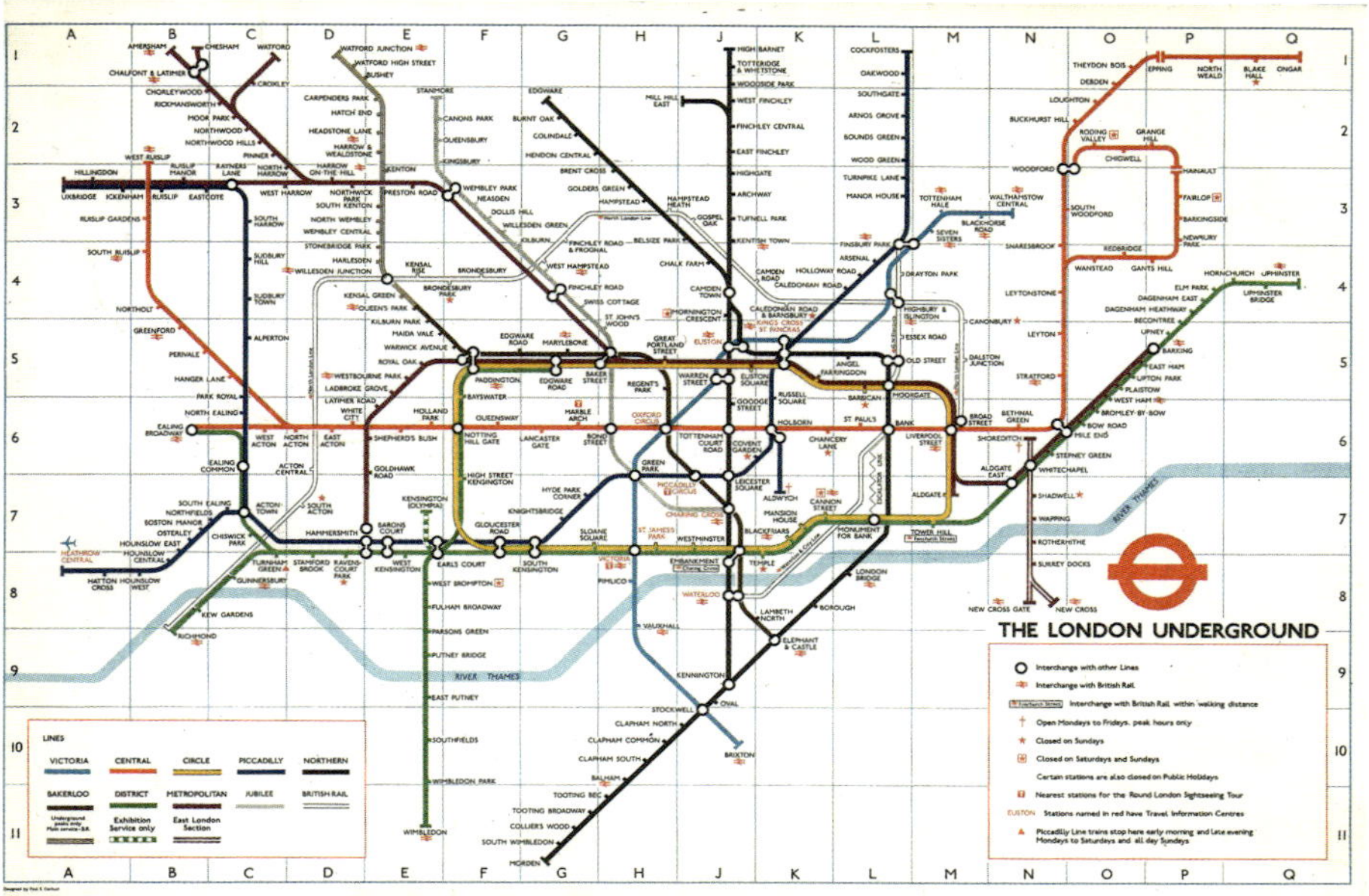

［**図7-63**］ロンドン地下鉄路線図（2003年、駅配布のリーフレット）

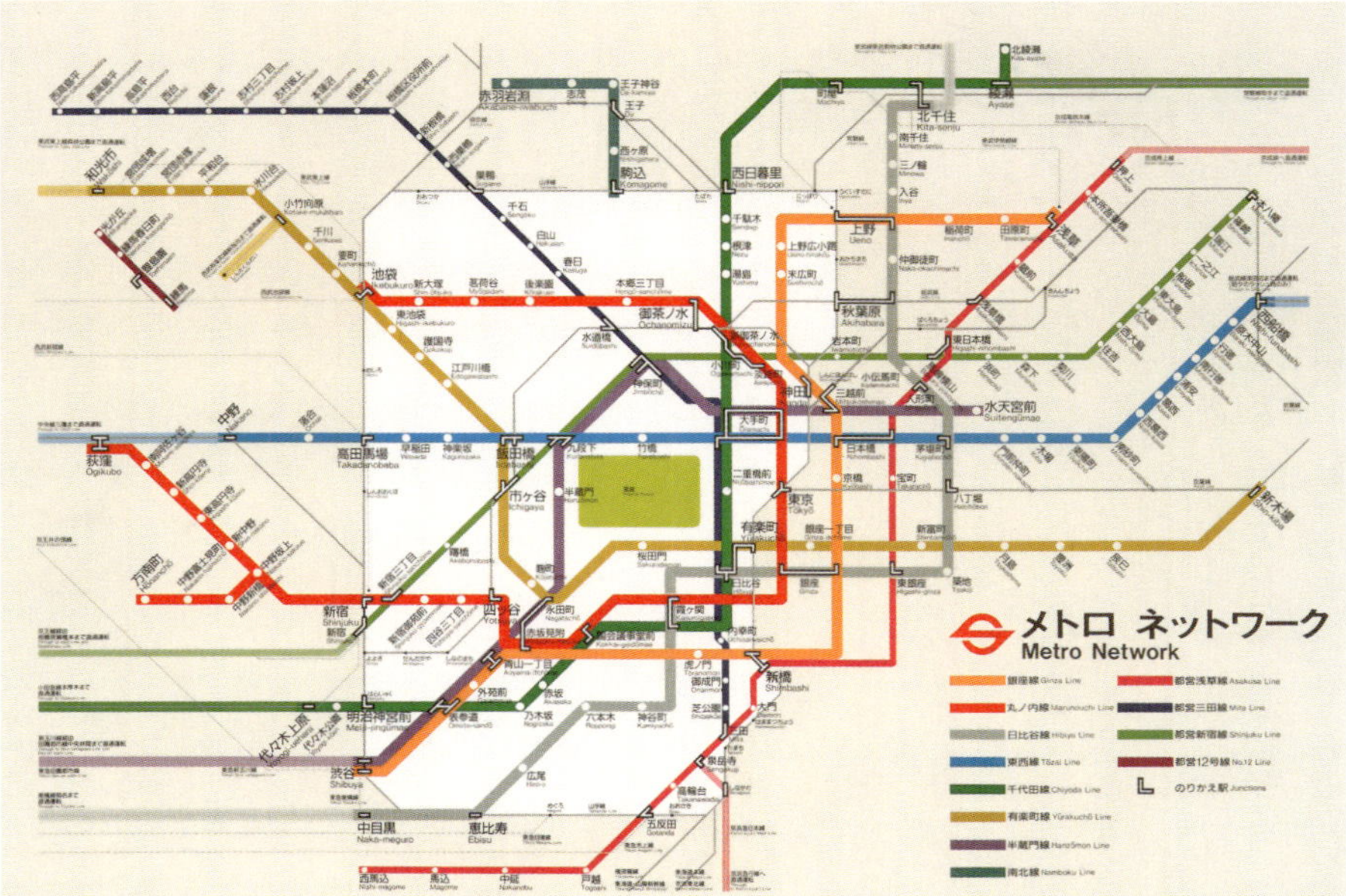

［**図7-64**］営団地下鉄路線図1996年版（デザイン:黎デザイン総合計画研究所、1991）

も適用される。美しいプロポーションを形づくる代表的な比例に、黄金比やルート矩形《くけい》などがある。

美的な秩序や調和を示す感覚的な尺度に、〝バランス〟balance と〝リズム〟rhythm、〝ハーモニー〟harmony がある。

バランス（均衡、視覚的なつり合い）をとるための技法には、シンメトリー、アシンメトリー、点対称などがある。一般にシンメトリーは静的な安定感や権威性が表現され、アシンメトリーは変化を演出し単調さから逃れる表現といわれている。

リズム（律動、規則的な繰り返し）を生み出すための技法には、リペティション、グラデーション、オポジション、トランジション、ラディエーション、アルタネーションなどがある。

ハーモニー（調和、好ましく融合した美的な秩序）を生むための技法には、シミラリティ、コントラスト、ドミナンス、ユニティなどがある。一般にシミラリティは温和で安定感があり、コントラストは互いが引き立て合って全体に強い印象を与え、ユニティは一定の秩序感をつくり出すといわれている。これらの技法が諸々のデザイン要素を決めるのに用いられる。

色彩で調和を確保するにも一定の技法がある。一般的には「同系調和」と「類似調和」、「対照調和」があると説明されている(55)［**表7-8**］。

色彩の属性に色相、明度、彩度の三つがあることはよく知られているが、このうち明度と彩度の複合概念を〝トーン〟tone（色調）という(56)。同系調和、類似調和、対照調和のそれぞれには、色相に基づく調和とトーンに基づく調和がある。

色相に基づく調和では、例えば同系では「赤」と「赤」、類似では「赤」と「ピンク」、対照では「赤」と「緑」などの配色となる。トーンに基づく調和では、例えば同系では「明るい」と「明るい」、類似では「明るい」と「うすい」、対照では「明るい」と「暗い」などの配色になる。

ただし現実には、「赤」といってもさまざまな赤があるから、あらゆる赤と赤が調和するとは限らないし、またここに示した以外に調和が得られることもあるので、これはあくまでも基本的な目安であることに留意が必要である。

②色や形のイメージ

日本カラーデザイン研究所が出版している文献に、現代人が標準的に抱いている色に対するイメージは、赤は〝スポーティ〟、明るい黄色は〝カジュアル〟、各々の色彩の彩度を落としたブラウンやベージュは、ともに〝エレガント〟が代表的、と示されている(57)［図7-65］。

図7-66は「銀座線」のつづりを明朝体と角ゴシック体で、また「56」のつづりをローマン系書体とゴシック系書体で印字したものである(58)。同じ意味を持つ語であっても、明朝体やローマン系書体を用いると柔らかさやフォーマルな雰囲気が感じられ、角ゴシック体やゴシック系書体を用いると直線的な印象や近代的イメージを感じる人が多い。

［表7-6］量を決める基本的な尺度

尺度	内容
スケール scale	空間やモノの相対的な大きさ・規模
プロポーション proportion	部分と部分、あるいは全体と部分の数量的な比例関係

［表7-7］美的秩序や調和をつくる技法

尺度	技法	内容
バランス balance	シンメトリー symmetry	形や位置などを、軸を境にして均等に対応させる技法
	アシンメトリー asymmetry	非対称とすることで変化をつくり、構成のバランスを保つ技法
	点対称 point symmetry	点を中心とした放射対称により、動的な変化や求心的な効果をつくる技法
リズム rhythm	リペティション repetition	同じ色、パターン、形、テクスチャーの繰り返し
	グラデーション gradation	大から小へ、明から暗へ、といった段階的変化
	オポジション opposition	直交するシルエットの繰り返し
	トランジション transition	曲線形の繰り返し
	ラディエーション radiation	放射状に中心から外に広がる輪
	アルタネーション alternation	2種以上の要素の交互の繰り返し
ハーモニー harmony	シミラリティ similarity	類似・同質要素の組み合わせ
	コントラスト contrast	対照・対比的要素の組み合わせ
	ドミナンス dominance	要素のうちの一つに支配的役割を与える技法
	ユニティ unity	諸要素を統一的に表現する技法

[表7-8] 色彩調和を得る技法(『色彩ワンポイント6』を参照して作図)

技法		応用例
同系調和	同系色相調和	口紅とマニキュアを同色に
	同系トーン調和	乳児用品は淡い色で統一
類似調和	類似色相調和	天然木を用いたインテリア
	類似トーン調和	落ち着いた街並み景観
対照調和	対照色相調和	緑の中の真紅の花
	対照トーン調和	なまこ壁の白と黒の配色

[図7-66] 書体の違いによるイメージの違い

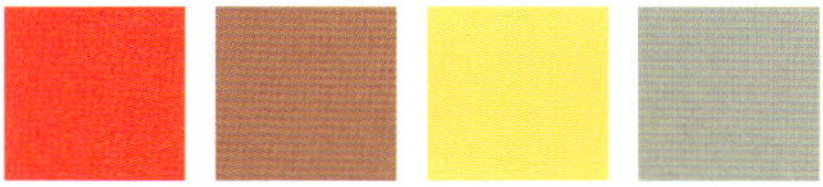

[図7-65] 色彩によるイメージの違い

[図7-67] レイアウトによるイメージの違い

[図7-69] 対照調和を目指したサイン(東京ビッグサイト、デザイン:黎デザイン総合計画研究所、2004)

[図7-68] 類似調和を目指したサイン(東京大学、デザイン:黎デザイン総合計画研究所、2006)

2

1

［**図7-70**］水と緑のある風景（1:シンガポール、2001、2:デンマーク・コペンハーゲン、1991、撮影:2点とも筆者）

［**図7-72**］営団地下鉄景観写真（撮影:大川彪、1973）

［**図7-71**］水と緑を描いた駅周辺案内図（みなとみらい線、デザイン:黎デザイン総合計画研究所、2003）

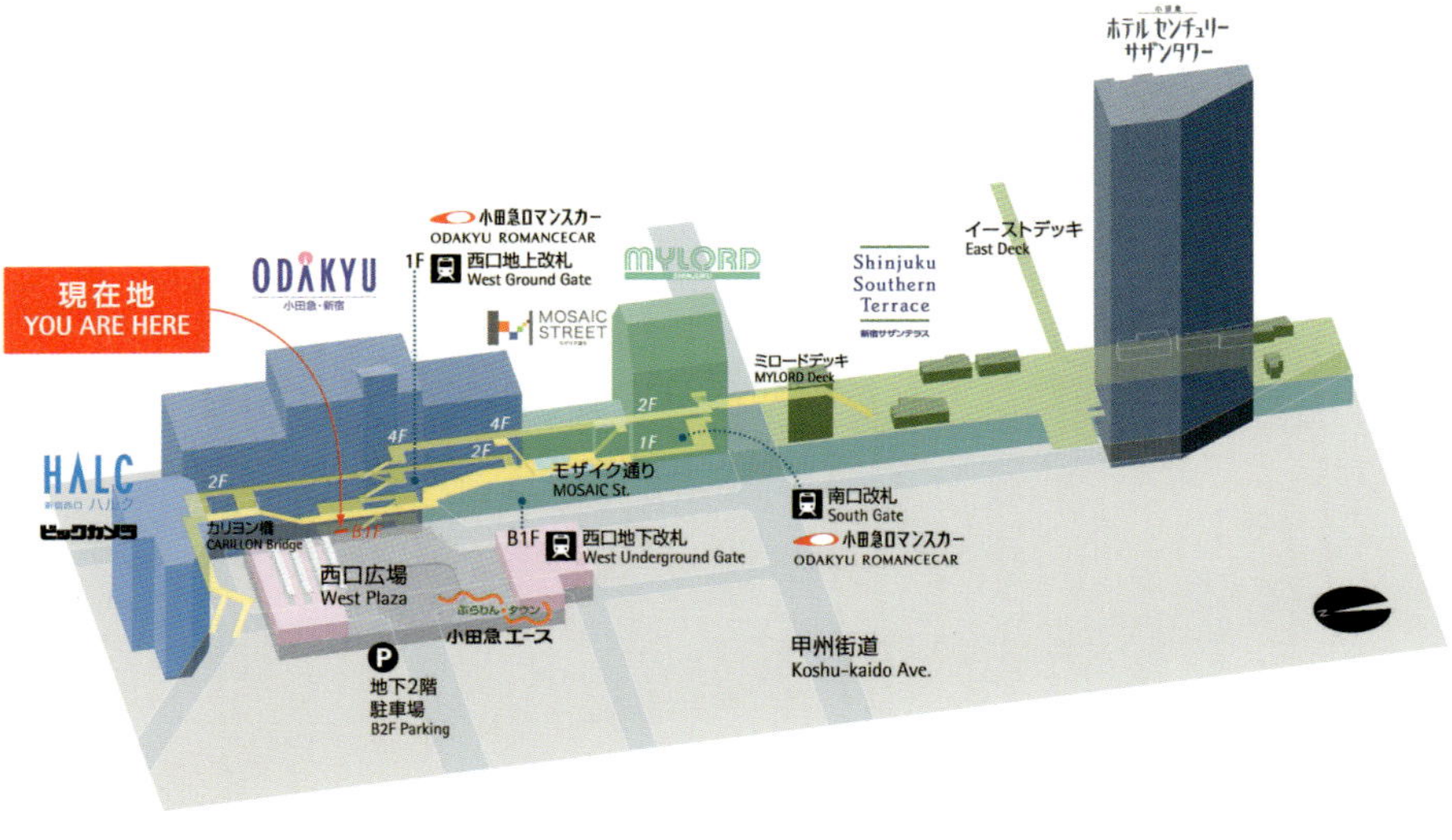

［**図7-73**］立体的に描いたエリアマップ（小田急テラスシティ、デザイン:黎デザイン総合計画研究所、2007）

図7-67は、最近基準化されたNEXCO高速道路と首都高速道路の案内標識のレイアウトである(59)。NEXCO（左）の静岡・浜松と、首都高速（右）の江戸橋の和文・英文の組み方を見ると、左はセンター合わせ、右は語頭合わせになっている。センター合わせというのは、和文の幅と英文の幅を中心で揃える方法で、語頭合わせは和文の前端と英文の前端の位置を左に揃えるレイアウト方法である。

一般に、センター合わせは安定的なイメージを与え、語頭合わせはアクティブなイメージを与えるといわれている。このように感じるのは、シンメトリー性が影響していると思われる。

色や形、レイアウトに対してどんな印象やイメージを抱くかは、個人的な知識や経験、感受性などによるところが大きいので、断定的にはいえないが、SD法(60)などを用いて確認すると、ある母集団の中では、特定の表現様式に対して共通するイメージを抱く傾向があることはわかっている。この事実関係を一般的な傾向として把握しておくことは、デザインを進めるうえで有用である。

③類似調和と対照調和

図7-68は東京大学本郷キャンパスの案内サインである。このキャンパス内には歴史的な建物が多く残り、道の両側には時代を経た大きな樹木が並んでいる。その樹々は茂り散って、ここを訪れる人びとに季節の移り変わりを伝えている。そうした中で、案内サインのデザインは、空間秩序を乱さないように、他方、独自の存在感と伝達性能を損ねないように注意を払いながら、道路の形状、建物の形状、その立体表現、緑地描写のディテール、キャンパス外街区のディテール、色彩、凡例の表記法などが決められた。すなわちこのグラフィックデザインが目指したのは、環境との「類似調和」であった。

案内サインは環境の中で一定の誘目性を確保しないと機能しないが、むやみと目立てばよいというものでもない。歴史的で美しい環境ではその環境自体に敬意を表して、最大限その環境要素と類似的・同質的に調和させる配慮が必要である。

図7-69は2004年にサインのリニューアルを行った東京ビッグサイトのフロアの案内サインである。このようにほとんどの来館者が初めて訪れると想定される施設では、情報源の存在がすぐにわかる方策が求められる。加えてこの施設ではガラスと金属が多用され、無機質で色味のない大空間が広がっていた。そこでわれわれは黒いハウジングと高彩度のグラフィックを持つサインを配置することにした。そのねらいは、空間と明白なコントラストをもって調和させる「対照調和」であった。

改修前には非常に多かった利用者からの案内不足のクレームが、この対策以降ほとんどなくなったとの話を担当者から聞いた。このような設計条件下では、環境と対照的・対比的に調和させるのも有効な手段の一つである。

④水と緑の表現

ニューヨーク在住の場所研究家がその著書で、人間は生まれながらどのような環境を好むかについて、科学者たちの興味深いコメントを紹介していて、その中に次の記述がある(61)。

「アメリカのある生態学者が熱帯雨林から砂漠まで、さまざまな居住環境で生まれた人びとの景観の嗜好を調べたところ、生まれて一度も草原の環境に出会ったことのない人たちのなかにも、草原の風景に対する生来的な強い嗜好性が認められた」

この理由についてその学者は、人類の誕生と初期の発展段階当時の環境を好む傾向が、遺伝的に受け継がれているのではないかと説明し、「人間が風景の中に水があることを好むのも生まれついてのものである。被験者に見せる風景写真の中に水が写っていると、けた違いに人はその写真に引きつけられてしまう」とも語っている。

実際われわれは海岸や湖のほとりで、あるいは緑の中で、多くの人たちが心から楽しんだりくつろいだりしている様子を、世界中のあちこちで観察することができる［図7-70］。

図7-71はみなとみらい線の駅周辺案内図である。立地条件が幸いして、図中に緑地も水域も描くことができた。ほとんどの人は水域と緑地に特別な関心を持っているから、その水と緑が目を引きつける効果を生む。さらに水と緑のあるこのような図を地下鉄駅という閉ざされた環境に掲出することで、おそらく多くの人たちの気持ちを和ませるのに寄与しているものと思われる。

水域は人の行かない無意味な表現部位ではなく、むしろそこに行ってみたくなるように動機づける要素として重要視するという考え方が大切である。機能的に考えても、水域や緑地は相対的に広い規模を持っているので、その位置が大まかではあっても、あらかじめ理解されていることが多い。すなわちランドマークとして、利用者が失いがちな方向感覚を回復するのに役立つ図材とも位置づけることができるのである。

⑤隠されているものの顕在化

図7-72の奥に見える2種の天地組みの写真は、営団地下鉄サイン計画テストプロジェクト（1973年）の中で掲出した景観写真である。われわれは、地下空間から地上に出るのに、多くの利用者が一体どこに出るのか不安を抱えていると

考え、それを払拭するためにこの景観写真の掲出を立案した。

風景がないことに起因するわかりにくさを克服する表現手段の一つとして、このように周囲の風景を地下に再現する表現方法はもっと注目されていいいと思われるが、大手町駅と銀座駅で掲出されたのち、街の景観の変化が激しく、次第に更新が続かなくなって、公式なサインシステムから外されている。

図7-73は小田急電鉄による新宿西口一帯開発エリアである新宿テラスシティの街区マップである。この図は駅を利用する人びとに、JR新宿駅と西口側ビル群の狭間にあって、視覚的にとらえきれない空間領域を、グラフィックによって理解してもらう目的で制作したものである。

ここで表現したいことは、この新宿テラスシティという街にある施設の種類、その各々の位置、空間的量感、それに移動経路などであった。さらにそれを、ショッピング街らしい雰囲気を感じさせるものとして描きたかった。それらを視覚的に表すために、ここでは立体図を採用している。身体座標に基づいて、掲出位置ごとに図の向きと視点の高さは変化させるが、うまく描きさえすれば、それは静止画で十分表すことができると判断されている。またその表現で使う色彩とタッチから、何か心地よいものを感じ取れるようにも工夫した。

新宿駅では毎日何百万もの人びとが黙々と歩いている。そうした人びとの中の幾人かが、この図を目にして、今まで気づかなかった施設や隠されていた街路を発見することができた、そんな体験をしてもらえれば、これを掲出した目的は達成できる。

（1）東日本旅客鉄道「今、世界の鉄道は駅をどのように考えているか」、『鉄道ルネッサンス—未来へのデザイン—』、141、157-159頁、丸善、1991

（2）赤瀬達三「公共空間におけるユニバーサルデザインの要件」、『JREA』、Vol.47、No.10、30362-30364頁、日本鉄道技術協会、2004

（3）日本鉄道技術協会「地下鉄における居住性の改善に関する研究報告書—デザイン手法とその要素を探る—」、97-120頁、1991。本報告書の草稿執筆は筆者。この研究では、直前の1987年に開業した仙台市地下鉄のトータルデザイン計画の試みが、詳しく参照された。

（4）（3）の研究は、平成1・2年度日本船舶振興会補助事業として、社団法人日本鉄道技術協会が実施した。アメニティ・タウン構想、アメニティ・シティ計画など、さまざまな分野で「アメニティ」ということばが注目されていた1989年から91年の間に1年半を費やし、地下鉄におけるアメニティとは何かを探る目的で行われたものである。鉄道分野の公的研究活動に、初めて筆者らデザイナーが参加した。

（5）仙台市交通局「仙台市地下鉄のデザイン計画」、7-26頁、1988。この記録書の草稿執筆筆者。

（6）ケヴィン・リンチ（丹下健三、富田玲子訳）『都市のイメージ』、1-16頁、岩波書店、1968。原題は“The Image of the City”で、M.I.T Pressから1960年に発刊された。

（7）富田玲子「解説」、前掲（6）、243-273頁

（8）前掲（5）、60-61頁

（9）前掲（5）、62-65頁

（10）交通エコロジー・モビリティ財団『交通拠点のサインシステム計画ガイドブック—鉄道ターミナル駅を例とした人にやさしい情報提供の考え方と計画手法—』、14頁、1998

（11）交通エコロジー・モビリティ財団『公共交通機関旅客施設のサインシステムガイドブック』、31頁、2002

（12）前掲（10）、21頁

（13）前掲（11）、8頁

（14）前掲（11）、9頁

（15）運輸省「鉄道掲示の栞」、3頁、1946

（16）日本道路協会『道路標識設置基準・同解説』、37頁、1987

（17）訓令式は、第二次世界大戦後の国語教育の混乱を避ける目的で、1954年12月9日付の吉田茂内閣告示第1号「ローマ字のつづり方」で公表された。同時に各行政機関に対し、その表記法を実施すべき旨の訓令が出されたので、そのように呼ばれている。訓令式のもととなったのは、次項に述べるヘボン式がまとめられる過程で、それに異を唱えた田中舘愛橘《たなかだてあいきつ》が、音韻学理論に基づいて考案した日本式ローマ字である。このとき以来戦後にいたるまで、日本式とヘボン式のどちらを公認するかで激しい議論が続いたという。この影響で今日まで、学校では訓令式を教え、社会一般ではヘボン式が使われるという、ねじれた状態が続いている。

（18）ヘボン式は、日本の有識者40名による羅馬字会書き方取調委員会（議長は社会学者で後に東京帝国大学総長になる外山正一《とやままさかず》）が、1885年に『羅馬字にて日本語の書き方』に示したつづ

り方である。そのときの出版物が大阪大学・岡島昭浩教授の２００１年４月時点のＨＰに掲載されていた。

この委員会には、幕末の１８６７年に『和英語林集成』を出していた米国人眼科医のジェームス・カーティス・ヘボンも参加していた。委員会による出版の翌年、ヘボンはこの羅馬字会方式に沿って修正を加えた『和英辞書第三版』を出版した。これが世に知られて、このつづり方を人びとが「修正ヘボン式」と呼ぶようになった（小泉保『日本語の正書法』、２１２-２１３頁、大修館書店、１９７８）。戦後になると、この「修正ヘボン式」は、「標準式」あるいは単に「ヘボン式」と呼ばれるようになる（『世界大百科事典』、日立デジタル平凡社、１９９８）。

(19)運輸省は、１９４６年に発表した「鉄道掲示規程」の中で、「ローマ字のつづり方は修正ヘボン式による」と示し、別表で「長音の符合を発する場合にはOKĀSAMA、KYŪSHŪ、ŌSAKAの如く〝ˉ〟を用ふる」と解説した。この記述は、前項で触れた『羅馬字にて日本語の書き方』の第3条に、「長き音の母字は字の上に〝ˉ〟の符標を附けて之を短き音と区別す次の如し　アーĀ　イーĪ　ウーŪ　エーĒ　オーŌ」と書かれていることと符合する。すなわち戦後最初の日本政府見解は、羅馬字会の定めを踏まえたヘボン式であった。それを継承した日本国有鉄道の「鉄道掲示基準規程」でも、このヘボン式を用いるという表記法は守られ、民営化したＪＲグループでも、そのまま引き継がれている。

(20)道路標識の分野では、１９８６年の標識令改正で、案内標識に表示する目標地に原則としてヘボン式ローマ字を併用表示することになった。ただし長音を表す〝ˉ〟、〝^〟は付さないこととしている（前掲(16)、37-39頁）。道路標識がヘボン式をうたいながら、長音を表わす〝ˉ〟や〝^〟は付さないとした理由は不明である。

わが国は１９４５年から７年間にわたりアメリカ進駐軍の占領下にあり、そのとき進駐軍憲兵司令部が軍関係車両を円滑に通行させるために、独自に道路名標識を設置したり、また従来からの道路標識の下部に英文表示を添記するよう指示したりしていたので、そのときから多くの標識で、長音符標のない英語式アルファベット表示が行われてきた。建設省が１９８６年に法制化するとき、現状を追認する形で細目を定めたのではないかと推測される。

なお、〝^〟はフランス語で用いる音声の強勢を示すアクセント記号のアクサンシルコンフレックスと思われる。訓令式を示した１９５４年の告示で、長音について、「長音は母音字の上に〝^〟をつけて表す。なお、大文字の場合は、母音字を並べてもよい」と書かれている。この告示で、従来のマクロンからこれに入れ替えた理由も不明である。

(21)楊莉、赤瀬達三「案内標識用読みやすいアルファベットの表現方法」、２００８。調査期間・２００８年9～11月、参加者・千葉大学留学生41名、母語内訳・ベンガル語1、ペルシャ語2、ベトナム語1、インドネシア語1、モンゴル語1、中国語15、韓国語20。調査サンプル・道路案内標識に表示されている京都、大阪、東京の重要地、主要地。

(22)http://www.jnto.go.jp　ＪＮＴＯ訪日外客統計、２０１１

(23) 名古屋市住宅都市局『名古屋市歩行者系サインマニュアル　第2次改訂版』、22-24頁、2002

(24) 交通エコロジー・モビリティ財団「案内用図記号の統一化と交通、観光施設等への導入に関する調査研究　平成12年度報告書」、72頁、2001

(25) 筆者はこの話を、民営化前に営団地下鉄の担当課長から直接聞いた。

(26) 日本規格協会『JISハンドブック色彩』、377頁、1996

(27) 前掲(11)、28-29頁

(28) 前掲(5)、83頁

(29) 帝都高速度交通営団「旅客案内掲示基準」、3／3／10-11頁、1983

(30) この検討は、横浜市交通局の委託を受けて筆者らが行った。

(31) 筆者がこれを現地で確認したのは、1997年である。

(32) この矢羽根型サインが設置されたのは、竣工3年半後の2006年秋のことである。竣工直後からのあまりの混乱に、森ビル社員は土曜日、日曜日には交代で、案内係として現地に立たざるを得ない状況が続いていた。このサインを設置したことで、来街者から「〜はどこ?」との問いが急速に減少して、ようやく臨時の案内態勢を終了することができた。

(33) 出雲路敬直「京の道標」、『サインズ・イン・ジャパン12』、62-66頁、全日本屋外広告業団体連合会、1979

(34) 今野信雄『江戸の旅』、21-22、72-96頁、岩波書店、1993

(35) 視方角とは、見る人の視軸と視対象のなす傾きの角度をいう。野呂影勇編『図説エルゴノミクス』(日本規格協会、1990年)では、「(監視用グラフィックパネルの)鉄労研のデータから、視方角が45度以下では、表示内容の誤読率が増加して好ましくない」と述べている(143頁)。人は本などを読む場合、読みやすい範囲内に入るように、無意識のうちに手や頭を動かして、視方角の角度を調節している。

(36) 前掲(35)の文献では、眼球運動だけで瞬時に特定情報を雑音内より受容できる範囲(有効視野)を、上方約8度と記述している(292頁)。

(37) 人体寸法は、工業技術院「生命工学工業技術研究所報告1994」に示されている、18歳以上30歳未満青年男女平均1654・7㎜に、25㎜のヒール高を加えた。車いす座面高は、「JIS T 9201:1987　手動車いす」の中型(400㎜)によった。

(38) 道路保全技術センター『地図を用いた道路案内標識ガイドブック』、7-8頁、2003

(39) 石桁正士「交通における人間工学」、『現代人間工学概論』、243-245頁、オーム社、1980

(40) 交通エコロジー・モビリティ財団「アメニティターミナルにおける旅客案内サインの研究 平成9年度報告書資料集」、35-45頁、1998。実験日・1997年10月、場所・横浜市営地下鉄横浜駅、地下1階コンコース、参加者・65歳以上20名を含む31名、平均年齢・61・5歳、平均両眼矯正視力0・95(視力0・5以上97%)。

(41) スネレン試視力表は、ランドルトの視標が1909年の国際眼科学会で標準と定められる以前に用いられていた検査表で、ヘレマン・スネレンが考案した。いくつかのアルファベットを大から小へ配列して、そのどれを読めるかで視力を測定した。アメリカなどいくつかの国では、視力検査に今日なおランドルト環を用いず、この視標が使用されている。

(42) 前掲(10)、30頁

(43) 交通エコロジー・モビリティ財団「公共交通機関旅客施設の移動円滑化整備ガイドライン」、51頁、２００１

(44) 赤瀬達三「高速道路案内標識のグラフィックデザイン」、12-13頁、「標識設置要領　平成22年度改訂版　内部参考資料」、東日本高速道路株式会社・中日本高速道路株式会社・西日本高速道路株式会社、２０１０

(45) 仲谷洋平、藤本浩一『美と造形の心理学』、４頁、北大路書房、１９９３

(46) 日本規格協会『JIS Z 8210: 2002　案内用図記号　解説』、37頁、２００２

(47) 色覚障害とは、色の区別ができないか、困難な状態をいう。したがって細かくは、〝色盲〟color blindnessと〝色弱〟color weaknessに分けて議論される。色覚障害には、全色覚障害、赤緑色覚障害、青黄色覚障害などがあるが、全色覚障害や青黄色覚障害などは極めてまれで、大半は赤緑色覚障害である。日本では男性の約４・５%から５%、女性の約０・２%にその障害がみられる、といわれている。

なお最近、「色覚障害」を学術用語に合わせて「色覚異常」と呼ぶべき、との意見がある。また２００５年に医学分野では色覚の種別を番号表記法に改めた。しかし、日本学校保健会が設置した色覚バリアフリー推進委員会（２００７）が、「学術的に正しく、かつ誰にも精神的負担を感じさせない新しい用語をまだ生み出せていない」とコメントしたように、そうした主張が社会的に定着しているとは言い切れない。ここでは、一般読者がその輪郭を平易に理解しやすいように、以前から行われてきた説明に従っている。

(48) ロバート・L・ソルソ（鈴木光太郎、小林哲生訳）『脳は絵をどのように理解するか―絵画の認知科学』、１７５頁、新曜社、１９９７

(49) 日本規格協会『ISO/TR 7239-1984　公共案内用図記号を使用するための製作及び原則（技術報告書）』

(50) 前掲(48)、１０３頁

(51) 欧州地下鉄における省力化と旅客サービスに関する調査団「欧州地下鉄のインフォメーション・システムと身障者サービス１９８０」、27頁、１９８０

(52) 竹原あき子「ロンドン地下鉄路線図の変遷」、『図表・地図ハンドブック』、１５８-１５９頁、視覚デザイン研究所、１９８５

(53) 加藤力「かたちと空間の構成」、『インテリア大事典』、２１３-２２３頁、壁装材料協会、１９８８

(54) 日本鉄道技術協会「地下鉄における居住性の改善に関する研究報告書―デザイン手法とその要素を探る」、１０３-１０４頁、１９９１。草稿執筆筆者

(55) 日本色彩研究所『色彩ワンポイント6　これからの色彩計画』、58-65頁、日本規格協会、１９９３

(56) 「物体色の色名」を規定するJIS Z 8102: 1985では、有彩色の明度および彩度に関する修飾語（トーンの名称）として、以下の

11概念を定めている。〝あざやかな〟vivid、〝明るい〟light、〝こい〟deep、〝うすい〟pale、〝くすんだ〟dull、〝暗い〟dark、〝ごくうすい〟very pale、〝明るい灰〟light grayish、〝灰〟grayish、〝暗い灰〟dark grayish、〝ごく暗い〟very dark（前掲（26）、100頁）。

（57）小林重順、日本カラーデザイン研究所『新・カラーイメージ事典』、76-77頁、講談社、1993

（58）ここでは、和文明朝体を「リュウミン」、角ゴシック体を「新ゴ」、英文ローマン系書体を「Janson」、ゴシック系書体を「DIN」で、それぞれ印字した。

（59）東日本高速道路株式会社、中日本高速道路株式会社、西日本高速道路株式会社3社によるNEXCOグループの案内標識設置要領は2010年7月に、首都高速道路株式会社の案内標識設置要領は2007年12月に、それぞれ改訂された。筆者はいずれのデザイン改訂にもかかわった。

（60）SD法（Semantic Differential Method）とは、1957年にチャールズ・オズグッドらによって、さまざまな概念に対して人が抱く〝意味〟の相互の違いや関係を、客観的に測定する目的で考案された心理測定法である。手続きは、評定尺度と呼ばれる反対の意味を持つ形容詞対（例えば温かい―冷たい、明るい―暗いなど）をいくつか用意して、多くの人に概念や対象の印象を多角的に評定させて行う。概念だけでなく、色彩、音、感触、味、においなど感覚にかかわる心理効果の測定や、景観、マーケティングなどにおける対象の〝印象、イメージ、雰囲気〟を測定する方法としても用いられる（日本色彩研究所『色彩ワンポイント5色彩と人間』、20頁、日本規格協会、1993）。

（61）トニー・ヒス（谷村秀彦、樋口明彦訳）『都市の記憶』、64-66頁、井上書院、1996

第8章 マネジメント論

1……整備の方法

マニュアル型整備

道路や鉄道などの交通分野では、広いエリアに点在するサインシステムの質を一定に保つためにあらかじめ基準やマニュアルを定めて、それに沿って計画、設計、施工を進め、維持管理もそれにのっとって行うのが一般的である。ここではその方法をマニュアル型整備と呼んでいる。

①道路標識の基準

道路標識は法令でその種類と設置場所、様式が定められている。現在適用されているのは、1960年に定められた「道路標識、区画線及び道路標示に関する命令（いわゆる標識令）」で、これにより道路標識は、案内標識、警戒標識、規制標識、指示標識の4種を用いることとされている。

それに沿った整備と管理を全国一律に行うために基準が定められ、また解説書も用意されている。

規制標識と指示標識のそれは、警察庁から通達される「道路標識等の設置及び管理に関する基準の制定について」で、現在見られるような図記号による様式を初めて示したのは、1963年の改正によるものであった(1)(2)[**図8-1**]。

案内標識と警戒標識で現在参照されているのは、1986年に建設省（現・国土交通省）が通達した「道路標識設置基準」である。この基準では、案内システムの基本や設置方法の選定の原則、一般道路や高速道路の案内目的ごとに用いる標識種類などが示されている(3)[**表8-1**]。ただしこの基準が

[**図8-1**]1963年に改正された道路標識の様式

［表8-1］道路標識設置基準の概要

1 総則	適用範囲	・道路法の道路に道路管理者が整備する道路標識に適用する
2 設置体系	目標地	・目標地の案内は、地名、路線番号およびその組み合わせによる
	ローマ字	・案内標識にローマ字を併用表示する
	所管関係	・公安委員会所管の標識と相互に補完し合うよう図る
3 設置計画	設置の基本	・案内標識は路側式・片持ち式・門型式・添架式、警戒標識は路側式、規制標識は路側式、指示標識は路側式・片持ち式を原則とする ・すべての標示板の寸法および文字・記号等の大きさ、形、色は標識令に従う ・標示板には、反射材料を用いるか照明装置を施す
	一般道路の案内標識	・経路案内は、交差点の予告案内、交差点の案内、方面および距離、路線番号、道路通称名により行う ・地点案内は、行政境界、著名地点、現在地により行う ・道路付属施設の案内は、待避所、非常電話、非常駐車帯、駐車場、登坂車線について行う
	都市間高速道路の案内標識	・経路案内は、高速道路入り口への案内、インターチェンジ内の方面および方向の案内、本線上の方面および距離の案内、分岐案内、出口案内により行う ・地点案内および道路の付属施設の案内は、一般道路と同じもののほか、料金徴収所、サービスエリアについて行う
	都市内高速道路の案内標識	・経路案内、地点案内、道路の付属施設の案内とも、都市間高速道路の場合と同様とする
	警戒標識	・道路形状の予告、路面または沿線状況の予告、気象状況、動物の飛び出し、その他の注意の予告を表示する
	規制標識	・道路工事等に伴う規制、道路構造にかかる通行の制限、道路構造にかかる車両の重量・高さの制限、最大幅、専用道路の指定による出入り制限対象を表示する
	指示標識	・必要がある場合、規制の予告を行う
4 設計、施工	材料	・十分強度を持ち、耐久性に優れ、維持管理が容易なものとする
	構造	・標示板基板、支柱とも、十分な強度を持った構造とする
	基礎・施工	・基礎は自重と風荷重を考慮して設計し、施工は安全確実に行う
5 維持管理	点検及び補修	・適宜巡回点検して、異常を認めた場合は速やかに補修する

注：この基準の「標示板」とは、サインの表示面のことを指す。

文書のみの記述であるため、別途『道路標識設置基準・同解説』が用意されて、図を用いて運用上の考慮事項が示されている(4)。

案内標識の表示システムは、進行方向上、より近い重要地(県庁所在地など)と主要地(半径6kmから10km程度の町)の二つを表示し、順次地名を入れ替えるというものである。しかし中には、目標地が見慣れぬものに入れ替わったり、掲出情報が途切れてしまったりしているものがあり、また指示方向がよくわからない例も散見される。これらから、現在の案内標識に対して、利用者からわかりづらいとの声が出されている。

こうしたことが起きる背景に、近年市町村合併が頻繁に行われたことのほかに、この基準方式では計画管理が道路管理者別に行われるため、それを超えた範囲の掲出情報の調整がしづらいこと、またレイアウトにあたって参照できるモデル図が少ないこと、さらに関係者にコミュニケーションデザインについての理解が不十分なことなどが指摘できる。

②鉄道分野のサインマニュアル

今日の鉄道サインの様式とともに、その管理文書の方式を方向づけたのも、1983年に営団地下鉄が制定した「旅客案内掲示基準」であった。慣習上、文書名に「基準」の文字は残っているが、計画、設計の詳細をいつでも確認できるように、手引き書としてまとめられているため、関係者はこれを「サインシステム・マニュアル」と呼んだ[口絵1-1、52ページ参照]。このマニュアルの編集上の特徴は、図版を多用して作図法や仕上がり姿を図示したこと、情報量によりモジュール(寸法の基準化)設計されているシステムを理解しやすくするために、レイアウト・バリエーションをできるだけ多く収録したこと、内容を空間別にまとめたことなどである[表8-2、図8-2]。

このサインシステムを管理する文書は、民営化したJR東日本にも参照され、「JR東日本サインマニュアル」が1990年に制定されている(5)。こうした経緯のもとに、今日のわが国の多くの鉄道で、グラフィック図を大幅に取り入れた管理用サインシステム・マニュアルが備えられている。

古くから組織経営やサインシステム分野にデザイナーの進出が盛んであった欧米では、グラフィック図を多用したマニュアルを備えることは至極一般的な手法であった。

イギリス国鉄が1965年にまとめた〝Corporate Identity Manual〟(CIマニュアル)では、サインに関係する事項が第1章〝Basic Elements〟(ベーシックエレメント)および第3章〝Architecture and Signposting〟(建築と案内標識)に

［表8-2］営団地下鉄サインシステム・マニュアル（1983年版）の概要

1 旅客案内掲示の概要	用語の定義、基本要素の設定、サインシステム概要	・サインシステム、ベーシックエレメント、グラフィックレイアウトなどの定義 ・システムを構成するサイン種類等を設定して、立体図およびフロー図でシステムを解説
2 ベーシックエレメント	シンボルマーク、ロゴタイプ、シンボルカラー、カラーリング、書体、矢印	・これらについて作図法、見本などで解説 ・書体のつづりは文字タイル方式で、そのつど1字1字を組んでいく方法に特徴があった
3 旅客案内掲示設備内訳	駅出入り口、改札口回り、コンコース、ホーム、車内のそれぞれに設置するサイン	・駅出入り口案内標、改札出入り口案内標、駅施設案内標、乗車系・降車系案内標、乗り場案内標、出口案内標、駅名標、行き先案内標、乗り換え案内標などを平面、立面上の位置図と縮尺10分の1から20分の1のグラフィック図で解説
4 形式基準	内照式・パネル式サイン器具一覧	・形式、取りつけ方法、灯具配列、適用サイン種類等を一覧表で図示

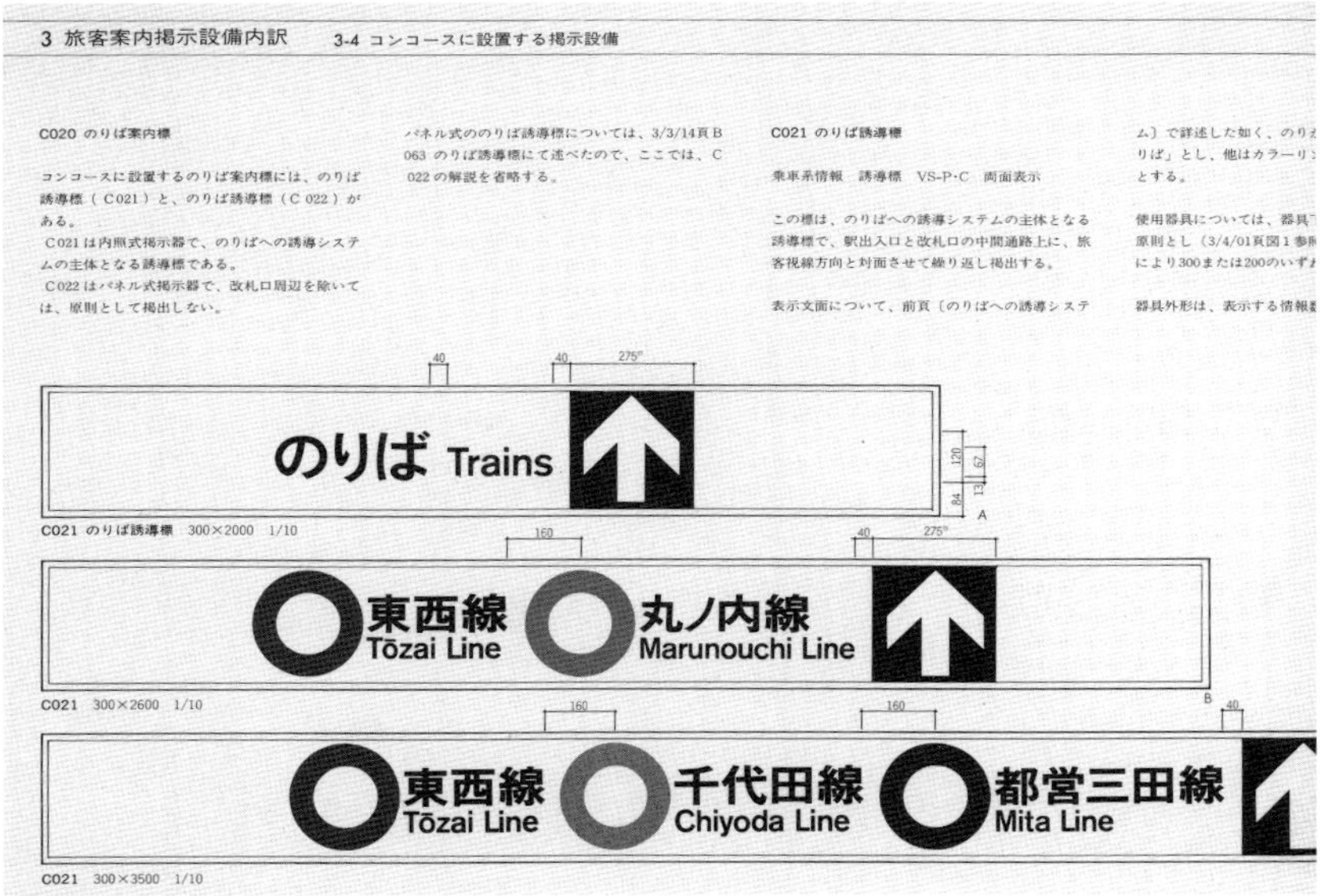

［図8-2］営団地下鉄サインシステム・マニュアル（1983年版、部分）

示されている(6)。

ニューヨーク市地下鉄では、１９７０年以来サインシステム・マニュアルが定められ、しばしばその改訂が行われている(7)。１９７０年版から最新の２００４年版(8)にいたるまで、サインの配置位置と掲出方法、各々のグラフィックデザインをビジュアルな図例で解説する手法は、一貫して踏襲されている［表8-3、図8-3］。

記号や図形、色彩などを用いてコミュニケーションを図るサインメディアの管理文書は、文章に限定せず、図を用いて解説するほうがわかりやすく的確であるのは、自明なことである。

③ＰＤＣＡサイクルの必要性

基準やマニュアルを定めて整備を進める利点は、整備の方法を明確化し、その統一性によってユーザーの利便性に寄与し、さらに組織全体が共有するので、経年化や人事異動などに影響されずに一貫性のあるサービスを提供できることである。一方で最大の欠点は、問題のある箇所が発見されても、ルールになっているため、簡単に改善を図れないことである。

このように交通系サインのマネジメントには弾力性が根本的に欠けているとの認識のもとに、２００４年に「わかりやすい道路案内標識に関する検討会」(国土交通省道路局に設置)から、「ユーザーや沿道関係者等とも協働しながら、課題や改善策を吸い上げていく、〝Plan〟(計画)、〝Do〟(実行)、〝Check〟(検証)、〝Act〟(是正措置)からなる、ＰＤＣＡ型の標識計画・管理マネジメントを導入することも必要である」との提言が出された(9)。

これをきっかけとして、「観光活性化標識ガイドライン」(10)、「公共交通機関における外国語等による情報提供促進措置ガイドライン」(11)(前者は２００５年、後者は２００６年に、いずれも国土交通省が策定)、「都市鉄道における案内情報ガイドブック」(運輸政策研究機構が２００６年に発行)(12)に、協働型マネジメントによって継続的な改善を行うために、ＰＤＣＡサイクルを重視する必要性が相次いでうたわれた。

問題が発見された場合はもとより、種々のサインシステムが提供している情報は、社会的な環境条件や組織の運営条件ともかかわっているため、その環境や運営の変化に対応して情報を入れ替えなければ、すぐに無用の長物になってしまう。それを避けるために、適切な管理方法により継続的に改善を図らなければならないことは当然な配慮といえよう。

ここでＰＤＣＡサイクルというのは、品質管理の父として有名なウィリアム・Ｅ・デミングが、１９５０年代に紹介した業務改善活動を推進するマネジメント手法のことである。

[表8-3] ニューヨーク市地下鉄サインマニュアル(2004年版)の概要

1 System Overview(システム概要)	モデル配置、街路レベル、改札口回り、コンコース、ホーム	・モデル配置は立体図にサイン種類を図示 ・単位空間別に、平面配置上の位置とグラフィック例を図示
2 Graphic Standards(グラフィック基準)	基本モジュール、テキスト、矢印、路線記号、色彩、シンボル、2分の1サイズ、例外サイズ	・これらについて、規定と作図法、使用例、表示見本などで解説 ・テキストの項はつづり法、短縮表記、用語など
3 Sign Layouts(表示面レイアウト)	駅入り口表示、ホーム端路線情報、出口表示、バス案内、ドア表示、禁止表示、複合表示、管理規定	・これらについて、レイアウト見本と割り出し図などで解説
4 Sign Fabrication and Installation Details(製作と取りつけ詳細)	サイン種類、タイプ別製作法、集合案内板サイズ、取りつけ詳細	・ホウロウ仕上げ鋼板製の支柱取りつけ型、手すり取りつけ型、壁づけ型、天井づけ型のそれぞれについて取りつけ方法を図示
5 Special Signs(特例サイン)	待合所表示、特例施設表示、仮設表示	・これらについて、レイアウト見本で解説

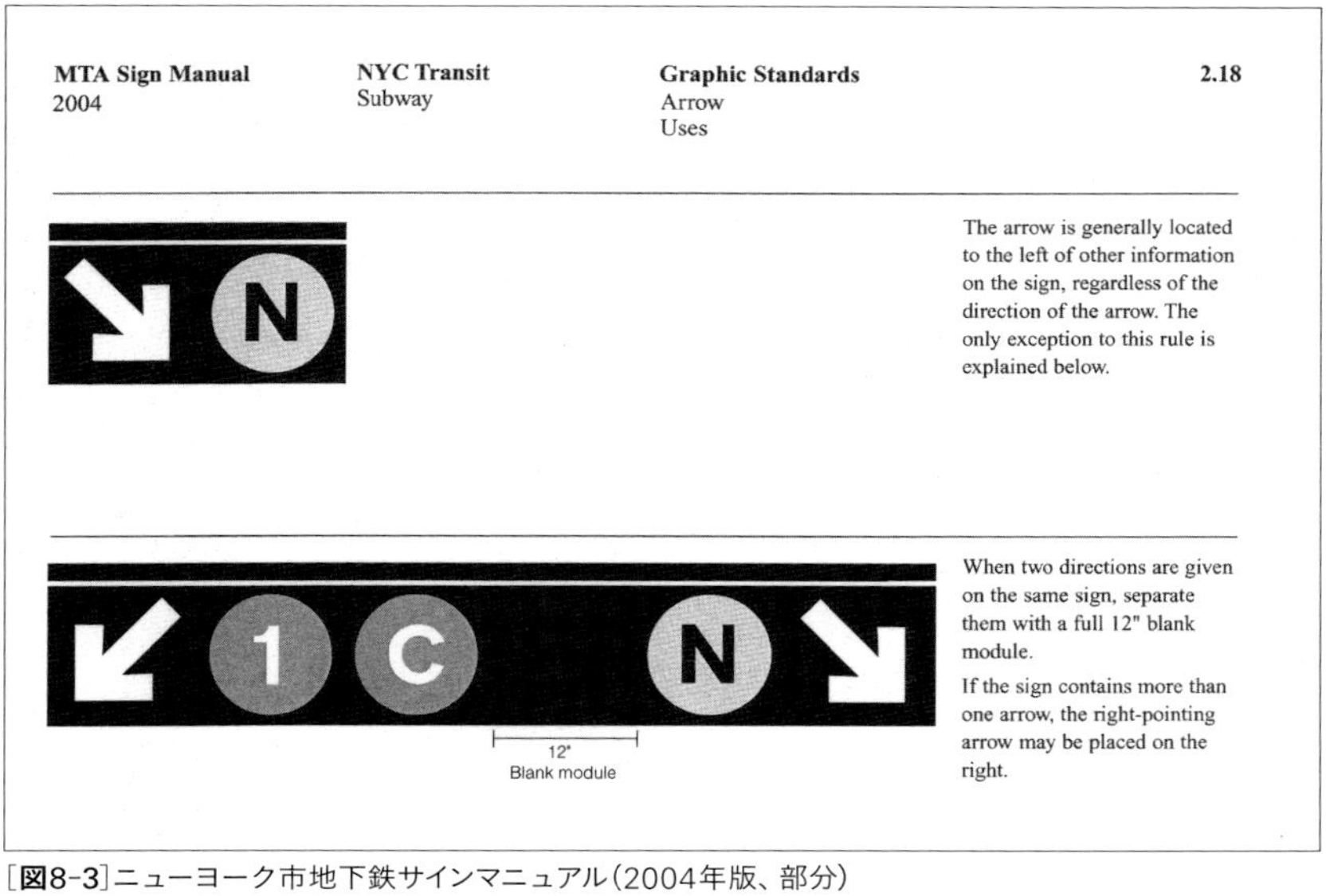
MTA Sign Manual
2004
NYC Transit
Subway
Graphic Standards
Arrow
Uses
2.18
N
The arrow is generally located to the left of other information on the sign, regardless of the direction of the arrow. The only exception to this rule is explained below.
1
C
N
12"
Blank module
When two directions are given on the same sign, separate them with a full 12" blank module.
If the sign contains more than one arrow, the right-pointing arrow may be placed on the right.

[図8-3] ニューヨーク市地下鉄サインマニュアル(2004年版、部分)

生産プロセスの中で、改善を必要とする部分を特定、変更できるように、改善プロセスが連続的なフィードバックループとなるように提案されている(13)。

PDCAサイクルは、組織による品質マネジメントシステムの国際規格であるISO9000シリーズや、環境マネジメントシステムのISO14000シリーズなどに導入されて世界的に知られるようになり、今日では、ソフトウェア開発やマーケティングなど幅広い領域でこの考え方が応用されている(14)［図8-4］。

PDCAサイクルを実現するうえでは、誰が計画し、誰が検証するかがとりわけ重要である。先の道路案内標識検討会提言では標識計画管理の主体者として、道路管理者のほかに、ユーザー、沿道住民、警察、関係団体、交通計画・景観デザインの専門家などの加わった「標識マネジメント会議」が想定された。

さらに具体的には、全国を10ブロック程度に分けて、標識令改正を視野に入れ根本的な計画の改善方法について議論を行う広域会議と、また別に、県域内の目標地の見直しやレイアウト改善の指摘を行う県域会議のような組織が、二階層に準備されるのが適切なように思われる。

外国語等情報提供促進措置ガイドラインと都市鉄道案内情報ガイドブックでは、「情報提供マネジメント協議会」（仮称）のコーディネーターを、国や地方自治体のほか、有識者やNPOらが担うことも想定し、公共交通事業者のほか、タクシーやレンタカーなどの交通事業者、商業施設等民間施設事業者、道路管理者、交通管理者、観光関係者らがこの協議会に参加して連携する重要性を強調している［図8-5］。

鉄道分野のマニュアルは社内規定なので、情報提供マネジメント協議会がその改訂案を提案するというのは、現実的には難しい面がある。むしろ駅ごとの個別な問題として、次項で紹介するようなプロジェクト型整備を行うことが考えられる。

例えばターミナル駅の乗り継ぎにくさを改善するために、その交通拠点のある自治体がコーディネーターとなって改善計画を立てる。それが実施に及べば、その成果が結節する鉄道事業者の一般駅にも影響を及ぼし、やがてマニュアル見直しに反映される可能性が出てくると予想されるのである。

プロジェクト型整備

場所ごとに固有の方法を探って計画を行い、サインを設置していく方法がプロジェクト型整備である。ここでは自治体による協働プロジェクトの例と、民間企業が行っているタウンマネジメントの例を紹介する。

①自治体主導によるプロジェクト

自治体が主体となり協働的なプロジェクトを行った例に、横浜駅自由通路コモンズスペースの共通案内サイン整備と、名古屋市地下空間のサイン整備がある。

横浜駅自由通路の共通案内サイン整備は、4章で紹介したように、2007年度末完成目標の自由通路整備事業に沿って1995年に検討が開始された。2001年度からは、市と鉄道事業者による調整会議によって具体案が検討され、予定よりやや遅れた2010年にほとんどの箇所の設置を完了した［図8-6］。

調整会議のメンバーは結節する鉄道6社の各サイン担当者で、コーディネーターを横浜市都市計画局が務めた（2005年度から組織替えにより都市整備局が担当）。調整会議の主な

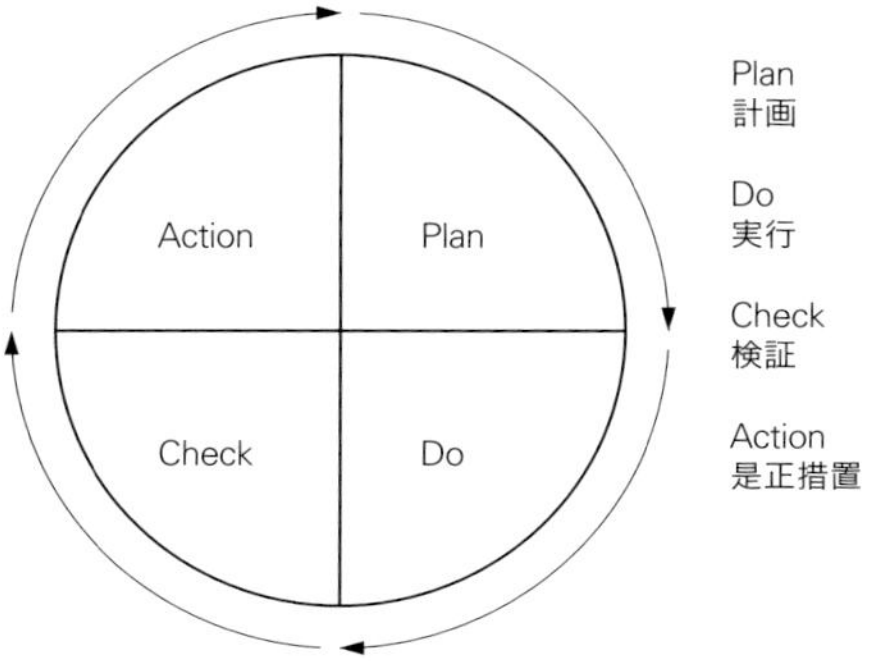

［**図8-4**］PDCAサイクル（『情報マネジメント用語事典』）

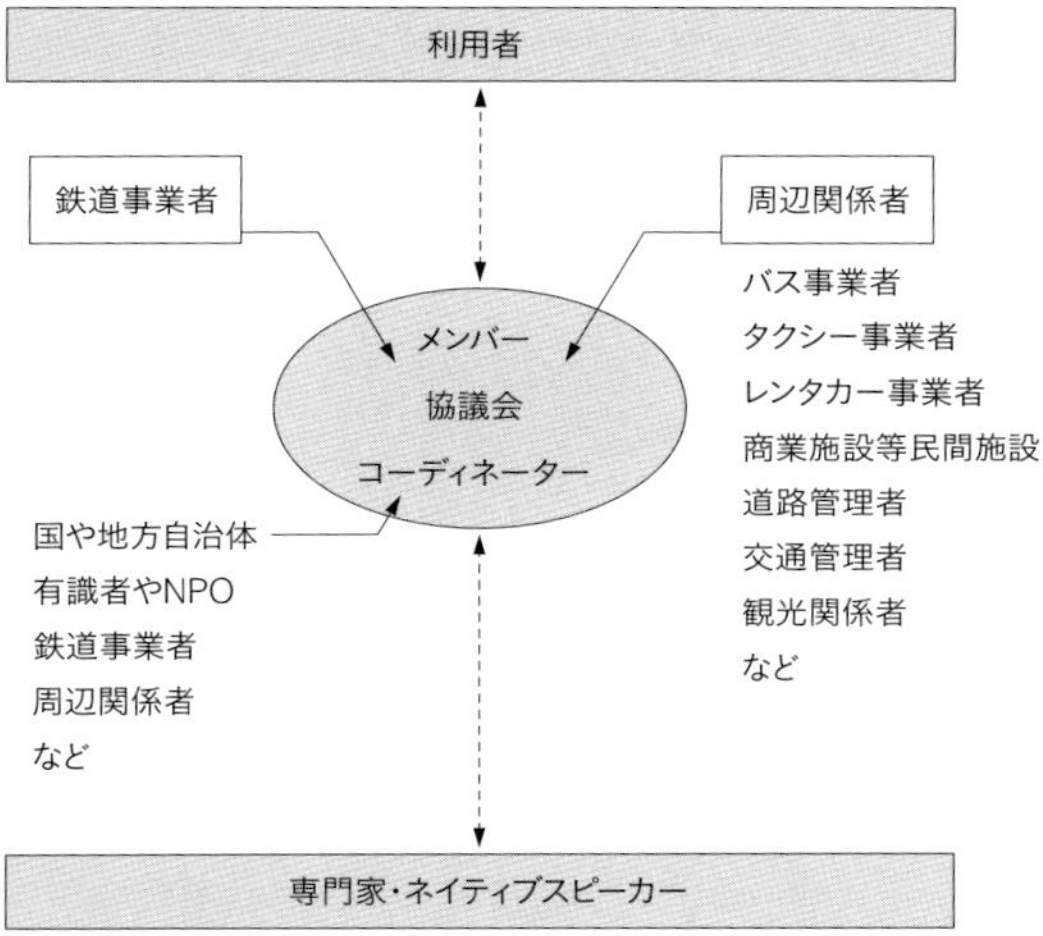

［**図8-5**］情報提供マネジメント協議会のイメージ図（作図:筆者）

［**図8-6**］横浜駅自由通路の共通案内サイン整備
（撮影:後藤充、2009）

検討課題は、共通案内サインの配置位置と具体的なグラフィックデザインの策定、乗り換えルート案内図の作成、エレベーター経由乗り場案内図の作成などであった。

横浜駅共通案内サイン検討で注目に値するのは、関係鉄道事業者との調整会議を長期間継続的に開催したことばかりでなく、利用者からの意見の吸い上げを行い、現場のサインに修正を加えてきたことである。

まず調査ボランティアに対するアンケート結果から、出場系サインに民間商業施設名の追記を決定した。また市民からの投書をもとに乗り換えルート案内図、エレベーター経由乗り場案内図を作成した。さらに交通バリアフリー専門部会や障害者団体から意見を聴取して図の修正を行った。ここでは市当局の継続的な努力によって、ＰＤＣＡサイクルの貴重な事例が実現している。

名古屋市地下空間サイン整備ガイドライン策定業務は、名古屋市住宅都市局が２００２年度から２００４年度にかけて行ったものである(15)(16)。名古屋市は名古屋都市センターに業務委託し、筆者らが協力した。

名古屋市の都心部には多くの地下街がある。とりわけ名古屋駅と栄地区では、複数の地下街が地下鉄駅、私鉄駅、地下駐車場、接続ビルの地下階などと連絡し、極めて複雑な地下空間になっている。

しかしこれまで地下街ごとにサイン整備が行われてきたために、全体で統一的な案内ができず、現在地や主要施設の方向、全体的な位置関係、緊急時の連絡先などの公共情報が極端に不足し、改善が急がれる行政課題として指摘されていた。

そのような中で、２００２年に名古屋市は東海地震の対策強化地域に指定されて、改めて地下街の避難誘導が課題として浮かび上がり、さらに２００５年には中部国際空港が開港して外国人旅行者の増加が予想されるなど、日ごろから地下空間で適切な情報を提供しておく重要性が高まった。

このような背景から、地下空間のサイン整備に関するガイドラインづくりが行われたが、２０１０年までに実際に整備されたのは、名古屋駅地区の一部の地下街にとどまっている。また文字がかなり小さいものもあって、ガイドラインで想定していたようなわかりやすさが確保されていないようである［図8-7］。

このようになってしまった原因として、整備を各地下街会社の自主性に委ねたため、ガイドラインの理解が中途半端に終わってしまったこと、また実施段階で、必要な文字の大きさの設定や視認性を確保するための製作方法などの技術指導ができなかったことなどが指摘できる。

この整備プロジェクトは、ＰＤＣＡのうちＰ（計画）のみ関係者間で協働して行われたものの、Ｄ（実行）段階で協働作業の継続ができなくなっている事例として理解せざるを得ない。今後いずれかの組織によってＣ（検証）の目が入り、機能を回復するＡ（是正措置）が行われることが期待される。

②企業によるタウンマネジメント

２００３年にオープンした六本木ヒルズは、市街地再開発組合とデベロッパーの森ビルが開発した11haの再開発地で、中央の高層オフィス棟のほか、テレビ局、映画館、ホテル棟、住宅棟、商業ゾーンなどがあり、それらが3か所の広場と東西貫通道路で結ばれている。また高層棟にはオフィスのほか、美術館や展望台、交流施設などがある。

［**図8-7**］名古屋駅地下街の案内サイン整備
（撮影：筆者、2005）

森ビルはこれら全体をひとつの街として運営するために、タウンマネジメント事業室という継続的な活動組織を竣工して間もなく設けている。同事業室が受け持つ業務は、六本木ヒルズブランドの維持管理、プロモーション活動、イベント開催、サービス向上のための企画提案、地域コミュニティづくり、街の広告媒体の営業活動、敷地全体のガーデニング管理などである(17)。

この背景にあるのは、多くの人びとに訪れてもらえるような街の活性を維持するには、魅力的な情報発信を絶えず続ける必要があり、そのためにはブランドイメージを守りながら、環境が有するすべての視覚的アイテム、聴覚的アイテムを適切に調整し続ける必要があるという考え方である。

この組織を維持管理するために、森ビルは相当な経費負担を行っている。そのような負担を継続できることで、オープン後10年を経た今でも相当数の来訪者を集め続け、世界中の地域開発関係者の耳目を集め続けることを可能にしている。

この事例は、ターミナル駅など公共空間を魅力的に維持管理し続けるためには、まず維持管理のための基本コンセプトが必要であること、またトータルに視覚的、聴覚的アイテムをマネジメントできる組織が必要であること、さらにその組織は独立的、継続的に事業ができるように組み立てられていること、加えて継続的なコストを負担し続けられる仕組みを持っていることなどが、必要不可欠であることを示している。

鉄道ターミナル駅で、社会環境や運営環境の変化に対応できる継続的な情報提供事業を続けようとするなら、こうした場で自己情報をPRしたい事業者をスポンサーとして活用することが、現在考え得る最も現実的な方法である。もしトータルなディレクションのもとで、駅空間の質を諸外国のターミナル駅のように飛躍的に向上させることができれば、6章で触れたように、スポンサーシップを理解したうえで公共空間で自己PRをしたいとする広告主は、必ず出現するものと思われる。

点検項目

PDCAサイクルに沿って検証作業を進めるとき、必要になるのが点検リストである。その点検項目は、計画設計項目と対称的にあるので、7章の考察を下敷きに整理できる。

すなわちサインシステムの検証対象は、その計画要素に従って情報内容、表現様式、空間上の位置の三つに分かれ、より分析的には、コンテンツとコード、モードとスタイル、ロケーションとポジションの六つに分けることができる［表8-4］。

情報内容のうち「コンテンツ」では、設定した表示項目の適切性をチェックし、また「コード」では、表現記号の使い方の適切性をチェックする。表現様式のうち「モード」では、選択した表示方式の適切性をチェックし、また「スタイル」では、形づくった外観姿型の適切性をチェックする。空間上の位置のうち「ロケーション」では、掲出高さや表示面の向きなど、計測的な位置の適切性をチェックし、また「ポジション」では、平面上の配置位置や配置間隔など、相関的な位置の適切性をチェックする。

すべての場合においてその適切性の判断基準は、一つひとつの方策が見やすさ、わかりやすさ、そして魅力の創出の観点から適切かどうかである。

さまざまなサインシステムの中で確認される点検項目を、表8-5〜8-7に示す。なおこれらのうち9に示した〝分類する〟categorize、22に示した〝序列化する（優先順位を付ける）〟prioritize、21に示した〝象徴化する（記号的なものに置き換える）〟symbolize、10、20に示した〝簡素化する〟simplify、20に示した〝純一化する〟purify、14、17、24に示

[表8-4] 計画要素と検証対象

計画要素		検証対象	
情報内容	コンテンツの整理	情報内容	コンテンツの適否
	コードの設定		コードの適否
表現様式	モードの設定	表現様式	モードの適否
	スタイルの設定		スタイルの適否
空間上の位置	ロケーションの設定	空間上の位置	ロケーションの適否
	ポジションの設定		ポジションの適否

[表8-5] 情報内容の点検リスト

	点検項目	内容
コンテンツ（表示項目）の適否	1 ボトム基準	他都市などから初めて訪れるような人にとっても、理解することが可能な情報内容を選択しているか
	2 ユニバーサル基準	アジアや欧米だけでなく世界中から訪れる外国人、心身に障害を持つ人びと、そのほか種々の制約を持つ人びとなど、幅広い利用者を想定しているか
	3 案内領域性	鉄道駅で電車を降りてから街中の目的地まで案内するなど、情報内容のカバーしている空間上の範囲が、利用者の一連の行動範囲全域になっているか
	4 座標情報	現在地はどこか、前後左右はどの方向かなど、表示している情報内容の中に、空間上の座標について伝える情報はあるか
	5 経路択一化情報	現在地から目的地へ二つの経路がある場合、どちらか一方を指示する、あるいは二者の違いを示すなど、情報提供者が責任を持って推奨経路を択一的に選択しているか
	6 緊急時対応情報	防災センターや避難口の案内など、突発的な事態が起きたときに必要な情報を、日ごろから誰でもわかるように表示しているか
	7 核心情報	利用者が実際に必要としている情報を的確に選択しているか
	8 表示の適量性	利用者が移動しながら見て判断するのに適した情報量に調節しているか。
	9 コンテンツ分類	情報内容がわかりやすくなるように、適切に分類しているか
コード（表現記号）の適否	10 コードの単純性	誰もが覚えやすい、シンプルな用語等の選択を徹底しているか
	11 コードの識別性	上階行きエレベーターと下階行きエレベーターで各々行先を表示する、あるいは異なる施設に異なる名称を定めるなど、利用者が識別できる用語を設定しているか
	12 コードの普遍性	ひとりよがりな愛称を避けるなど、誰もが理解できる、普遍的な用語を設定しているか
	13 コードの直観性	誰もがひと目見て、すぐに理解できるコードを選択しているか
	14 コードの統一性	用語やピクトグラム、色彩コード等で同じ内容を表現する場合、同じ表現に統一しているか

した〝統一する〟unifyは、サインシステム計画のときばかりでなく、人間がさまざまな局面で、内容をわかりやすく理解するのに用いている認識法である。

2……整備の哲学

サインを整備する理由

サインがなくともその施設を人びとが快適に利用できるのであれば別だが、もし不便を感じるとしたら、その施設は完成していないと見なさなければならない。

〝画竜点睛〟という言葉がある。名画家が壁に描いた竜に瞳を描き入れたところ、本物の竜となって天に昇ったという中国の故事に倣い、物事を完成させるために最後に大事なところを加えることをいう。サインの効果は、施設に命を吹き込むために点じたこの睛にあたると考えられる。例えば店を開いても、その入り口に店名がなければ休業同然である。また、もし鉄道駅からすべてのサインが消えてしまったら、駅名も乗り場もわからず、電車をまったく利用できなくなることは容易に想像される。

サインは施設利用の羅針盤であり、なくてはならないものである。公共空間の整備にあたっては画竜点睛を欠くことがないように、サイン整備を怠ってはならないのである。これまでの論述に沿えば、次のように説明することができる。

5章で、コミュニケーションには、情報の送り手、情報の受け手、両者のコンタクト、コンテクスト、メッセージ、コードの6要素が必要であると述べた。またそのメッセージは、意味とイメージに分析できるとも述べた。

ここで、駅を利用する情報の受け手に対して、建築空間が提供できるのは、主にメッセージのうちのイメージと、コンテクストである。空間のスケールやプロポーション、素材、色彩、色などは、さまざまなイメージを人びとにもたらす。また単位空間のシークエンスや表現、設備類の配置などは、空間のコンテクスト（状況）を明らかにする。

そうした中にあって、意味の記号、すなわちコードの部分を担うのがサインシステムである。コードがなければコミュニケーションは完結しない。コミュニケーションが完結できなければ、その施設は未完成なのである。整備途中のものを提供して不便を強いるのではなく、十分意を尽くして完成した施設をその場の主役である公衆に提供するべきである。

[表8-6] 表現様式の点検リスト

	点検項目	内容
モード（方式）の適否	15 方式的確性	表示する情報内容や空間特性に応じて、最も情報伝達がしやすい方式を選択しているか
	16 方式システム性	移動するごとに空間が変わりニーズが変化するのに対応して、場面ごとに必要な情報が得られるようなシステムになっているか
	17 方式統一性	移動した先でも、同じ情報は同じ方式の情報源から得られるようになっているか
スタイル（姿型）の適否	18 審美性	個々のサインが、より多くの人が気持ちよく利用できる美しい造形水準になっているか
	19 造形訴求力	個々のサインが、利用者の目を引きつける魅力的な造形水準になっているか
	20 純一化・簡素化	誰もが簡単に理解できるように、できるだけ純一で簡素に見えるような工夫がされているか
	21 象徴化	ひと目見てすぐに理解できるように、概念を形態的にシンボライズするなどの工夫がされているか
	22 序列化	重要度に応じて情報が読み分けられるように、優先順位を与えて表現するなどの工夫がされているか
	23 造形明瞭性	個々のサインが、はっきり見える、はっきり読めるように表現されているか
	24 造形統一性	同種のサインでは、表現スタイルをできるだけ統一しているか

[表8-7] 空間上の位置の点検リスト

	点検項目	内容
ロケーション（計測的な位置）の適否	25 位置的確性	ニーズが発生するその場所に、そこで求められる情報を掲出しているか
	26 位置訴求力	商業広告に紛れないように工夫するなど、個々のサインを最も発見しやすい場所に掲出しているか
	27 位置明瞭性	仰角10度より下に掲出する、人の頭に遮られない高さに掲出する、車いすからも見やすい高さに掲出する、サインが重ならないよう十分離して配置するなど、情報を見やすい位置に掲出しているか
ポジション（相関的な位置）の適否	28 配置連続性	情報をたどりやすいように、同じ情報を繰り返し掲出しているか
	29 配置集約化	必要な箇所で判断に必要なすべての情報が得られるように、情報を集約して掲出しているか
	30 環境調和性	人の通行を妨げたり、視覚的な環境秩序を乱したりしないように掲出しているか

ブランディングの目標

近年、わが国の鉄道分野で〝ブランディング〟brandingという言葉を耳にすることが多い。

ブランディングとは、企業理念や経営方針を再確認したのち、デザインやコミュニケーションの仕組みを構築し、ブランドやロゴなどのクリエーティブワークを実行して、管理体系やシステムを整備することと説明されている(18)。

ただしこの語の経営戦略上の位置づけや実施する手法は、1972年開業の横浜市営地下鉄の建設時に議論された〝デザインポリシー〟や、1987年の国鉄民営化時にJR東日本のサイン計画で意識された〝コーポレートアイデンティティ〟corporate identity（以下CI）と酷似している。欧米ではマーケティングをめぐる議論の中で、時代の変化とともにデザインポリシー、CI、ブランディングの言葉が順次語られてきたのである。

CIとブランディングの議論で、ヨーロッパの鉄道でとりわけ注目を集めた事例には、次のようなものがある。

前節で触れたイギリス国鉄では、1956年に鉄道イメージの回復と組織の一新を図ることを目的として、より快適な視覚環境や車両などを開発するためCIの検討に着手した。すなわちデザイン審議会を発足させ、外部から美術大学の教授、インダストリアルデザイナー、CIデザイナー、交通標識デザイナーらを招いて、シンボル、統一書体、ポスター、時刻表、案内サイン、車両、路線設備などのデザインの見直しを始めたのである。

この成果として1965年に『Corporate Identity Manual』（CIマニュアル）全4巻が制定された［図8-8］。この巻頭で当時の総裁のリチャード・ビーチング博士は次のように述べている(19)。

「イギリス国鉄の将来は、利用客が国鉄をどう思うかにかかっている。人びとに正しい印象を持ってもらうためには、よいサービスを提供すると同時に、スマートで、かつ効率的なスタイルを持たなければならない。そのどちらかがあればよいというものではなく、両方とも必要なのである。

われわれのように広い地域にわたって散在している組織が、正しい視覚的な印象をつくり上げるためには、特色があり優れたデザインを、あらゆる機会に終始一貫して使うことが一番よい方法である。これによって優れたデザインの印象が累積され、その結果国鉄の施設が容易に識別され、あらゆる活動の背景にある統一性を反映するCIが生みだされるであろう」

デンマーク国鉄（DSB）では、1971年から鉄道再建の経営ツールとしてデザイン戦略に着目し、イギリス国鉄を参考に10年間にわたって車両、駅舎、広告、フェリーにいたるまでのトータルなイメージづくりを展開した。プロジェクトは総裁諮問機関の9名から成るチームで推進され、デザイン部門チーフディレクターのイェンス・ニールセンを責任者として、外部から建築家やデザイナー、アーティストらが具体的なデザイン作業に参画した。そのデザインポリシーは、次のような方針からもうかがい知ることができる。

駅は交通手段のインターフェースとして位置づけ、機能を前面に押し出して記念碑的建造物としない。また車両は移動の目的に合わせた居住性を追求し、空間のとり方、荷棚、照明、座席の布地にいたるまで細かな配慮を浸透させる［図8-9］。さらに駅貼りポスターは、一部をアーティストに依頼し、民間ポスターに対して質的な基準を示す。

このような選択がなされた背景に、デンマーク人に共通する美しいライフスタイルへのこだわりがある。デンマーク人

［**図8-8**］マニュアルに従って掲出された街中のチケットオフィスのサイン（『企業とデザインシステム』1976）

［**図8-9**］DSB車両の広々とした四人掛けの座席（『鉄道とデザイン』1982）

にとって、日常の生活環境は極めて大切なもので、住宅やインテリア、家具などに収入の大半を費やす傾向があるという(20)。

1982年に日本を訪れたデンマーク国鉄総裁の話によれば、デザインが優れていないものに対する国民の批判は相当に厳しく、趣味の悪い家を建てるとすぐに新聞でたたかれるほどであるという。またたとえ赤字であっても、企業活動を続ける限りデザインに投資しないことは考えられないといわれている(21)。

1980年代のサッチャー政権下に投資が大幅に削減されて客離れを起こしたロンドン地下鉄は、2000年に組織替えして大ロンドン行政庁内の交通行政機関の傘下に入ることになった。人びとにシームレスなサービスを提供することを目的として新たに設立された〝ロンドン交通局〟Transport for London（略称TfL）は、そのとき以来、マイカーから地下鉄・バスへの切り替えを促すブランディング展開をしている。

まずそのシームレスなサービスを表すビジュアルアイデンティティの一環として、1933年以来のサービスマークのリファインを行い、TfL傘下の地下鉄、バス、水上交通、タクシーに共通するシンボルとして整え直した［図8-10］。また案内サインや家具、セキュリティ設備、建築といったプロダクトのガイドラインも制作し直した。

プロダクトデザイン部のマネージャーは、「TfLのプロダクトは、人びとの関心を集める必要はないが、小さな部品のディテールにいたるまで、さりげなく信頼性を語りかけるものでなくてはならない」と述べている。

またその新しいガイドラインづくりにかかわったコンサルタントは、「公共機関は一般企業のように声高なブランディングをする必要はない。交通機関のブランディングとは、利用者の信頼を得ることであり、それは人びとに知らしめるものではなく、実際に日々経験してもらうことで、自ずと気づかれるものだ」と語っている(22)。

ヨーロッパのCIやブランディングで共通しているのは、それまでばらばらであった複数の組織体を統合して新組織のアイデンティティをつくり上げるため、あるいはモータリゼーションに奪われた利用客を取り戻すためなど、経営上の不可避的な課題への対応策として考えられ始めたことである。

それらからわが国をみると、公共交通事業者がブランディングを行う際に意識すべきは、一部のマーケティングコンサルタント会社が言うような、同業他社との競争に勝って顧客を奪うことではないように思われる。利用者から見ても、国の関与のもとで決まる鉄道運賃が、企業間競争によって簡単に下がるなどということは想像し難く、そのようなことはあまり期待していないのではないか。

近年の日本の鉄道事業で評判がいいのは、相互直通運転の拡大とスイカなどのＩＣカードの導入であろう。特に後者は、鉄道会社や交通モードが換わっても、とても簡単に乗り降りできるようになったので、その利点は多くの人びとに支持されているようである。これらはいずれも排他的な競争ではなく、鉄道会社相互の連携によるネットワーク性の改善策であった。このような利便性の向上こそ期待されているのである。

［図8-10］TfLが管理するロンドン市内のタクシー乗り場（『AXIS』2007）

日本社会全体では、化石燃料の消費をいかに減らして持続可能な社会に転換するか、また人口減少にどのように対応するかといった大きな問題も抱えている。こうした問題に対して、公共交通事業者はマイカーから人びとをシフトさせたり、外国人を迎え入れたりする、まさに当事者である。そうした認識も含めて、ブランディングは議論されなければならない。

首都圏に限らずわが国の大都市はどこでも、すでに世界で例をみないほど高密度な鉄道ネットワークを持っている。それを生かして、街々の再生や再開発に寄与するとともに、駅施設自体をさらに魅力的なものに変え、世界中の人びとが行ってみたい、乗ってみたいと思う鉄道になるように質を高める必要がある。

もっと広々として美しい駅をつくる、もっとノイズのないわかりやすい駅をつくる、もっと気持ちよく居心地のよい駅をつくる、もっと移動しやすくなるように昇降システムを見直す、もっと扱いやすくなるように券売・改札システムを見直す、もっと楽に乗り換えができるように乗り継ぎシステムを見直す、駅と街がもっとかかわれるように、駅と街の連続性を見直す等々、改善しなければならない課題は山積している。

公共空間の美的表現

美術館などの公共建築が造形芸術の一分野であることは、広く認められている。一方で、駅空間が造形芸術であることは、わが国ではまったくといっていいほど認められていない。実際、現場を見ると、都市部では高度成長期から変わらず猛烈なラッシュが続いているし、交通弱者への対応もわずかずつしか進んでいない。このため利用者からのクレームも絶えず、関係者はその対応に日々追われている。第一、芸術なんて美術館やホールに出かけて観賞するもので、日常的な鉄道駅になじまないと多くの人が考えているように見受けられる。

一方、工業意匠学、芸術学が専門で千葉大学、筑波大学の教授であった吉岡道隆（1924-1995）は、芸術について次のように述べている(23)。

「本来、芸術は人間に固有な創造活動であり、美を意識的に生み出そうとする働きの総称である。もともと〝芸術〟Artの語源であるギリシャ語のTechneやラテン語のArsは、人間が意識的に何事かをなす仕方、方法という意味であった。芸術とは、人間が種々の目的を満たすために自然に働きかけ、それを支配しようとする知的活動の総体であり、美的なもの、道徳的なもの、実用的なものを含めて、今日の文化や学芸という語に近かった。

18世紀の実証科学や19世紀にかけて起こる産業革命を経て、近代資本主義経済は職能の分化と画一化をもたらし、科学の独り歩きを余儀なくさせた。科学も技術も原理的に中立であったにもかかわらず、政治環境の展開と深くかかわりを持ち、技術は科学思想が規定する倫理観に支配された。一方で芸術は、かつての壮大な気宇とその成果から、個の意思表明の枠内に閉じ込められてしまっている」

デザイン評論家の勝見勝（1909-1983）は、世界の近代デザイン運動に大きな影響を与えたバウハウスの活動を、次のように総括している(24)。

「建築家もデザイナーも大部分がロマンチストで個性主義者であった時代に、美術と工業化された近代社会の調和の問題に取り組んだのが、バウハウスを設立したグロピウスである。バウハウスの理想は、社会から遊離した美術家を救い出し、本来美術家があるべき姿に帰らせようということだった」

かつてレオナルド・ダ・ヴィンチは、科学者として技師として、かつ芸術家として活躍した。またミケランジェロにしても、彫刻家、画家、建築家、詩人として生きた天才造形家であった。このような生き方、あり方こそ、本来の人間の姿であった。

勝見はヴァルター・グロピウス（1883-1969）の考

え方の背景に、ドイツのミューズ教育運動の流れがあると指摘する。ミューズ教育運動とは、学芸の全一的教養を理想とし、近代の分業主義と表面的な合理化に抵抗を試みた活動である。ミューズ教育運動の主張では、近代の物質文明に損なわれる以前、すべての民衆の中に普遍的で統一性のある文化、芸術があり、それらの教養が日々の生活の中で生きていた。

グロピウスは、絵画、彫刻、工芸、建築などという分業に異議を唱え、〝Gestaltung〟(「造形」「形成」「表現」いずれにも訳せる)という新しい言葉であらゆる形あるものを統合し、新しい民衆文化を建設しようとしたのであった。

勝見は、バウハウスが出現したのちイギリスで起きたハーバート・リードとロジャー・フライの論争—グロピウスに共鳴して芸術を人間の創造性の基礎と考えるリードは、有力な美術家は産業界に助言を与え得る立場にあるとして、応用美術の普及を唱えるフライの発言にことごとく反論した—を引用しつつ、現代においては、産業そのものの中で、その生産の最も核心的なデザインという部門を担当する、デザイナーという新しいタイプの造形芸術家が生まれてこなければならないと主張している(25)。

1933年から1940年まで〝London Passenger Transport Board〟(ロンドン旅客運輸公社)の副総裁を務めたフランク・ピック(1878-1941)が、駅施設からサービスマーク、路線図、きっぷ、サインシステム、ポスター、商業広告にいたるまでを総合的にディレクションしたとき、地下鉄が有するあらゆる施設・設備を造形芸術の対象と考えていたことは、ほぼ間違いない(26)[図8-11]。

彼は、近代デザインによる「目的への適合」をモットーとして、1915年に創立された〝Design and Industries Association〟(産業意匠協会)のメンバーで、1934年にはその会長の座にあった。

地下鉄シリーズポスターでは、有力なポスター作家を登用して個性的なスタイルを創設し、ロンドン市民の人気を博した(27)[図8-12]。新しいポスターが発表されるごとにそれを入手したい希望者が増えて、当局はついに頒布用の縮刷版まで発行して対応したという。

地下鉄本部の建築設計はグロピウスで、そのホールには前衛彫刻家として注目されていたヘンリー・ムーアによるモニュメントが置かれた。地下鉄各駅ではあらゆる形あるものに、あたかもオーケストラの合奏のように一貫したデザインのスタイルが与えられ、近代造形の精神が公衆に示された(28)。

この伝統を引き継ぐヨーロッパで、特に冷戦の緊張から解き放たれた1990年代に、造形性の高い鉄道駅が多く出現している(29)［図8-13、8-14］。

翻って日本において、ＪＲ京都駅やみなとみらい線などの例があるように、今ようやく美的創作の対象としての駅空間整備が始まっている［図8-15、8-16］。

１９９７年に竣工したＪＲ京都駅はコンペにより原広司の案が選ばれ、古都京都の玄関で、新しい時代の新しい公共空間のあり方を提言した。２００４年に竣工したみなとみらい線は、その建設にあたり横浜市が当時注目を集めていた建築家を選び、駅ごとにデザインを競わせた。竣工後、駅によって異なる表情を持つみなとみらい線は、利用者の目を楽しませて、駅そのものが新しい観光スポットとして人気を集めている。

利用者から見れば、美術館も鉄道駅も同じ公共空間で、鉄道駅でも快適に過ごせるのであれば、そのほうがいいのは明らかである。そうした駅づくりがこれまでほとんどできなかったのは、あふれる利用者に追われ続けた社会的な事情のほかに、鉄道業界に残る縦割り組織の建設体制によるところも大きい。構造や内装、種々の設備が別々に設計、発注、監理されるため、どうしても全体をまとめづらかったのである。

一方でわが国には、桂離宮や南禅寺庭園群のように、統括的なディレクターのもとで総合芸術を生み出してきた伝統もある。また有能な建築家のディレクションによって、美しくつくられた公共建築がすでに数多くある。そのように統括的で質の高いディレクションのもとで駅づくりを進めることができれば、快適な駅を日本で実現できないということはないはずである。

吉岡のいう本来の芸術やバウハウスが目指した造形、すなわち道徳性や実用性を踏まえて、美を創造的に生み出して公衆に奉仕する表現活動は、そこを行き交う人びとに快適性とともに希望や生きがいをも感じさせて、人間が人間らしく生きる建設的な動機をもたらす作用源となるに違いない。

3……デザインの適応力

デザイン的思考法

デザインが機械工学など他の工学系学問領域と大きく違うのは、演繹的な論証を重ねて結論を得るのではなく、仮説的な推論から結論を得る方法をとることである。

この仮説的な推論のことを、5章1節の記号論で取り上げたチャールズ・サンダース・パースは、〝アブダクション〟abduction と呼んだ。パース研究の第一人者であった米盛裕二は、それを次のように解説している(30)(31)。

「『驚くべき事実Cが観察された。ただもしHが真であれば、Cは当然の事柄である。よってHが真であると考え得る理由がある』と推論するとき、『もしHが真であるなら』と心に浮かぶ仮説内容がアブダクションである。このようなアブダクティブな示唆は、ひらめきのように現れる。

[図8-12]1935年に制作された地下鉄ポスター(『London Transport Posters』1976)

[図8-11]1925年竣工のロンドン地下鉄の駅(『The Moving Metropolis』2001)

[図8-14]1999年竣工のイギリス、カナリー・ワーフ駅(『Catalogue Foster and partners』2005)

[図8-13]1994年竣工のフランス、リヨン・サン=テグジュペリ駅(撮影:筆者、1997)

[図8-16]2004年竣工のみなとみらい線馬車道駅(撮影:富田眞一、2004)

[図8-15]1997年竣工のJR京都駅(撮影:筆者、2005)

アブダクションの例で有名なのは、ニュートンによる万有引力の発見である。誰でも諸物体間に働く引力を直接的に観察することはできない。しかしニュートンは、なぜリンゴが地球の中心に向かって落ちるかを熟考し、突然のように創造的想像力を発揮して仮説を形成し、やがて地上と天上の運動を統一的に説明し得る万有引力の法則を確立したのであった。

アブダクティブな推論は間違う可能性もあるが、『そのように考えるのが最も理にかなっている』との判断から行われるものである。したがって単に当てずっぽうな推測とは違う。それは即効的な説得力に乏しいが、人間の本能的な能力として論理的な規則に拘束されることなく発揮されるだけに、創造的な想像力が働く余地があるのである」

この概念に関連して、建築学者、都市計画デザイン学者のピーター・G・ロウは、「問題解決にあたり適用する間接還元法は、パースがアブダクションと名づけたものに似ている」(32)とし、建築家は、ある選択により目的がかなうなら、その選択はあり得るものだったとの論理で、デザイン上の選択を行っていることを指摘している。

デザイナーによる〝思いつき〟や〝直感〟として、わが国の工学系の分野ではなかなか理解が得られなかった〝仮説的な推論〟は、このように本質的で創造的なアブダクションという論理形式であるととらえられる。このような推論方法は、多くの科学者も用いていて(33)、さらには経済アナリストによる予測も、企業トップによる経営判断も、演繹や帰納ばかりでなくアブダクティブな推論によって行われているのである(34)。

デザイン力の内訳

デザインとは、社会にあるさまざまな問題を解決するために、知恵を働かせて具体的な方策を計画提案することである。そのようなデザインを成す能力の内訳には、「着眼力」「発想力」「構成力」「表現力」などがある(35)。これらはいずれもアブダクティブな推論を多用して行われ、依拠すべき原理が不確実であっても、ひとまず目的に沿って着想し、選択し、決定する。それが問題解決の正解に、最も早くたどり着ける方法だからである。

着眼力とは、解決すべき問題の真因をなんとみるか、その洞察力のことである。例えば日常的に混乱を繰り返している駅があったとする。その根本原因はなんなのか、それを見抜く力がなければ次の段階に進めない。どの現場でもそれは隠れていて誰も教えてくれないから、自ら仮説的に推論する。

発想力とは、どのような方向性を持って解決にあたるべきか、その直観力のことである。駅構造のつくり替えに及ぶべきか、それともサインの改善で対応できるのか、後者しか選択肢がないとしたらどのような特性を持つシステムを組み上げるべきか、ここでは直観からアイデアやコンセプトをつくり出す。

構成力とは、個々のエレメントをどのように組み立てるか、全体をまとめ上げる力のことである。関係する要素を選び、その相関性を秩序づけて体系や機構をつくり出す。この段階は既知の原理も活用し、また帰納的な考察も行うが、この場に最もふさわしい新たな工夫も求められる。

表現力とは、形や表情をどのように表すか、最終的な形象を決めていく力である。アイデアやコンセプトから構成を進める過程でイメージを膨らませ、そのイメージを形象に置き換えて表出する。この段階でも既知の原理や帰納的な判断を活用するが、結論としてアブダクティブな選択と決定を行う(36)。

これらのデザイン力によって、例えば空間構成やサインシステムなどに望ましい成果をつくり出し、より正解に近づく提案を目指す。デザイナーはこれらの着眼力、発想力、構成力、表現力を身につけるために、アブダクティブな推論技術を訓練し、継続的に努力を積み重ねている[表8-8]。

わが国では、デザインを学んだ人たちの活動領域が、建築設計や製品製造、広告表現など、狭い世界に閉じこもりがちなため、理解を広めることが難しいが、社会に存在するさまざまな問題の解決に向かって、根本的に新しく画期的な解答を見いだすとき、それがここに挙げたようなアブダクティブな推論に基づくデザイン力によって成されてきたことは、発見や発明、新しい仕組みの創出などの歴史をみれば明らかである。

構想力の社会性

前節で着目したように、バウハウスのヴァルター・グロピウスやロンドン地下鉄のフランク・ピック、日本のデザイン評論家の勝見勝、工業意匠学の吉岡道隆らのビジョンの系譜として、倫理も実用性も踏まえて、美を創造的に生み出して公衆に奉仕する本来の芸術、造形、表現活動を行うことがデザインである。

さらにここで、着眼し、発想し、構成し、表現する技術を訓練するデザイナーは、具体的なイメージを持って構想する力を有し、人文科学と自然科学の知をまたいで統合的に思考できることを目指す技術者であることを確認したい。

そうであるなら、必ずしも形態的な表現技術にこだわらず、デザイン能力のうち、着眼し、発想し、体系や機構を構成できる構想力を、社会で起きているさまざまな問題の解決のために活用することも、社会にとって有用であると考えられる。

われわれのデザイン課題の前方にある施設、交通、地域、都市などの計画分野では、今、国内的にも国際的にも、開発と持続、あるいは消費と生産のバランスをどのように再構成するかという問題や、情報革命によって問われる社会の秩序をどのように再形成するかという問題など、人びとの将来を決定づけるような、途方もなく大きな問題が顕在化している。

このような諸問題に対し、人びとの感受性に繊細に対応できるように、また人類が手にした技術を冷静にコントロールできるように、総合的な科学を論拠として統合的に考察し、同時に創造的に構想する力を訓練してきた技術者は、それらの解決に貢献できる力量を持っているはずである。

理論物理学者、情報科学者であった渡辺慧（1910-1993）は、著書『認識とパタン』の巻末に、人間の特質をコンピューターとの比較から以下のように指摘している(37)。

「コンピューターの活動は演繹的、抽象的、一般的、認識的、分析的、理性的であるのに対して、人間の活動は帰納的、具体的、特殊的、情動的、全体的、直観的である。前者は知識に強く、後者は価値に敏感である。また前者は繰り返しを得意とし、後者は創造を得意としている」

この文を読むと、デザイン活動が人間活動そのものであったことに改めて驚かされる。デザインにおいてわれわれは、帰納的、具体的、特殊的、情動的、全体的、直観的に問題解決を目指し、価値を尊び、創造に傾注している。デザインとは元来、人間が人間として、社会が抱える複雑な諸問題を全体的に解決するために、全身を使って創意工夫に挑む潜在的能力なのである。

[表8-8] アブダクティブなデザイン力を身につける訓練法

	概説
1 ひらめくまで現場に身をおく	まず現場に体を浸して、空間のありようや人びとの動きをよく観察する。あるとき問題の真因や解決の方向が突然のようにひらめく。そこまでじっと我慢して、何日でも現場に身をおかなければならない。図面だけを見ていても、現場にしかない多様な情報の中身はわからない。
2 学際的にアプローチする	サインシステム計画には、記号学、言語学、心理学、人間工学、建築学、機械工学、社会学、マーケティング論などの知識が必要であった。デザインには人文、自然科学を横断した学際的アプローチが不可欠である。知的ストックがなければ、本質的な発想や的確な判断はできない。
3 文化的著作に親しむ	デザインで常に課題となるのは、意味とイメージ、感性と呼ばれるもの、つまり価値、それをどうとらえるかということである。このテーマの多様な示唆が哲学や文学、歴史、美術などの書物に多くある。価値の発掘、発見は、新しい創造の尺度になる。
4 参考事例をよく観察する	人は油断をすると事なかれ主義に陥り、直観的に見える範囲が狭くなる。そうなると、本来の創造的な想像力を発揮できなくなる。国内外の参考事例をよく見て歩き、常に刺激を受ける。特に国民性の異なる海外の類例をよく観察し、彼我の違いを省察する。
5 身体的に考える	すべての設計対象を、人間身体とのかかわりで考える。例えば触覚的な課題は手足の大きさとの相関でとらえ、視覚的な課題は網膜に映る像の大きさで考える。学問的な座標より、前後左右という身体座標を優先して判断する。
6 統合的、具体的にイメージする	デザインは、具体的な形象において統合的でなければ意味を成さない。それを確認するために、手で考える。手を動かして実際に形をつくってみると、完成レベルがよく見えてくる。具体的にイメージすることが、正解に近づく最もよい方法である。
7 長く使われることを評価する	新たに生まれたデザインは、正解かどうか、すぐにはわからない。正解であることを証明する論拠を用意できないからである。長く使われて、残って、はじめて社会的必然性という評価が得られる。アンケート結果は回答者の感想を示すもので、正解を示すものではない。

（１）時崎賢二「道路標識標示 今・昔」、『全標協広報』No.15〜44、6頁、全国道路標識・標示業協会、１９８２〜１９８５
（２）全国道路標識・標示業協会「道路標識の沿革」、『'95道路標識ハンドブック』、４１１-４２５頁、１９９５
（３）建設省通達「道路標識設置基準の改訂について」、１９８６
（４）日本道路協会『道路標識設置基準・同解説』、丸善、１９８７
（５）柳澤剛、高井利之「案内サインのアクセシビリティ」、『JR EAST Technical Review-No.4』、69-72頁、東日本旅客鉄道株式会社、２００３
（６）ココマス委員会代表中西元男「イギリス国鉄」、『企業とデザインシステム　A２公共輸送機関』、9-42頁、産業能率短期大学出版部、１９７６。ベーシックエレメントとは、シンボルやロゴタイプ（鉄道名の決まった表記法）、統一書体、指定色彩などのことである。
（７）Paul Show『Helvetica and the New York City Subway System: The True (Maybe) Story』、The MIT Press、２０１１
（８）MTA New York City Transit『MTA Sign Manual 2004』、２００４
（９）わかりやすい道路案内標識に関する検討会「わかりやすい道路案内標識に関する検討会提言」、13-15頁、２００４
（10）国土交通省「観光活性化標識ガイドライン」、6頁、２００５
（11）国土交通省「公共交通機関における外国語等による情報提供促進措置ガイドライン—外国人がひとり歩きできる公共交通の実現に向けて—（公共交通事業者等における外国人観光旅客に対する案内情報提供に関する検討報告書）」、24-27頁、２００６
（12）運輸政策研究機構「都市鉄道における案内情報ガイドブック」、9頁、２００６　筆者はこれら（９）〜（12）の各検討委員会に委員として参加した。
（13）http://atmarkit.co.jp「ＰＤＣＡサイクル」、『情報マネジメント用語事典』
（14）日立デジタル平凡社「ＰＤＣＡサイクル」、『世界大百科事典第2版プロフェッショナル版』、平凡社、１９９８
（15）名古屋市「地下空間サインマニュアルデザイン案作成業務報告書」、２００３
（16）名古屋市「名古屋駅地区地下空間サイン計画等作成業務報告書」、２００５
（17）森ビルＨＰ「会社組織」、２０１１
（18）中西元男「ブランド、それは何者か」、ワールドブランディング委員会『世界のブランド戦略—そのコンセプトとデザイン』、28-29頁、グラフィック社、２００６
（19）前掲（６）、１４-１５頁
（20）日本インダストリアルデザイナー協会『鉄道とデザイン』、１１２-１２０頁、１９８２
（21）デンマーク国鉄総裁日本講演「鉄道とデザイン」、日本インダストリアルデザイナー協会主催セミナー、１９８２
（22）中島恭子「トランスポート・フォー・ロンドン　特集—ブランディングに対するいくつかの反省から」、『AXIS』、vol.127、50-53頁、２００７
（23）吉岡道隆「技術・芸術と科学の相関から新たな造形へ」、『海を渡った50sデザイン—吉岡道隆退官記念論文集』、57-63頁、吉岡

道隆先生の退官を記念する出版の会、１９８８
(24) 勝見勝『現代デザイン入門』、67-83頁、鹿島出版会、１９６５
(25) 前掲(24)、99-１０４頁
(26) Sheila Taylor『The Moving Metropolis – A History of London's transport since 1800』、１７４-１７５頁、Laurence King Publishing in association with London's Transport Museum、２００１
(27)『London Transport Posters』、39頁、Phaidon Press、１９７６
(28) 前掲(24)、88、91-93、１１１頁
(29)『Catalogue Foster and Partners』、77頁、Prestel Publishing、２００５
(30) 米盛裕二『パースの記号学』１７３-２００頁、勁草書房、１９８１
(31) 米盛裕二『アブダクション』53-１０２頁、勁草書房、２００７
(32) ピーター・G・ロウ(奥山健二訳)『デザインの思考過程』、１１９-１２３頁、鹿島出版会、１９９０
(33) 理論物理学者の渡辺慧は、「科学者が今までの学説で説明されない実験事実に出会うと、まずその新しい実験事実も既知の実験事実も説明できると見なせる新しい仮説をつくる。この仮説創造をパースはアブダクションと呼んだ。確かにこの選択をするとき、純粋に理性的な判断をするのではなく、直観的、審美的な判断を用いている」と述べている(『認識とパタン』、１６８-１７３頁、岩波書店、１９７８)。
(34)「演繹」とは既知の原理に依拠して推定する論理法、「帰納」とは具体的事実から原理を導き出す論理法である。英語の語形成からみると、「(原理のある)上から下ろすように(de-)、導く(-duce)」のが〝deduction〟(演繹)、「(原理のある)中心に向かうように(in-)、導く(-duce)」のが〝induction〟(帰納)である。これに対し〝abduction〟(アブダクション)は、「(原理のない)外のほうから(ab-)、導く(-duce)」とつづられ、結論が前提に含意されていない推論との認識のもとに概念がつくられている。
(35) これまで用いてきた「造形力」という言葉は、発想から表現にいたる力を総合的に表している。
(36) ここでいう「イメージ」とは、頭の中にさまざまに想い描く姿形のことである。
(37) 前掲(34)、１８９頁

おわりに

大学生の3年だった1968年の秋、大学紛争の影響で授業のすべてが止まった。いつまでたっても開講の見通しが立たない中、わたしは無為に過ごすより、何か人のためになるようなデザインの仕事に早く携わりたいと考えた。

そこで当時千葉大学の非常勤講師で、デザイン事務所を開いていた村越愛策先生を訪ねて、アルバイトを願い出た。先生はそのころ、いくつもの空港のサイン計画の仕事を進めていて、運よく受け入れてもらえることができた。

そのまま在籍した4年半の間に、東京国際空港、箱崎の東京シティエアターミナル、営団地下鉄などのサイン計画を担当した。それがきっかけとなって、その後長くパブリックデザイン、とりわけ交通サインに取り組むことになった。

40年の試行錯誤を経て、パブリックデザインの仕事は、用と美に創造力を発揮して、人びとに快適さをもたらす、それがすべてと断言できると思う。デザインは、人の役に立たなければ努力の甲斐もない。一方で、結果が美しくなければ価値あるものと認められない。デザインは公共に存する無数の人びとのために創意工夫を重ねる行為である。

重要なのは、公共には実に多様な人びとがいて、すでに国内外からここに文化的な背景の違う大勢の人たちが集まっているということである。今後、この傾向はますます顕著になるであろう。そうした人びとを前に、実用性と審美性を追求するには、学際的な知見や世界各地の手法をよく知り、普遍的な真実と固有の文化をバランスよく理解することが前提になる。

そのような勉学の一助に本書が貢献できれば、この執筆の目的は達せられる。またこれを手掛かりに、内外の不特定多数の人びとから称賛されるような、明瞭で、それでいて美しく魅力的な公共空間が出現すれば、それこそ本望である。最後に、いつか誰かが本書で落ち漏れている部分を強力に補って、この分野のデザイン論を一層高みに揚げていただけたらと思う。

本書が刊行できるまでに、実に多くの方々のお世話になった。まず何より、わたし自身がデザインし、ディレクションしてきた仕事を紹介できたのは、営団地下鉄をはじめ、そのような機会を与えてくださった数多くのクライアントのおかげであり、大勢の仲間たちの努力のたまものである。

本書の下敷きになった学位論文をまとめることができたのは、まことにラッキーなことに、東京大学の家田仁先生に長く懇切なご指導をいただけたことによっている。12年も要して得たその論文は、完成に至るまで多くの先生方のご指導と、多方面の方々のご協力に支えていただいた。

さらに本書の刊行にあたって、鹿島出版会の川嶋勝氏には、冗長になりがちな拙文に、読者の関心に沿って読みやすくなるよう再三にわたって助言をいただいた。デザイナーの工藤強勝氏には、期せずしてこの論のお手本になるような、見やすくわかりやすい美しい形をつくっていただいた。

ほかにも多数の方にご協力をいただいている。こうした方々のお力添えがなければ、本書を得ることは不可能であった。お世話になったすべての皆様に、衷心より謝意を表したい。

２０１３年８月
赤瀬達三

付論

日本におけるデザインの発祥

「デザイン」の解釈について、日本の現状をみると、美術系と工学系の出身者間に大きな隔たりがあるのがわかる。それぞれの思考傾向はどこから来たのか。その理解の手掛かりに、日本のデザイン前史を簡単に記しておきたい。

工業時代の到来

明治維新によって近代化の道を歩み始めた日本が、初めて国際舞台に自国の産業を公式に紹介したのは、廃藩置県2年後の1873年ウィーン万国博覧会のときである。

当時の欧米各国は、博覧会で産業革命以来の新しい機械文明を誇示するのが一般的であったが、それのできないわが国は、鳥居、神殿、日本庭園をつくり、場内に名古屋城の金鯱、浅草寺の大提灯、鎌倉大仏の張子を置いて、伝統的な漆器、陶器、織物、細工品、玩具などを展示した。

開幕してみると意外にも、目新しく技巧の優れた東洋からの出品は好評を博して、展示品は飛ぶように売れた。日本館を見学したオーストリア皇帝は、わざわざ日本の技術を賞賛する勅語まで下賜したという。

明治政府の中心政策は富国強兵のための殖産興業にあったが、ウィーン万博の成功で在来産業の近代化にも眼が向けられ、各地で物産振興が叫ばれるようになる。

1877年に、初めての内国勧業博覧会が上野公園で開催され、各地の産物や発明品8万点余りが展示された。なかでも長野の発明家による紡績機が評判を呼び、その後に大きな影響を与えた。自動織機で有名な豊田佐吉もこの博覧会を見て、発明に打ち込む決心をしたといわれている。

この内国勧業博覧会は、その後明治の間、数年ごとに京都、大阪など、場所を移して開催されている。

物産振興策の所管が内務省から農商務省に移ると、工業試験所の設置、商品陳列所の設置、海外実業練習生の派遣などの事業が行われ始める。

このとき設立された東京工業試験所では、漆と漆器など、伝統産業を化学工業、機械工業的に生産する試験研究が開始され、その後全国各地に、その地域の産業素材等の工業化を研究する工業試験所が、次々と設立されていった。

工業デザイン教育の始まり

ウィーン万博の開かれた翌１８７４年に、わが国のデザイン教育は、おぼつかない足取りではあったが、スタートを切っている。

すなわち、お雇い外国人であったゴットフリード・ワグネルの建議により同年、東京開成学校内に軽工業品づくりを教える「製作学教場」が設けられた。しかしその3年後、同校が東京大学に改組されるとき廃止されてしまう。

それから4年、文部省内で、ものづくりを教える中等工業教育機関はやはり必要と考えていた欧米滞在経験者たちによって、１８８１年に「東京職工学校」が設立された。そこでは化学工芸科と機械工芸科の2科が設けられた。

東京職工学校は１９０１年に「東京高等工業学校」に昇格する。そのとき電気、機械、応用化学の各科と並び、工業図案科が新設された。校長の手島精一は、〝普通実用品の美化を目的に図案を行うことによって、物品の用途が明らかになり、製品価値が決まる〟とし、図上に用途、製法、形状等を考える「図案」の重要性を強調した。

この図案が今日、工学系のいうデザインのことで、デザイン学研究の分野では、この工業図案科の設置をもって、わが国の工業デザイン教育の始まりとしている。

ヨーロッパで19世紀末に起きたアーツ・アンド・クラフツ運動は手づくり指向であったし、質の高い工業製品の標準化を主張するドイツ工作連盟の結成は１９０７年のことだから、この時期にユーザー視点で工業的ものづくりを考える手島の思想は、世界的にみても非常に革新的であった。

東京高等工業学校工業図案科は、１９１４年にまたしても廃止の憂き目に会う。行政整理が理由とされたが、同校の大学昇格問題が持ち上がり、図案教育は大学にふさわしくないと判断されたらしい。

工芸教育を重視する関係者の重ねての努力が実って、東京芝浦に「東京高等工芸学校」ができるのは１９２１年である。同校には工芸図案科、金属工芸科、木材工芸科、印刷工芸科などが設置され、〝工業を応用して優良善美なる精製品を産出する工芸技術を習得する〞デザイン教育が再スタートを切っている。

東京高等工業学校は1929年に東京工業大学に昇格し、東京高等工芸学校は1951年に千葉大学工学部に改組されている。

国立工芸指導所の創設

商工省（旧農商務省を二分して設立、のちの通産省の前身）が1928年に設立した国立工芸指導所は、〝工芸品の量産化と輸出振興〞を目的として仙台で発足した。当初東京に設置する予定だったが大蔵省が難色を示したため、東北振興を理由に、この地で予算獲得を図ったという。

所長には、漆芸の権威で、服部時計店支配人という経歴を持つ高岡工業試験場長の国井喜太郎が抜擢された。同所では、漆工、金工、図案3部の研究のほか、全国の民間から選ばれた青年技術者の養成、機関誌『工芸指導』、『工芸ニュース』の発行、工芸関係技術官会議の開催などの事業が行われた。

ここをドイツ人建築家ブルーノ・タウトが訪れて「規範原型」の重要性を伝え、用と機能を踏まえた工業デザインが、わが国で初めて深く研究されるようになったことは、本論第5章（150ページ）で述べたとおりである。

この工芸指導所は、国井の人柄に引かれて集まった若手デザイナーたちの勉学の場となり、のちに日本インダストリアルデザイナー協会を設立した明石一男、工業デザイン事務所を開設した豊口克平、剣持勇、東京藝術大学教授となった小池岩太郎らが、情熱的な研究試作生活を送っている。

また日本のデザイン史上欠くことのできない二人の有力な評論家である小池新二と勝見勝も、工芸指導所に籍を置いた経歴を持っている。

商業デザイン運動の始まり

1925年、ドイツの商業美術運動を見てきた東京美術学校図案科出身の杉浦非水を中心として、「七人社」が結成された。図案を学ぶ学生たちが、広告画を、芸術を汚すものであるかのようにみる社会風潮に反発して、師を囲み、〝民衆とともに実社会に食い入って、芸術を実業に融合しよう〞と、ポスター展を開催したり研究誌『アフィッシュ』を刊行して、「広告美術」の重要性を訴えた。

今日、この七人社の活動をもって日本の近代商業デザイン運動の始まりとする説が有力である。

19世紀末のヨーロッパで、住宅の壁紙などを端緒に〝芸術と人間生活の融合〞を説くグラフィックデザイン運動が起きたのとは対照的に、わが国では広告を主題にして、〝芸術と実業の融合〟をうたうグラフィックデザインのスタートが切られたのは、特徴的なことであった。

（なお美術教員や美術家を養成する東京美術学校に、図案科が設けられるのは、設立から9年後の１８９６年のことである。この科は工芸図案家や建築装飾図案家の養成を目指し、古代模様や古器物などを教材に選んでいる。すなわち美術学校で用いた「図案」は、先の手島の場合とは異なり、「模様、装飾、絵表現」などを指して、今日でも美術系の多くがいうデザインに連なっている。）

続いて翌１９２６年に、図案家やポスター作家らによって「商業美術家協会」が結成されている。当時イギリスの出版社が月刊誌『Commercial Art（コマーシャル・アート）』を刊行して、これが日本の関係者に強い衝撃と感銘を与えたという。この会の名は、この月刊誌に由来する。

マスコミが採りあげたこともあって、商業美術団体はその後全国に次々と誕生した。１９３６年には杉浦を会長として、東京、大阪、札幌など全国22の団体による全日本商業美術連盟が結成されるが、実際には、戦争によってなんらなすこともできず、霧散する結末となった。

企業内デザイン部門の設置

日本の戦後はアメリカ的デザインを学ぶことから始まった。１９５０年の『工芸ニュース』5月号には、〝アメリカ近代工業の瞠目すべき発展の裏には、インダストリアルデザインの業績があった〟として「インダストリアルデザイン特集」が組まれた。

そこで「インダストリアルデザイン（ＩＤ）」を〝製品の生産企画から、設計に必要なあらゆる条件の検討、材料、技術、効果、費用、宣伝等の総合的な組み立て、創作設計、生産指導などの動作の全て〟と定義し、〝家庭用品に限らず、事務用品、機械器具から交通機関まで対象にできる〟と解説された。

同時期、わが国の製造業内に、初めてデザイン部門が誕生している。１９５１年にアメリカを視察した松下電器産業（現パナソニック）社長の松下幸之助は、アメリカ製品の派手なスタイリングに目を見張り、帰国後すぐに千葉大学講師の真野善一を招いて、宣伝部内に製品意匠課をつくった。こうした動きを見て、その2年後には東芝に、また3年後にはトヨタと日産に、それぞれデザイン担当課が設置された。

アメリカ的生活にあこがれる庶民を前に企業の対応はすばやかった。電気掃除機、電気冷蔵庫、白黒テレビ、電気洗濯機、電気炊飯器など家庭電化製品の多くが、トヨタのトヨペット・クラウン、日産のダットサン110が売り出された1955年までに、発売されている。

1958年になると、ホンダのスーパーカブ、ソニーのトランジスタラジオという、やがて世界市場を席巻することになる工業製品が発売されている。

ホンダスーパーカブは、創業者・本田宗一郎の陣頭指揮で〝女性にも乗れて、片手で運転できる〟オートバイとして、デザイナーもエンジニアも一緒になって開発が進められ、現在なお世界最多量産を誇って販売が続けられている。

ソニーのポータブル型トランジスタラジオTR-610は、パンチングメタル製円形スピーカーの際立つコンパクトなデザインで、特にアメリカで、レイモンド・ローウィの作ではないかと噂されるほどの注目を集めた。

このような工業製品の相次ぐ開発、発売の裏で、工業デザイナーたちは初めて大量生産という課題に取り組んだ。

しかしその後、企業の組織が充実し、また製造技術が高度化、複雑化してくると、工業デザイナーが先に紹介したID概念のような全方位的機能を担うことは難しくなり、多くができることは、そのメーカーが扱う製品のスタイリングデザインに限られる状況になっていく。

日宣美の結成・その後

戦前から商業美術の分野で活躍していた原弘、亀倉雄策らは、大阪の早川良雄や北海道の栗谷川健一らに呼びかけて、1951年に日本宣伝美術会（日宣美）を結成し、会が厳選するポスター展を毎年夏に開催する方法で、〝グラフィックデザイナーは社会に進出するアーティスト〟とアピールする運動を展開した。

コアメンバーによる審査で所定の入選回数を果たすと会員に迎えられ、スターとして広告界に紹介され、待遇の良い仕事が回ってくるなど利点も多かったから、われこそと思う者はこぞって出品し、次第にグラフィックデザイナーの登竜門として位置づけられるようになった。

この展覧会に出品されるポスターは、依頼主のいない作品で、専ら作家それぞれの造形主張を競うことに重点があったから、勝見は、〝オリジナルデザインを展示する行き方が、果たして宣伝美術会のとるべき方向か〟と警鐘を鳴らした。

彼らの活動は、モダニズムデザインの領域で、日本のグラフィックをいち早く国際的な水準にまで高めた一方、創作対象と価値基準を広告と西洋的な近代主義に限定し、また自らをアーティストと強調したから、グラフィックデザインに対する社会的な認識が、かえって狭められる結果ももたらした。

ポスター展の審査会場に反体制を叫ぶ学生たちが乱入した事件を契機に、大阪万博の開催された１９７０年に、日宣美は20年の歴史を閉じている。

その後グラフィックデザイナーたちの活躍の場は、ポスターのみならず、ディスプレイやパッケージ、サインと目覚ましく拡大されていくが、〝商業活動と広告〟という領域に比重を置く傾向は、今日まで続いている。

参考文献

・寺下勍『博覧会強記』、エキスプラン、１９８７
・古川清行『スーパー日本史』、講談社、１９９１
・日本デザイン学会編『デザイン学研究特集号』Vol.3、No.3、１９９６
・工芸財団編『日本の近代デザイン運動史』、１９８７、１９９０
・工芸指導所編『工芸ニュース』、技術資料刊行会、１９５０・05
・「昭和デザイン史」『日経デザイン』、日経ＢＰ社、１９８７・10-１９９５・03
・毛利伊知郎「福地復一のこと」、三重県立美術館ＨＰ、２０１３
・和田精二「能力視点から見たデザイナーの新しい役割」、日本感性工学会誌『感性工学』Vol.7 No.2、２００７

赤瀬達三（あかせたつぞう）
デザインディレクター。一九四六年東京生まれ。一九七二年千葉大学工学部工業意匠学科卒業。一九七三年黎インダストリアルデザイン事務所（現・黎デザイン総合計画研究所）設立。千葉大学教授、同大学大学院教授を経て、現在、千葉大学特別講師。東京大学博士（工学）。
サインシステム計画のおもな仕事に、営団地下鉄（SDA賞金賞、SDA賞大賞、日本デザイン賞）、仙台市地下鉄南北線（通産省選定Gマーク商品）、みなとみらい線（グッドデザイン賞）、横浜ターミナル駅（SDA賞最優秀賞）、アークヒルズ、六本木ヒルズ、上海環球金融中心、首都高速道路、東日本・中日本・西日本高速道路など。

サインシステム計画学《けいかくがく》
公共空間《こうきょうくうかん》と記号《きごう》の体系《たいけい》

発行　二〇一三年九月三〇日　第一刷発行

著者　赤瀬達三
発行者　坪内文生
発行所　鹿島出版会
〒一〇四―〇〇二八　東京都中央区八重洲二―五―一四
電話〇三（六二〇二）五二〇〇
振替〇〇一六〇―二―一八〇八八三

印刷　三美印刷
製本　牧製本
デザイン　工藤強勝＋舟山貴士（デザイン実験室）

ISBN 978-4-306-07303-6　C3052

本書の内容に関するご意見・ご感想は左記までお寄せください。
URL: http://www.kajima-publishing.co.jp
e-mail: info@kajima-publishing.co.jp